光学实验

王慧琴 编

清华大学出版社

北京

内 容 简 介

本书内容由五部分组成：第 1 章光学实验的基础知识；第 2 章应用光学实验，选编 16 个实验；第 3 章物理光学实验，共 22 个实验；第 4 章信息光学实验，共 12 个实验；第 5 章现代光学综合实验，共 6 组，15个实验。

本书主要用于光电信息科学与工程、光学工程、物理学、应用物理学等专业学生的光学实验教学，也可作为光通信、光电子技术、应用电子等相关领域的教材和学习参考书。

图书在版编目(CIP)数据

光学实验/王慧琴编.—北京：清华大学出版社，2023.2
ISBN 978-7-302-62508-7

Ⅰ．①光… Ⅱ．①王… Ⅲ．①光学—实验 Ⅳ．①O43-33

中国国家版本馆 CIP 数据核字(2023)第 021671 号

责任编辑：陈凯仁
封面设计：常雪影
责任校对：赵丽敏
责任印制：朱雨萌

出版发行：清华大学出版社
　　　　网　　　址：http://www.tup.com.cn，http://www.wqbook.com
　　　　地　　　址：北京清华大学学研大厦 A 座　　　邮　　编：100084
　　　　社 总 机：010-83470000　　　　　　　　　　邮　　购：010-62786544
　　　　投稿与读者服务：010-62776969，c-service@tup.tsinghua.edu.cn
　　　　质量反馈：010-62772015，zhiliang@tup.tsinghua.edu.cn
印 装 者：三河市龙大印装有限公司
经　　　销：全国新华书店
开　　本：185mm×260mm　　　印　　张：20.5　　　　字　　数：496 千字
版　　次：2023 年 3 月第 1 版　　　　　　　　　　印　　次：2023 年 3 月第 1 次印刷
定　　价：65.00 元

产品编号：089135-01

前　言

　　光学是一个迅猛发展且日新月异的学科,不断出现新的理论和技术。随着新工科的建设和发展,光学技术不断被融入到其他领域,使得光无处不在,光学实验也逐渐变成了多专业大学生必修的实验课程。面对日益综合的光学知识、日益更新的实验仪器、日益发展的光学技术,产学研融合度越来越大,要求学生掌握的知识面越来越宽,教材也应顺应时代发展,满足学生专业实验技能训练和知识的需求。本书是以光电信息科学与工程专业实验为载体,在近30年光学实验教学实践经验基础上,参考兄弟院校所开设的实验项目,结合部分仪器供应商提供的最新仪器设备,重构了工程光学和专业综合光学实验体系,编写成了这本教材。本书除了介绍应用光学、物理光学和信息光学等一系列经典实验外,还介绍了一些多技术交叉、综合性强的新实验项目,其中经典实验部分尽量多介绍新的实验方法。希望能通过这些实验项目的介绍,使学生掌握光学实验仪器的结构、工作原理、使用方法和实验技巧,提高用实验方法研究光学现象和解决实际问题的能力。

　　本书共编入了65个实验项目,内容组成如下:第1章光学实验的基础知识;第2章应用光学实验,选编16个实验;第3章物理光学实验,共22个实验;第4章信息光学实验,共12个实验;第5章现代光学综合实验,共6组,15个实验。

　　本书由王慧琴负责编写、编辑、校订和定稿。从事光电专业及实验教学的同仁们为本书的编写提供了有益的讨论,其中韩道福老师为第5章的编写提供了有益的建议;冯璐老师为本书的架构提供了良好的建议和修改意见;吴建宝老师为本书第5章的编写提供了有益的建议;梁晓军老师为本书的出版也提供了一定的帮助;研究生黄辉为本书的校订提供了一定的帮助。在此,对他们表示衷心的感谢。

　　本书主要用于光电信息科学与工程、光学工程、物理学、应用物理学等专业学生的光学实验教学,也可作为光通信、光电子技术、应用电子等相关领域的教材和学习参考书。

　　由于编者的水平有限,疏漏之处在所难免,敬请读者给予中肯的批评斧正。

作者谨识
于上海程园
2021 年 8 月

目　录

第 1 章 光学实验的基础知识

1.1 光学实验课程的目的、任务和基本要求

"光学实验"是对光电信息科学与工程等相关专业的学生进行专业实验知识技能训练的主干课程之一,包括应用光学、物理光学、信息光学、现代光学综合实验等内容。

该课程的目的是:使学生在光学实验的基础知识、基本方法和基本技能等方面得到系统的训练;提高学生研究光学现象和解决光学问题的实践能力;培养良好的实验习惯和严谨的科学作风;提高学生综合运用光学知识和创新的能力。

该课程的主要任务有:学习光学实验的基本理论,掌握基本光学元器件的结构、性能和使用场合,学会规范操作和使用光学仪器与实验装置,掌握光学系统的常用调整方法和实验技巧;学会通过光学现象的观察、分析、研究,总结光学实验思想;掌握误差的计算方法,正确表达实验结果。学生通过一系列的光学实验训练,应具有正确使用光学仪器、综合运用光学方法进行测量、正确处理实验数据、合理分析实验结果和撰写实验报告等方面的能力。

该课程培养学生的基本要求为:严谨细致、实事求是、刻苦钻研、一丝不苟的科学态度及爱护国家财产的道德品质;勤于动脑、乐于动手、讲究方法、遵守规程、注意安全等科学习惯;以科学态度对待每一个实验,实验前做好预习;实验时认真观察,仔细记录各种现象和数据;实验结束后整理现场,课后及时完成实验总结报告。具体内容如下:

1.1.1 实验前准备

实验前必须认真阅读教材、讲义、仪器说明书或观看指导教师为学生所准备的讲解视频,做好预习报告。预习报告一般包括以下内容:实验名称、实验目的、实验仪器、实验原理、实验内容、实验数据记录表格等。

实验前的理论预习十分重要。实验不是一个只动手不动脑的过程,需要对实验现象作出正确的判断,而对实验现象的理解首先需要掌握实验原理,若预习不充分,实验将无法正常开展。实验课程有实验课程的教学规律,其重点是实践,一般不主张指导教师系统地讲授理论,只能精讲甚至不讲,因此对原理的理解需要学生提前查阅教材与资料、观看预习视频等方式来完成,实验效果的好坏在很大程度上取决于学生的预习情况。

1.1.2 实验操作

实验操作部分包括光学系统的搭建与调整、实验现象的观察、数据测量与记录、初步分析与计算实验结果等。

学生通过预习后进入实验室,要遵守实验室规则。在实验操作之前,指导教师将对实验内容提出详细要求、对仪器设备进行介绍、对仪器操作进行示范、对注意事项进一步强调等。这个过程尤其重要,学生要认真听讲或记录。

在实验过程中,如果遇到困难或仪器出现故障,学生应在教师的指导下,分析原因、排查故障或解决问题。实验时,要尊重客观事实,详尽地考察各种条件下得到的实验现象和结果,仔细记录数据,认真分析和解释实验结果。这样不仅可以丰富实验内容,加深对理论的理解,还有利于对一些基本原理的深入探讨。实验完毕,做好仪器设备的整理工作。

1.1.3　实验结果呈现

实验结果以实验报告的形式给出,每个学生应独立完成实验报告。实验报告主要内容包括实验名称、实验目的、实验仪器、实验原理简述、实验步骤(包括光路或系统的调整、现象的观察和分析)、实验数据处理、实验结论(实验结果分析)和解答思考题。

(1) 实验仪器:要求记录实验所用仪器(包括规格和编号),记录仪器编号是一个好的实验习惯,便于以后必要时对实验进行复查。

(2) 实验原理简述:包括实验的理论依据、测试基本原理、原理图及必要的公式,说明式中各物理量的意义、单位以及适用条件等,切忌整篇照抄。

(3) 数据表格:数据记录应做到清晰且有条理,尽量采用列表法,特别注意在标题栏内要注明单位。数据不得任意涂改,确实测错而无用的数据,可在旁边注明"作废",不要随意划去。要养成保留原始数据的习惯,便于对实验进行复查。

(4) 数据处理:这是实验报告的重要部分,包括结果计算、作图、误差估算等。其中,结果计算要明确给出计算公式和代入数值的运算过程;作图要用坐标纸或用软件拟合;误差估算要写出误差运算公式和运算过程,最后要按标准形式写出实验结果。必要时,还要注明结果的实验条件如室温、湿度等。

实验报告要求做到书写清晰,字迹端正,内容简明扼要。实验报告一律采用专用的实验报告纸。

1.2　光学实验的操作规范

为了保证实验的正常进行,应培养学生严肃认真的实验习惯和严格遵守实验室规则的精神。对于光学实验室,学生须遵守的规则如下:

(1) 光学仪器大部分是精密、贵重且易碎的仪器,大部分光学元件是由玻璃制成的,光学面经过了精细抛光处理。因此,在使用时思想要集中,动作要轻缓。光学元件不可相互摩擦、碰撞或挤压;暂时不用的光学元件,要包好放回原处,不要随意乱放,以免损坏。

(2) 人的手指带有汗渍等油脂类分泌物,不要用手直接触摸光学面,以免影响其透光性和其他光学性质,任何时候只能用手接触光学元件的磨砂面。手持光学元件的正确姿势如图 1.1 所示。

图 1.1　手持光学元件的正确姿势

（3）不要对着光学元件和光学系统讲话、咳嗽和打喷嚏，以免污染镜面。

（4）光学面若落有灰尘，不可用嘴去吹或用手或布直接擦拭，应先用干净、柔软的脱脂毛刷轻轻掸除，或用橡皮球吹除，必要时可用脱脂棉球沾上酒精乙醚的混合液轻轻擦拭。

（5）光学面若沾有油污等斑渍时，不要立即擦拭，因为很多光学表面都镀有特殊的光学薄膜。在擦拭之前一定要了解清楚，然后在教师或实验室工作人员指导下采取相应措施处理。

（6）在不了解仪器的使用方法之前，不可乱拧旋钮、乱旋螺钉、乱碰仪器或随便接通电源，切忌拆卸仪器。光学仪器中有很多经过精密加工的零部件，如光谱仪和单色仪的狭缝、迈克耳孙干涉仪的蜗轮蜗杆、分光计的读数度盘等，都需要按操作规则小心使用。

（7）实验中使用的激光是强光源，切莫用肉眼直视激光观测，以免损伤眼睛。

（8）实验室内不得大声喧哗，更不准玩笑打闹，以免发生震动造成仪器或元件损坏或跌落；在防震台上进行实验时，不得随意走动，不得将身体倚靠在平台上，以免影响实验结果。

（9）要注意实验室的清洁，讲究卫生，不得将食品、雨伞等带入实验室，以免污染仪器和实验室。

（10）实验完毕，要让指导教师检查实验结果和仪器的使用情况。待指导教师检查并签字后，将仪器、桌椅恢复原状，放置整齐，填写仪器使用卡，经允许后方可离开实验室。

1.3　常用光源

根据不同的实验需要，实验室常备的光源按发光颜色分为单色、复色和白色光源；按发光形式分为热辐射光源、气体放电光源、电致发光光源和激光光源四类。

1.3.1　热辐射光源

常用热辐射光源有普通白炽灯、卤钨灯两种，其发射光谱多为连续光谱，主要用于非相干照明和连续光谱照明。

普通白炽灯是将灯丝通电加热到白炽状态，利用热辐射发出可见光的电光源。它一般用作白光光源，对光源要求不高的实验可选用此类光源。

卤钨灯是指填充有部分卤族元素或卤化物的白炽灯。当光源被要求有高亮度时可选用卤钨灯。卤钨灯灯丝一般呈现线、排丝状或点状，泡壳有长管形、圆柱形或球形。排丝状卤钨灯一般可作为均匀面光源使用；点状卤钨灯灯丝线度小，亮度高，适宜用作点光源。

1.3.2　气体放电光源

气体放电光源是指由气体、金属蒸气混合放电而发光的电光源，它通过气体放电将电能转换为光能。低压钠灯和低压汞灯是光学实验室用得较多的气体放电光源。

（1）低压钠光灯：钠黄光的平均波长为 589.3 nm，是波长为 589.0 nm 和 589.6 nm 的两条主特征光谱线的平均值。这两条主特征谱线称为钠黄双线或钠 D 线。钠光灯通电后必须经过一段时间的预热，钠蒸气才能达到正常的工作气压而稳定发光，使用时应注意。

（2）低压汞灯：低压汞灯的发光效率较高，光谱分布在紫外、可见和红外区。在可见光范围内，其主特征谱线是 579.0 nm、577.0 nm、546.1 nm、434.8 nm 和 404.7 nm。交流供电线路可通用。

1.3.3　电致发光光源

电致发光光源是指在电场作用下使物质发光的光源,包括场致发光光源和发光二极管(LED)两种。它一般用作白光光源,对光源要求不高的实验可选用此类光源。

例如,显微镜光源主要用于在使用显微镜观察时补充光线,一般为 LED 灯珠,功率一般在几瓦左右。这样的光源发热量极少,在观察时对产品的冷热度影响很小。

1.3.4　激光光源

激光光源是利用激发态粒子受激辐射而发光的光源,是一种相干光源。自从 1960 年美国科学家西奥多•梅曼(Theodore Maiman,1927—2007)制成红宝石激光器以来,各类激光光源的品种已达数百种,输出波长范围也从短波紫外直到远红外。激光光源按其工作物质可分为固体激光源、气体激光源、液体激光源和半导体激光源。下面介绍一种实验室常用的激光光源——He-Ne 激光器。

He-Ne 激光器可连续发射波长为 632.8 nm、发散角小于 2 mrad 的激光,它的单色性好、相干性好、亮度高,是光学实验中最常用的一种光源。实验室常用的 He-Ne 激光器有以下三种:①腔长 200～250 mm 的腔式 He-Ne 激光器,其触发电压约 6 000 V,工作电压1 700～2 000 V,最佳工作电流为 5 mA,多横模输出,输出功率为 2～3 mW,基横模输出功率为 1.5～2 mW;②腔长 500 mm 的半外腔式 He-Ne 激光器,其触发电压约 8 000 V,工作电压2 500～3 000 V,最佳工作电流为 10 mA,基横模输出时,功率 7～10 mW;③毛细管长 1 000 mm 的外腔 He-Ne 激光器,通常带有布儒斯特窗,触发电压为 1 000～12 000 V,工作电压为 4 000～5 000 V,最佳工作电流为 15～20 mA,基横模、线偏振光输出,输出功率为 30～50 mW。

激光器的触发电压和工作电压很高,使用时应注意安全;另外,激光光强很强,在任何情况下都不能用肉眼直视激光来进行观察,以免造成眼睛永久性损伤。

1.4　常用光电探测器

光电探测器是一种把光信号转换为电信号的器件,其工作原理是基于光辐射与物质的相互作用所产生的光电效应,通常分为光电探测器和热电探测器。常见光电探测器有光电管、光敏电阻、光电二极管、光电倍增管、光电池、四象限探测器;热电探测器有热电偶、热敏电阻、热释电探测器等。

光电导探测器是用光敏电阻做成的一种光探测器,即利用了半导体材料被光照射后材料电导率会发生显著改变的物理现象。光电管是基于外光电效应的基本光电转换器件;光电二极管的工作原理主要是基于光生伏特效应,利用光的变化引起光电二极管电流变化,把光信号转换成电信号,成为光电传感器件;光电倍增管是一种将微弱光信号转换成电信号的光探测器件,具有灵敏度极高、响应速度快、噪声低、光敏面大等特点。

光电池也称太阳能电池或光伏电池,是一种零偏压 PN 结光伏探测器,无须外加电压。常用的光电池有硒光电池和硅光电池两种:硒光电池的光谱灵敏范围为 380～750 nm,峰值波长为 570 nm,与人眼的光谱灵敏度曲线很相近,经常用于与人的视觉有关的测控技术中;硅光电池的光谱灵敏度范围为 400～1 000 nm,峰值波长为 780 nm,其性能稳定,寿命长,光谱响应范围宽,响应快,常用在光度、色度和辐射测量技术中。光电池使用中应避免长时间集中照射光电池上某一部位,以免加快老化。

除此之外,还有集成光电接收器,它由光检测器及前置放大器组成的具有接收光功能的混合集成模块或单片集成组件,如基于 CMOS 工艺的集成光电探测器和 CCD 器件,都是实验室常用的光电探测设备。

热电探测器是指利用探测元件吸收红外辐射的能量而引起温升,再把温升转换成电荷量的一种探测器。热电探测器有热电偶、热敏电阻、热释电探测器等。

1.5　常用光机械部件

常用光机械部件有镜架及连接杆、光学平移台、光纤耦合器和光纤调整架、旋转台、俯仰台、夹持器件、光阑狭缝、机械支撑件、底座、螺纹螺丝杆、电控台等,分别如图 1.2、图 1.3、图 1.4 所示。

图 1.2　镜架及连接杆

图 1.3　光学平移台

图 1.4　光纤耦合器和光纤调整架

1.6　常用光学元器件

1.6.1　透镜

透镜是用透明物质(如塑胶、玻璃、水晶等)制成的、表面为球面一部分的光学元件。普通透镜是由折射面为两个球面,或一个球面和一个平面组成的透明体,有凸透镜和凹透镜两种。另外还有一些特殊透镜,如菲涅耳透镜、平板透镜、变折射率透镜、二元透镜、平面超透镜等。

　　菲涅耳透镜又名螺纹透镜,是一种消球差的大孔径聚光透镜。它通常由塑料,玻璃或有机玻璃等在模具中压制成形。镜片表面一面为光面,另一面刻录了由小到大的同心圆。它的纹理是根据光的干涉、衍射以及相对灵敏度和接收角度要求来设计的,如图 1.5 所示。

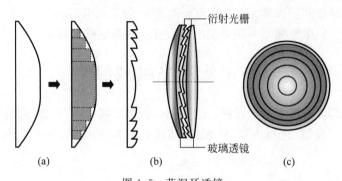

图 1.5　菲涅耳透镜
(a) 菲涅耳透镜加工过程;(b) 侧视图;(c) 正视图

　　变折射率透镜通常简称为梯析透镜,是使用具有梯度折射率的介质设计和制造的光学成像元件。根据梯度取向,其可分为轴向梯度、径向梯度、层状梯度、球梯度。

　　平面超透镜是运用最新的超表面技术刻蚀出来的一种具有超强控光能力的超薄透镜。

1.6.2　平面反射镜

　　平面反射镜是指反射面为平面的反射镜。因为经平面镜反射后,发散的同心光束仍是发散的同心光束,会聚的同心光束仍是会聚的同心光束,因此它是光学中唯一能成完善像的光学元件。平面反射镜的反射面可以是前表面,也可以是后表面,但用于重要设备上的反射镜的反射面,大多数是前表面。

1.6.3　分束镜

　　当一束光投射到镀有多层膜的玻璃上,光束就被分为两束或更多束,这种镀膜玻璃就叫做分束镜。

　　分束镜通常倾斜着使用,它能方便地把入射光分离成反射光和透射光两部分。在实验中,透射和反射之比为 1∶1 的中性分束镜最为常用。常见中性分束镜有两种结构:一种是把膜层镀在透明的平板上的平板分束镜;另一种是把膜层镀在 45° 的直角棱镜斜面上,再胶合一个同样形状的棱镜,构成胶合立方体的棱镜分束镜。平板分束镜由于存在不可避免的像散,通常用在中、低级光学装置上;而对于性能要求较高的光学系统,可以采用棱镜分束镜。平板分束镜和棱镜分束镜的结构如图 1.6 所示。

　　除此之外,还有其他分束镜。例如,有一种可将多个波长的光按波长分开的分束镜,称为二向色性分束镜;还有一种可将不同偏振状态的光分开的分束镜,称为偏振分束镜。

1.6.4　棱镜

　　棱镜是用透明材料(如玻璃、水晶等)制成的多面体,可用于分光或使光束发生色散,在

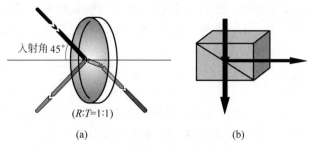

图 1.6　平板分束镜和棱镜分束镜

（a）平板分束镜；（b）棱镜分束镜

光学仪器中应用很广。棱镜按其性质和用途可分为多种,例如,在光谱仪器中把复合光分解为光谱的色散棱镜,一般用等边三棱镜;在潜望镜、双目望远镜等仪器中改变光的进行方向的全反射棱镜,一般采用直角棱镜。

1.6.5　光栅

由大量等宽、等间距的平行狭缝（刻痕）构成的光学元件称为光栅。常用光栅在制作过程中,会在玻璃片上刻出大量平行刻痕,刻痕部分不透光,两刻痕之间的光滑部分可以透光,这种利用透射光衍射的光栅称为透射光栅;若在镀有金属层的表面上刻出许多平行刻痕,两刻痕之间的光滑金属面可以反射光,这种光栅称为反射光栅。光栅按形状又分为平面光栅、凹面光栅和柱镜光栅;此外,还有全息光栅、正交光栅、相光栅、闪耀光栅、阶梯光栅等。

1.6.6　偏振片

偏振片也叫偏光镜,一般由两片光学玻璃与它们之间夹着的一片有定向作用的微小偏光性质晶体（如云母）组成。偏光镜可以分为圆偏光镜和线偏光镜两种,识别方法为:把偏光镜靠近眼睛,透过偏光镜看非金属的反射光,转动偏光镜到某个角度,反射光会明显减弱甚至消失的为线偏光镜。圆偏光镜是由一片线偏振镜与一片 1/4 波片胶合而成的,该 1/4 波片的光轴与线偏光镜的偏振光振动方向正好成 45°,使得出射的光为圆偏振光。

1.6.7　波片

波片又称为相位延迟片,可使两个互相正交的偏振分量通过波片后产生相位偏移,可用来调整光束的偏振状态。常见的波片由石英晶体制作而成,故也称波晶片,主要有半波片和 1/4 波片等。

若从法向入射的光经过波片后两正交偏振分量产生的相位差等于 π 的奇数倍,则称这种波片为 1/2 波片,简称半波片。线偏振光通过半波片后,出射光仍为线偏振光,其振动面与入射线偏振光的振动面的夹角转过 2θ。若 $\theta=45°$,则出射光的振动面与原入射光的振动面垂直,偏振态旋转了 90°。半波片还可以和偏振分束器配合使用,从而实现可变分光比的分光棱镜的功能。

若从法向入射的光经过波片后两正交偏振分量产生的相位差等于 $\pi/2$ 的奇数倍,则这种波片称为 1/4 波片。当线偏振光的入射振动面与 1/4 波片光轴的夹角 θ 为 45°时,出射光为圆偏振光；反之，当圆偏振光经过 1/4 波片后，则变为线偏振光。当光两次通过 1/4 波片时，相当于通过一个半波片。1/4 波片可以和偏振分束器配合使用，从而实现光隔离器的功能。

1.6.8　滤光片

滤光片是一种对光的不同波段选择性吸收的光学元件。它可以通过在塑料或玻璃片加入特种染料制成，也可以通过镀膜来实现。常见的滤光片有带通滤光片、截止滤光片、分光滤光片、中性密度滤光片、反射滤光片等类型。常见的带通滤光片是让选定波段的光通过，而让选定波段以外的光截止。如蓝色滤光片，当一束白光照射到蓝色滤光片上，只有蓝光能通过，其他波段的光都被滤光片吸收，故出射光为蓝色。带通滤光片分为窄带滤光片和宽带滤光片两类，窄带滤光片通过的光波长范围更窄，因此光更纯。截止滤光片可分为短波通（长波截止）型滤光片、长波通（短波截止）型滤光片。短波通型滤光片就是使短于选定波长的光通过，长于该波长的光截止；长波通型滤光片则恰好相反。

1.7　常用光学测量仪器

1.7.1　望远镜

1. 基本结构

望远镜是用来观察远距离目标的一种助视光学仪器，其结构特点是两分立系统的光学间隔为零，即物镜的后焦平面和目镜的前焦平面重合。这样，远处物体经物镜在其后焦平面上成一倒立缩小的实像，此像作为目镜的物再经目镜成一视角放大的虚像被眼睛接收。

常见的折射式望远镜结构如图 1.7 所示。其中，物镜 L_1 是一块消色差复合正透镜，镶嵌在套筒 M_1 的前端，M_1 套在镜筒 N 上，可前后移动。目镜 L_2 通常由两块凸透镜组成，装在目镜筒 M_2 的两端，靠近物镜的透镜称为接场镜，靠近眼睛的称为接目镜，M_2 可套入镜筒 N 并可前后移动。实验所用的测量望远镜在镜筒 N 内靠近物镜的一侧还装有十字准线 K。

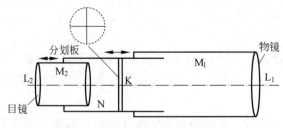

图 1.7　常见的折射式望远镜结构

2. 调节方法

（1）调节目镜，即改变 L_2 和 K 的距离，使得视野中能清晰地看到十字准线像。

（2）物镜调焦，即改变 L_1 和 K 的距离，使得视野中能同时清晰地看到十字准线和观察物的像，且无视差。产生视差的原因是观察物通过物镜所成的像与十字准线不在同一平面上，当左右或上下稍微改变视线方向时，可看到两个像之间有相对位移，即有视差。

1.7.2　读数显微镜

1. 基本结构

读数显微镜由测微螺旋和显微镜组成，可直接用于精密测量。根据不同的测量要求，可选用量程、分度值和视角放大率不同的读数显微镜。读数显微镜的物镜应在严格而准确的横向放大率下工作，为此，在预定放大率的物镜像平面处安置一块分划板，并与物镜固结为一个整体。为使各种眼睛视度的人都能使用，读数显微镜的目镜必须可以进行视度调节。常用的 JCD-Ⅱ型读数显微镜结构如图 1.8 所示。

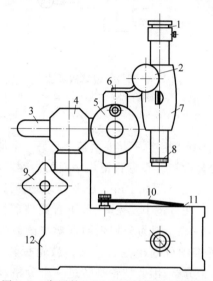

图 1.8　常用的 JCD-Ⅱ型读数显微镜结构

1-目镜；2-调焦旋钮；3-方轴；4-接头轴；5-测微手轮；6-标尺；7-镜筒支架；8-物镜；
9-旋手；10-弹簧压片；11-载物台；12-底座

图 1-8 中，1 是目镜及显微镜镜筒；调焦旋钮 2 用于显微镜调焦；旋转测微手轮 5，可使镜筒支架 7 带动镜筒沿导轨移动；测微装置分度值为 0.01 mm，其读数方法与螺旋测微计相同。测量架方轴 3 可插入接头轴 4 的十字孔中，并可前后移动。接头轴 4 可在底座 12 内旋转、升降，并用旋手 9 固定。

2. 调节方法

（1）将被测物体置于载物台玻璃面上，用弹簧压片压紧，使其处于镜筒下方。

（2）调节目镜，直至在视野中看清十字分划板。

（3）转动调焦旋钮调节物镜，使被测物体清晰可见，并消除它与分划板的视差。调整被测物体，使其被测部分的横向和显微镜的移动方向平行。

（4）转动测微手轮，使十字分划板纵丝对准被测物体待测长度的起点，记下此时读数 A；沿同一方向转动测微手轮，使分划板纵丝恰好止于被测物体待测长度的终点，记下读数 B，则所测长度 $L=|A-B|$。

1.7.3　测微目镜

1. 基本结构

测微目镜一般用作光学仪器的附件,配置在适当的光学仪器上可作各种用途的测量。其结构如图 1.9(a)、(b)所示。

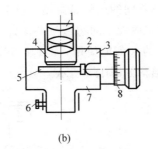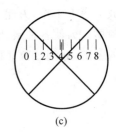

(a)　　　　　　　　　　　　(b)　　　　　　　　　　　　(c)

图 1.9　测微目镜结构及读数

(a) 实物;(b) 结构;(c) 读数

1-目镜;2-本体盒;3-丝杆;4-玻璃标尺;5-分划板;6-螺钉;7-接头套筒;8-读数鼓轮

带有目镜 1 的镜筒与本体盒 2 相连,而接头套筒 7 与另一个带有物镜的镜筒(图 1.9(b)中未画出)相套接,即构成一台显微镜。靠近目镜焦平面的内侧,固定了一块量程为 8 mm、分度值为 1 mm 的玻璃标尺。与之相距 0.1 mm 处平行地放置另一块玻璃分划板,其上刻有十字线和一组双线作为准线。在目镜中观察时,即可看到玻璃标尺上放大的刻线像及与其相叠的准线像(如图 1.9(c)所示)。因为分划板的框架与读数鼓轮带动的丝杆通过弹簧相连,故当读数鼓轮转动时,可推动分划板左右移动。鼓轮每转一圈,分划板上的准线移动 1 mm,而鼓轮周边刻有 100 个分格,因此鼓轮每转过一个分格,准线相应地移动 0.01 mm。测量时,当准线对准被测物上某一位置时,该位置的读数应为主尺上准线所指示的整数毫米值与鼓轮上小数位读数值之和。

2. 调节方法

(1) 调节目镜与分划板的距离,直到分划板上的刻线清晰可见。

(2) 调节整个目镜筒与被测物的距离,使在视场中看到被测物的像也最清晰,并仔细调节使准线像与被测物像之间无视差。

(3) 转动读数鼓轮,推动分划板,使分划板十字线的交点或双线对准被测物像的一端,记下读数;继续沿同一方向转动鼓轮,使十字线交点或双线对准被测物像的另一端,记下读数。两者之差即为被测的长度。

(4) 在使用测微目镜测量时,同样应注意消除丝杆的螺距误差,因此测量时只能沿同一方向转动鼓轮。

其他常用光学测量仪器如平行光管、分光计(测角仪)、单色仪、照度计、光度计、光功率计、色度计等,它们的结构和使用方法在后面的章节里有详细的叙述,在此不做介绍。

1.8　光学系统调整的基础知识

1.8.1　光源平行度调整

实验开始之前,须先校准光源与实验平台之间的平行度。校准方法为:首先在导轨或光学平台上放置一个光屏,并用十字线标注光斑的中心位置;然后移动光屏,观察光斑在屏上的位置变化和光强分布;最后调节光源的高度与倾斜角,使光源与导轨或光学平台平行。

1.8.2　等高共轴调整

调整各光学元件等高共轴的方法是:首先将调整好的光源和接收屏放在光具座导轨或光学平台上,并保持一定的距离;然后在光屏上用十字线标出光斑中心位置,以此位置作为标准进行各光学元件等高共轴的调节(用位移法的两像中心重合法或不同大小的实像中心重合法),当光经过各光学元件后光斑中心位置仍然在十字线位置时,说明各光学元件的光轴已共轴,且与导轨或平台平行。

1.8.3　光束的准直

准直光束是指具有很小的发散角,即在一定传播距离内光斑半径不发生明显变化的光束,简而言之,就是平行光。光束的准直一般有以下三种方法:

（1）光斑法

如图 1.10 所示,当光孔 S 位于透镜 L_2 的焦点处时,则出射平行光,此时前后移动接收屏 P_1,光束的光斑大小不变,通过目视观察可粗略判断光束的平行性。

（2）自准直法

当点光源在准直透镜的焦面上时,出射光束为准直光束,若用一个反射镜把此光束反射回点光源处(一般为小孔光阑),可得清晰等大的点光源像,如图 1.11 所示。如果反射回来的点光源像不清晰等大,则前后平移准直镜,根据小孔光阑处反射像的清晰程度判断光束的准直程度。此方法获得光束准直程度较前一种方法精确。

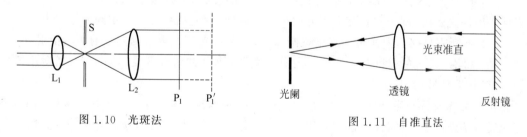

图 1.10　光斑法　　　　　　　　　　　　　图 1.11　自准直法

（3）横向剪切干涉法

横向剪切干涉法是利用平行平板上、下表面反射的两光波的叠加区域产生干涉条纹来判断准直光束的。如图 1.12 所示,在准直镜后光路中放入一个平行平板,前后平移准直镜,会观察到干涉条纹的形状与间距发生变化,当调至条纹平直且间距较宽时,则从准直镜出射的光束为较严格的准直光束。这是获得准直光束较为精确的方法。

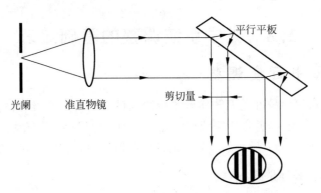

图 1.12 剪切干涉法

　　理想的激光光束近似为高斯光束,而实际的激光光束是高斯光束与噪声函数的叠加。噪声函数大部分分布在高频部分,因此在谱面上噪声谱和信号谱是近似分离的,只要选择适当直径的针孔就可以滤掉噪声,获得较为纯净的低频高斯光束。也就是说,针孔起到了低通滤波器作用,消除了扩束镜及扩束前的光学元件所带来的高频噪声。针孔滤波器一般是厚度为 0.5 mm 的铟钢片,用激光打孔的方法制成 5～30 μm 的针孔。针孔在使用时要放在扩束镜后焦面上的亮斑处,如图 1.13 所示。

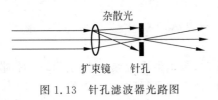

图 1.13 针孔滤波器光路图

　　针孔滤波器的调节方法如下:

　　(1) 首先在激光器前一定距离处放置一个光屏,调整激光器高度和倾角,让激光水平打在光屏中央,固定光屏,并在激光光点处做好记号。

　　(2) 把针孔滤波器的针孔拿出,使针孔面朝上,不要接触桌面或工作台。

　　(3) 将针孔滤波器放置于激光和光屏之间,调整针孔滤波器的高度使之与激光束等高共轴,这时在光屏上会出现一个亮度均匀的圆光斑,并且光斑的中心与在光屏上所做的记号重合。

　　(4) 把针孔放到滤波器上,调节前后方向平移的旋钮,使扩束镜向针孔方向移动;当在光屏上出现光点后,调节左右和上下方向平移的旋钮,使光点移至光屏中间的记号上。

　　(5) 不断重复(4),使光斑的亮度逐渐增加,直至在光屏上观察到同心的明暗衍射环。

　　(6) 再沿前后、左右和上下三个方向进行微调,使中央亮斑半径不断扩大,亮度逐渐增加,直至其最亮最均匀。

　　在扩束滤波后的光路中加入准直镜(平的一面对准扩束镜,另一面作为光束输出面,不能用反),调整准直镜的位置,即可获得准直光束,用前面三种方法可检测光束的准直度。

1.9　光学实验测量误差来源与消减方法

　　光学实验除了要定性观察各种实验现象,也需要进行数据测量。测量必然存在误差,对实验误差的处理方法如多次直接测量的不确定度计算,间接测量不确定度计算,测量结果的正确表达,等等,一般在《大学物理实验》中都有详细介绍,因此不再重复。这里着重讨论光学实验中的误差来源与消减方法。

1.9.1　光学实验中的误差来源

实验误差按其产生的原因与性质分为系统误差、偶然误差和过失误差三大类。下面针对光学实验介绍其系统误差和偶然误差。

1. 系统误差

系统误差的特点是有规律性,测量结果要么都大于真值,要么都小于真值,或者在测量条件改变时,误差也按一定规律变化。系统误差的来源有以下几个方面:

（1）仪器误差

仪器误差主要是由光学仪器刻度不准、性能变坏、测量对象对仪器的影响等因素而引起的误差。它主要包括:

① 读数显微镜和迈克耳孙干涉仪等带有鼓轮读数装置的光学仪器的读数误差。这类仪器的读数精度取决于丝杆的准确度,如果丝杆的螺距不均,鼓轮读数就不能准确反映测量距离;螺纹（丝杆）的间隙,从左向右移动时右侧的螺纹紧贴,反向移动时则反向螺纹紧贴,因此往不同方向转动时会产生空转,引入空程差,因此此类仪器都要求测量时朝同一方向转动时读数,不反转;另外,仪器使用久了,螺纹有了一定程度的磨损,读数准确度也会降低。

② 测角仪的误差。利用分光计测角时要从度盘上读数,度盘刻度的准确性决定了仪器的准确度;分光仪的主刻度盘和游标盘转轴不同轴时,会引入偏心差,通过测量角度对可消除偏心差。

③ 由光学元件的不均匀性和粗糙度引起的误差。例如,透镜和球面镜的不同位置焦距不同导致存在像差,或平面镜的不平整和元件材料的不均匀都会对光学实验的结果产生影响。

④ 标准波长、标准角度的取值近似引入的误差。

（2）方法误差

方法误差主要是由实验理论的不完善、实验方法的近似性或测量所依据经验公式的近似性而导致的误差。它主要包括:

① 实验光路的安排与理想光路存在的偏差。光学实验的光路需要利用透镜、球面镜、平面镜来改变光束方向,这些光学组件若没有严格等高共轴,将会引入系统误差。

② 测角仪（分光仪）载物台与分光仪的刻度盘或游标盘不平行造成的偏差,将使得待测角度（如顶角、衍射角）的测量值将小于真值。

③ 理想光源与实际光源的偏差。理论光路在设计时的点光源、线光源都是理想光源,而实际使用的光源和辅助装置（如狭缝、圆孔光阑、针孔光阑）等都很难完全符合设计要求。在光源前加上针孔光阑,也只能近似达到点光源的要求;另外,利用狭缝截取面光源的一部分作为线光源,狭缝的衍射会对测量结果产生影响。实验中用平行光、单色光或激光球面波来代替平面波或球面波也会造成系统误差;在光的干涉和衍射实验中,理论上要求是严格的相干光源,但实验光源都是部分相干光源。

④ 很多定律和公式都只在理想情况下或特定的条件和特定的范围内才成立,实际在实验中往往都做了近似,如光学实验中经常假设空气折射率为 1;在光的衍射实验中经常用到

的公式 $\sin\theta \approx \tan\theta \approx \theta$；等等。另外，常用的一些经验公式本身更是理论上的近似，如描述光学材料正常色散的科希公式 $n = A + \dfrac{B}{\lambda^2} + \dfrac{C}{\lambda^4}$ 就是一个经验公式。式中，A、B、C 是所研究的光学材料的特性参数，可以从《光学仪器设计手册》中查到。

（3）环境误差

环境误差是指由于实验所处的环境条件而造成的误差。例如，实验室内的室温、气压、空气成分和湿度等会引起空气折射率的波动，影响光学实验结果。实验室内的杂散光对光学仪器和被测对象都存在较为明显的影响。这些环境因素对光学实验的影响都会引入误差，主要包括：

① 温度的影响。对于精密光学测量仪器来说，其读数用的标尺会随温度变化而变化，给长度测量带来系统误差。

② 振动的影响。对于精密干涉、全息照相此类实验，一般须在防震台上进行，实验室的震荡及对防震台的碰撞都会对干涉测量和全息照相带来误差。

③ 大气的影响。大气波动对激光准直、精密测距会产生较大影响，对光波干涉和衍射实验也会产生较大的影响。

④ 杂散光影响。杂散光对光强测量会产生较大影响，特别在光度测量的实验中影响更大。光谱仪器的杂散光直接影响光谱定量分析和利用光谱仪器测量光强的正确性。

（4）人体误差

它是指由实验者个人的生理或心理特点、实验习惯、经验缺乏而引入的误差，主要包括：

① 由实验者的习惯使得实验的光路安排和仪器调整不当引起的定向偏差。

② 光学测量时，由实验者个人的视力（近视、远视、色盲）、眼睛的反应速度及用眼习惯而引入的误差。

③ 由光学测量仪器光心位置偏差引入的定向误差。

④ 每个人眼睛的视见函数、光谱范围不一样，观察到的光学现象的细微情况也不一样，因而也会引入误差。

人体本身带来的误差要与实验者的操作错误（又称粗大误差）严格区分开来。人体误差是实验工作中正常的误差来源，即便实验者认真操作仍无法克服；后者是测错、读错、记错、实验原理错误、仪器或光路调整错误等严重问题而出现的错误，是可以克服的。除此之外，它还可与其他测量结果比较发现错误的方法并进行纠正，或者用坏值准则来判别异常数据，并加以剔除。

系统误差有一定的规律性，因此可以根据仪器缺陷尽可能加以校正，同时改变实验方法，在计算公式中加入修正项，纠正不良实验习惯，可使系统误差降到最低限度。

2. 偶然误差（随机误差）

在相同的条件下，对同一物理量进行多次测量，测量值会出现一些无法预知的起伏，且测量误差的绝对值和符号发生随机变化，这种误差称为偶然误差（又称随机误差）。光学实验中随机误差的主要来源如下：

（1）瞄准误差。在光学实验中要用光学仪器去测量一个物理量，但实验者的眼睛与光学仪器的配合要做到严格的无视差是十分困难的，加上光学仪器存在着色差和其他像差，那么在测量时对准待测对象时必然存在瞄准误差。

（2）眼睛和光学仪器的分辨力限制。任何光学仪器（包括人的眼睛）都有一定的通光口径，它的大小总是有限的，光束经过孔径引起的夫琅禾费衍射会使测量引进随机误差。

（3）环境干扰因素。如杂散光的影响、温度起伏、电磁场的干扰、机械振动等也会给实验带来规则的变化，这也是随机误差的来源。

对于光学实验来说，大部分的光学测量量的偶然误差符合高斯分布（又称为正态分布），因此，基本光学测量量的偶然误差可用高斯误差理论来分析。

系统误差和偶然误差的区别不是绝对的，在一定的条件下可以相互转化。

1.9.2　系统误差分析与消减

光学测量对象的真值大多是未知的，在测量的重复性稳定的情况下，可通过多次测量消减偶然误差。偶然误差的不确定度计算在《大学物理实验》中均有介绍，在此不再重复。下面主要介绍光学实验系统误差的消减办法。

1. 如何发现系统误差

系统误差的来源在上文已分析过了，那么如何发现系统误差呢？

（1）当测量对象有标准时，应当将测量值与标准值进行比较。例如测定光波的波长，从目前条件来看，大部分光源的光谱分布已经知道，若测量值的平均值与标准值之差存在恒定的误差，这就说明实验有系统误差；有的测量对象有理论的预计值，则将测量的平均值与预计值进行比较。

（2）若光学实验中没有标准值和理论预计值，那么就须完全依靠实验工作者的经验判断或者进行新的摸索。

一般来说，首先改变实验条件，例如在牛顿环实验中，可以把平凹面镜和平面玻璃组合成的装置改变一下位置，或者把它们旋转一下，再进行测量，即可得到另一组实验数据，若两组数据不一样，就有可能存在系统误差；其次是调换仪器，用 2 台光学仪器测量同一个光学量，或者改变实验方法，用不同的实验方法测量同一个光学量，若测量结果不一样，那么其中一组或各组都可能存在系统误差；最后，可以由两个实验者进行完全相同的光学测量，从而找出测量结果是否存在人身误差。

根据改变实验仪器、实验方法、实验环境和实验者得到的不同测量数据，可以用以下方法来判别是否存在系统误差。设测同一对象得到的 n 组测量数据为：$\bar{x}_1 \pm u_1, \bar{x}_2 \pm u_2, \cdots,$ $\bar{x}_i \pm u_i, \cdots, \bar{x}_j \pm u_j, \cdots, \bar{x}_n \pm u_n$，则 $\bar{x}_i$ 和 $\bar{x}_j$ 之间存在系统误差的判别公式是：

$$|\bar{x}_i - \bar{x}_j| \geqslant 2\sqrt{u_i^2 + u_j^2}$$

2. 系统误差的消减方法

为了提高实验的准确度，应尽量采取措施消减系统误差。消减系统误差的基本原则为：能消除的消除；能修正的修正；能抵消的抵消。但系统误差一般是不可能完全消除的。常见措施如下：

（1）从产生根源上消减

光学实验中的光路安排、光学仪器的调整以及实验的环境条件都可以引起系统误差。在使用光学仪器前，注意安排好实验光路，光路设计要合理，尽量做到消减不必要的误差；在调整光路时要认真细致，光学元件和仪器要稳定可靠、放置位置要正确；要熟悉光学仪器的性能，做到正确使用和养护。

例如，在用 He-Ne 激光管做光学实验时，激光束的能量应尽量较集中地照射在光学元件的同一点上；在考虑室温变化对光学测量的影响和在使用比长仪测量长度时就要求室温能保持恒温；在测量乳胶的特性，特别是作光谱定量分析时要控制好显影液的温度。

一般在仪器制作时会采取一些措施消除系统误差。例如，为了消除分光计的偏心差，在度盘的任一直径的两端分别有一个读数窗，只要将两个读数窗的读数取平均就可以消除偏心差；装有鼓轮读数装置的光学仪器都存在间隙误差（或称螺距误差），在测量中只要沿着一个方向转动鼓轮读数就可以消除空程差。

（2）采用修正量进行修正

有些实验使用的原理或经验公式是近似的，可以引入一个修正量，对实验结果加以修正。是否需要引进修正量，应由实验者本着实事求是的科学态度来处理，不可盲目，否则随便套用他人的修正量会给实验结果带来更大的系统误差。

实验中也可用标准角度、标准长度等标准量具对测角仪、分光仪和读数显微镜的读数进行校正。

（3）用测量方法抵消——交换法、替代法

光学实验中还可采用一些测量方法来补偿或者抵消系统误差。例如，在衍射光栅实验中，由于光栅的正反面不平行，很难保证入射光正入射到光栅面上，因此就会使得正负衍射角不等，这时，可以采用衍射角取平均值的方法来抵偿，这类方法称为交换抵消法；在薄透镜焦距测量实验中，需测量像的位置，而像的最清晰位置不是准确的一点，而是一段区域，故采取左右逼近法来确定像的最佳位置；在牛顿环实验中，可通过测牛顿环的直径来进行补偿；等等。

第 2 章　应用光学实验

应用光学实验以几何光学原理为基础,着重于透镜和棱镜成像规律的研究、光学系统设计和像差分析,旨在让学生了解掌握常用光学仪器的运用、光学系统的设计与光学镜头的设计和评价等知识,为后续课程奠定理论基础和应用基础。本章大体上可分为透镜成像规律研究、典型光学系统设计、棱镜系统应用和像差分析四个部分。通过本章的学习,将促进学生巩固应用光学的理论知识,提高学生光学系统设计和组装的能力,在培养学生的实验研究能力、科学思维能力、分析计算能力和科学归纳能力上都有重要的作用。

本章共安排了 16 个实验,内容涉及透镜与组合透镜的焦距测量及成像规律研究;棱镜成像规律研究及棱镜分光在材料分析上的应用;四大典型光学系统的搭建和光学特性研究;成像系统的评价和各种测量像差方法的学习。

2.1　薄透镜成像特性及焦距的测定

透镜是组成各种光学仪器的最基本的光学元件,反映透镜特性的一个主要物理量是焦距,它决定了透镜成像的位置和性质(大小、虚实、倒立)。测量透镜焦距的方法很多,应该根据不同的透镜、不同的测量精度要求和具体条件选择合适的方法。本实验要求在光具座上采用几种不同的方法分别测定凸、凹两种薄透镜的焦距,以便了解透镜成像的规律,掌握光路调节技术,同时比较各种测量方法的优缺点,为今后正确使用光学仪器打下良好的基础。

【实验目的】

1. 验证物像位置关系,了解薄凸透镜、凹透镜的成像规律。
2. 学习光路的等高共轴和消除视差的调节技术。
3. 学习几种测量透镜焦距的方法:例如,利用成像法、自准直法、共轭法测凸透镜焦距;利用成像法、自准直法测凹透镜焦距。
4. 观察透镜的像差。

【实验仪器】

光具座,透镜架,凸透镜,凹透镜,光源,物屏,成像屏,平面反射镜,等等。

【实验原理】

1. 透镜物方和像方焦点的判断及符号规定

(1) 物方和像方焦点的判断

以透镜为界,物体所在的空间称为物方空间;透镜后面成像所在的空间称为像方空间。

在像方空间的焦点称为像方焦点或后焦点，常用 F′ 表示，像方焦点的共轭物在物方空间的无限远；反之，从像方空间开始投射出的平行光，在透镜物方空间所形成的焦点，称为物方焦点或前焦点，用 F 表示。对于凹透镜而言，它的物方焦点与像方焦点的位置与凸透镜相反，如图 2.1 所示。

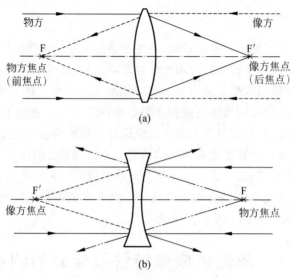

图 2.1　透镜物方焦点和像方焦点

(a) 凸透镜；(b) 凹透镜

(2) 符号规定

以透镜（组）中心（光心）为原点，光的行进方向为正方向，且各线距均从透镜（组）中心（光心）量起，则与光线行进方向一致时符号为正，反之为负。

2. 物像位置关系——高斯公式

在近轴光线的条件下，物体经透镜在空气中成像，物像位置关系满足如下的高斯公式：

$$\frac{1}{s'} - \frac{1}{s} = \frac{1}{f'} \tag{2.1}$$

由式(2.1)可知，对于具有一定焦距的透镜组，其成像的位置随物体位置的变化而变化，则焦距为

$$f' = -f = \frac{s \cdot s'}{s - s'} \tag{2.2}$$

式中，f' 为像方焦距；f 为物方焦距；s' 为像距；s 为物距。如图 2.2 所示，若在实验中分别测出物距 s 和像距 s'，即可用式(2.2)求出该透镜组的焦距 f'。

透镜组相应的横向放大率可表示为

$$\beta = \frac{y'}{y} = \frac{s'}{s} \tag{2.3}$$

成像位置关系及相应的横向放大率如图 2.3 所示。

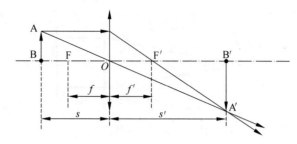

图 2.2 透镜成像示意图

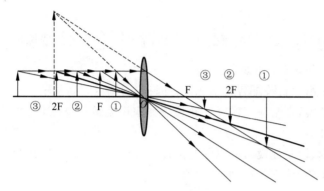

图 2.3 成像位置关系及相应的横向放大率

【实验内容及步骤】

1. 凸透镜焦距的测定

(1) 自准直法

自准直法是光学实验中常用的方法之一,具有测量简单迅速的特点,能直接测得透镜焦距。在光学信息处理中,多使用相干的平行光束,而自准直法作为检测平行光的手段之一,仍不失为一种重要的方法。

如图 2.4 所示,在待测透镜 L 的一侧放置一个被光源照明的物 AB,在另一侧放置一个平面反射镜 M,移动透镜(或物),当物 AB 正好位于凸透镜之前的焦平面时,物 AB 上任一点发出的光线经透镜折射后,将变为平行光线,然后被平面反射镜反射回来。再经透镜折射后,仍会聚在它的焦平面上,即原物平面上形成一个与原物大小相等方向相反的倒立实像 A′B′。此时物与透镜之间的距离,就是待测透镜的焦距。

由于这个方法是通过调节实验装置本身使得产生平行光以达到聚焦的目的,所以称为自准直法。该方法的测量误差在 1%～5% 之间。

自准直法测焦距的操作步骤如下:

① 参照图 2.4 沿导轨装配各光学元件,并调至等高共轴。具体调节方法见 1.8.2 节。

② 移动待测透镜,直至在目标板上获得镂空图案的倒立实像。

③ 调整反射镜,并微调待测透镜,使像最清晰且与物等大(充满同一圆面积)。

④ 分别记下物和被测透镜的位置,计算焦距。

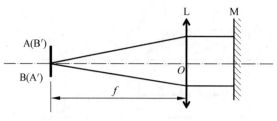

图 2.4　自准直法测焦距

⑤ 重复多次实验,计算焦距,取平均值。

（2）成像法

根据图 2.2 的成像原理,并利用公式 $f'=-f=\dfrac{s\cdot s'}{s-s'}$ 测量凸透镜焦距。

成像法测焦距的操作步骤如下:

① 参照图 2.2 沿导轨装配各光学元件,并将它们调至等高共轴。

② 移动待测透镜,直至在成像屏上获得物镂空图案的倒立实像,往复移动透镜并仔细观察,直至成像清晰。

③ 分别记下物、待测透镜与成像屏的位置,并根据式（2.2）计算焦距。

④ 重复多次实验,计算焦距,取平均值。

（3）共轭法

共轭法又称为位移法、二次成像法或贝塞尔法。该方法通过两次成像,测量出相关数据,计算出透镜焦距。

如图 2.5 所示,使物与像屏间的距离 $D>4f$ 并保持不变,移动透镜,在像屏上必能先后观察到放大的像和缩小的像。设物距为 s_1 时,得放大的倒立实像;物距为 s_2 时,得缩小的倒立实像,透镜两次成像之间的位移为 d,则根据透镜成像公式,可推得

$$f'=\frac{D^2-d^2}{4D} \tag{2.4}$$

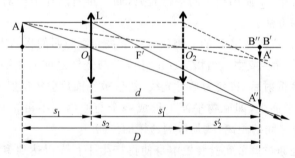

图 2.5　共轭法测焦距

成像法、自准直法都因透镜的中心位置不易确定而引入误差。而共轭法只要在光具座上确定物、像屏以及透镜二次成像时其滑块移动的距离,就可较准确地求出焦距。这种方法无须考虑透镜本身的厚度,测量误差可达到 1%。

共轭法测焦距的操作步骤如下:

① 粗测凸透镜焦距。

② 沿导轨布置各光学元件并调至等高共轴,再使物(指标)与成像屏之间的距离 $D>4f$。

③ 调节物中点与透镜共轴,且应使透镜光轴与光具座导轨平行。

④ 移动待测透镜,使被照亮的物在成像屏上成一个清晰的放大像,记下物与成像屏的距离 D 和待测透镜的位置 O_1。

⑤ 再移动待测透镜,直至在像屏上成一个清晰的缩小像,记下 L 的位置 O_2,并根据式(2.4)计算焦距;在判断是否为清晰像时,可在像屏位置放上反射镜,当物图案成的像与物图案完全重合时,为清晰像。

⑥ 重复多次实验,计算焦距,取平均值。

⑦ 计算结果及其不确定度,比较各种测量方法的误差,分析各种方法的优缺点。

2. 凹透镜焦距的测定

(1) 自准直法

如图 2.6 所示,在光路共轴的条件下,使物屏上物 AB 发出的光经凸透镜 L_1 后成实像 $A'B'$。现将待测凹透镜 L_2 置于 L_1 与 $A'B'$ 之间,若在 L_2 后面垂直于光轴放置一个平面反射镜 M,并移动凹透镜 L_2 使在物屏上得到一个与物 AB 大小相等的倒立实像。此时,$A'B'$ 成为 L_2 的虚物,若虚物 $A'B'$ 正好在 L_2 的焦平面上,则从 L_2 出射的光是平行光,该平行光经反射镜反射并再依次通过 L_2 和 L_1,最后必然在物屏上成等大的倒立实像 $A''B''$。此时,分别记录 L_2 的位置 O_2 及实像 $A'B'$ 的位置,则 O_2 到实像 $A'B'$ 间的距离即为凹透镜的焦距 f_2。

该方法测焦距的操作步骤如下:

① 参照图 2.6 沿导轨布置各光学元件并调至等高共轴。

② 取一个辅助凸透镜 L_2,在成像屏上获得镂空图案的倒立实像 $A'B'$,记录该实像的位置 a_1。

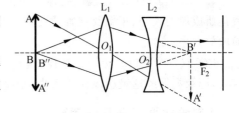

图 2.6　自准直法测凹透镜焦距

③ 将待测凹透镜 L_2 置于 L_1 与 $A'B'$ 之间,在 L_2 后放置平面反射镜 M。

④ 调整反射镜,并移动待测凹透镜,使像最清晰且与物等大,记下被测凹透镜的位置 a_2。

⑤ 计算 $f=a_2-a_1$,即得凹透镜的焦距。

⑥ 重复多次实验,计算焦距,取平均值。

(2) 成像法(又称辅助透镜法)

如图 2.7 所示,先使物 AB 发出的光线经凸透镜 L_1 后形成一个大小适中的实像 $A'B'$,然后在 L_1 和 $A'B'$ 之间放入待测凹透镜 L_2,就能使虚物 $A'B'$ 产生一个实像 $A''B''$。分别测出 L_2 到 $A'B'$ 和 $A''B''$ 之间距离 s_2,s_2',根据式(2.2)求出 L_2 的像方焦距 f_2',即

$$f_2'=-f_2=\frac{s_2 \cdot s_2'}{s_2-s_2'}=\frac{O_2B' \cdot O_2B''}{O_2B'-O_2B''} \tag{2.5}$$

该方法测焦距的操作步骤如下:

① 参照图 2.7 沿导轨布置各光学元件并调至等高共轴。

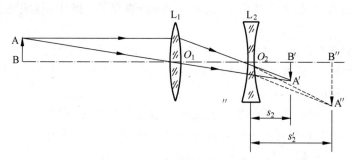

图 2.7　成像法测凹透镜焦距

② 取一个辅助凸透镜 L_1，在成像屏上获得物的倒立实像 $A'B'$，记录该实像的位置 B'。

③ 将待测凹透镜 L_2 置于 L_1 与 $A'B'$ 之间。

④ 移动成像屏，并微调待测凹透镜位置，使成像屏上再次获得清晰的像，记录此时获得的实像的位置 B''。

⑤ 记下待测凹透镜的位置 O_2，并根据式(2.5)计算焦距。

⑥ 重复多次实验，计算焦距，取平均值。

3. 透镜成像规律及横向放大率

测量透镜成像规律及横向放大率的操作步骤如下：

(1) 参照图 2.3 沿导轨布置各光学元件并调至等高共轴；

(2) 取一个正(凸)透镜使物体分别位于① $f\sim0$、② $2f\sim f$、③ $-\infty\sim2f$ 处，记录物体经透镜所成像的大小、正倒及位置情况，根据式(2.2)和式(2.4)计算凸透镜的焦距及各位置的横向放大率；

(3) 取一个负(凹)透镜使物体(指标)分别位于① $-\infty\sim0$、② $0\sim f$、③ $f\sim2f$、④ $2f\sim\infty$ 处，记录物体经透镜所成像的大小、正倒及位置情况。

【实验数据记录及处理】

1. 凸透镜焦距的测定及成像规律

利用自准直法、成像法和共轭法测凸透镜焦距的测量数据分别记录于表 2.1～表 2.3，并分别计算透镜的焦距。

表 2.1　自准直法测凸透镜焦距　　　　　　　　　　　　cm

次数 i	物体位置 x_0	凸透镜位置 x_1	$f_i=\lvert x_1-x_0\rvert$
1			
2			
3			
4			
5			
平均值			

表 2.2　凸透镜成像规律

次数 i	物体位置 x_0 /cm	透镜位置 x_1 /cm	像位置 x_0' /cm	像的特点	焦距 f'/cm	横向放大率 β
1						
2						
3						
4						
5						

表 2.3　共轭法测凸透镜焦距　　　　　　　　cm

次数 i	物体 AB 的位置	像屏 A′B′ 或 A″B″ 位置	D	凸透镜第一次成像位置	凸透镜第二次成像位置	d	焦距 f'
1							
2							
3							
4							
5							
平均值							

2. 凹透镜焦距的测定及成像规律

　　自准直法测凹透镜焦距和凹透镜成像规律的数据记录表格参照表 2.1、表 2.2 自拟,成像法测凹透镜焦距的测量数据填入表 2.4,并利用式(2.5)计算焦距,计算时,一定要注意符号的正负。

表 2.4　成像法测凹透镜焦距　　　　　　　　cm

次数 i	物体位置 x_0	凸透镜位置 x_1	第一次成像(小像)位置 x_0'	凹透镜位置 x_2	第二次成像(大像)位置 x_0''	物距 s_2	像距 s_2'	焦距 f'
1								
2								
3								
4								
5								
平均值								

【注意事项】

　　由于人眼对成像的清晰度分辨能力有限,所以观察到的像在一定范围内都较清晰,加之球差的影响,使得清晰成像位置会偏离高斯像的位置。为使两者接近,减小误差,记录数值时应使用左右逼近的方法。

【思考题】

　　1. 如果会聚透镜的焦距大于光具座的长度,试设计一个实验,在光具座上能测定它的焦距。

　2. 用共轭法测凸透镜的焦距有什么优点？

　3. 若用成像法多次测量焦距，如何用作图法求焦距？

　4. 试证明，共轭法测凸透镜焦距时，物与屏间的距离须满足 $D>4f$。

　5. 若要求透镜的物像共轭距一定，则两个物体位置之间要满足什么关系？

　6. 实验过程中如何形成虚物？

2.2　正负透镜组合成像的规律研究

【实验目的】

　1. 掌握正负透镜的组合方法。

　2. 掌握正负透镜组合的焦距测量和成像规律。

【实验仪器】

十字物体指标，透镜架，成像屏，光具座，照明系统，焦距为 200 mm、150 mm 和 −100 mm 等透镜，平面反射镜，投影屏。

【实验原理】

1. 平行光管——无穷远物体

若在一个正(凸)透镜的物方焦平面上放置一块带指标的分划板，分划板通过物镜成像于无穷远，即可在实验室条件下提供"无穷远物体"，这组分划板和透镜的组合就能在实验室条件下获得"无穷远物体"，也是"平行光管"的主要构成部分，如图 2.8 所示。

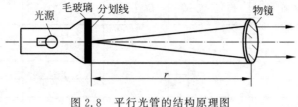

图 2.8　平行光管的结构原理图

2. 正负透镜组合

正负(凹)透镜组合时，正负透镜前后放置的位置不同、距离不同，透镜组合的焦距也不相同，组合的焦距何时为正、何时为负、何时为零，可用实验的方法进行测量。

【实验内容及步骤】

1. 自准直法获得"无穷远物体"

取一块焦距为 150 mm 正透镜，放在被光源照明的十字物屏后，将一块平面反射镜放置于透镜后，前后移动透镜，直至在原物屏平面上形成一个与原物等大的倒立的清晰的实像（自准直法），如图 2.4 所示。移开平面镜，出射平行光，即在实验室条件下获得"无穷远物体"。

2. 正负透镜组合

将 $f'_{\text{正}}=200\ \text{mm}$ 和 $f'_{\text{负}}=-100\ \text{mm}$ 两块透镜按照正前负后放置（即凸透镜在前，凹透镜在后）时，根据薄透镜成像公式计算透镜组合焦距为正和焦距为负时两块透镜的位置所满足的条件。将透镜组合放置在平行光（无穷远物体）后，找到成实像的位置，量出两块透镜的间距；改变两块透镜的间距，找到在光屏能成实像的透镜间距范围。交换它们的前后位置，并保持间距不变，观察这时的成像特点。

【实验数据记录及处理】

将所测得数据和观察到的现象记录于表 2.5，并计算像方焦距。

表 2.5　正负透镜组合的焦距及成像特点　　　　　　　　　cm

两块透镜前后位置	第一块透镜位置	第二块透镜位置	透镜间距	像的位置	成像特点	像方焦距 f'
$f_{\text{正}}=200\ \text{mm}$ 前；$f_{\text{负}}=-100\ \text{mm}$ 后						
$f_{\text{负}}=-100\ \text{mm}$ 前；$f_{\text{正}}=200\ \text{mm}$ 后						

【思考题】

1. 试分别画出有限焦距物镜与望远镜组合时的光路图，并分析交换它们的前后位置有何现象？

2. 分析正负透镜组合，在间隔一定的条件下，交换它们的前后位置有何现象？为什么？试分别画出光路图。

2.3　厚透镜或透镜组合焦距的精密测量

如果所测透镜比较厚（即焦距很短）或所测为透镜组，则前面介绍的薄焦距的测量方法就不一定适用。本实验学习利用放大率法、测角法等几种不同方法测定厚透镜或透镜组合的焦距。

2.3.1　放大率法测焦距

【实验目的】

1. 学会运用放大率原理测量透镜的焦距。

2. 掌握用焦距仪测量焦距的测试技术。

【实验仪器】

光具座(或焦距仪),带玻罗板的平行光管,读数显微镜(或测微目镜),可调式平面反射镜,标准刻尺,被测正、负透镜。

【实验原理】

正透镜焦距的测量原理如图 2.9 所示。被测透镜位于平行光管物镜前,平行光管物镜焦面上玻罗板的一对刻线将成像在被测透镜的焦面上,直接用测微目镜测量此焦面上刻线像的线距 y',即可计算出被测透镜的焦距。

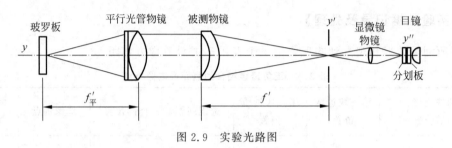

图 2.9 实验光路图

由图 2.9 可知,平行光管的焦距和被测物镜的焦距之比等于位于焦面上的物像大小之比,根据 2.2 节的符号规定,可得

$$\frac{y'}{-y}=\frac{-f'}{-f'_{平}}=\frac{f'}{f'_{平}} \tag{2.6}$$

式中,$f_{平}$ 为平行光管物镜的物方焦距;$f'_{平}$ 为平行光管物镜的像方焦距;y 为位于平行光管物镜前焦面玻罗板上某一刻线对的间距;y' 为测微目镜测得的玻罗板某一刻线对经被测透镜后所成刻线对像的间距。因此,被测透镜的焦距为

$$f'=\frac{y'}{-y}f'_{平}, \quad y<0 \tag{2.7}$$

玻罗板上共有五对刻线,每对刻线的间距依次分别为 10 mm,4 mm,2 mm,1 mm。平行光管中玻罗板上刻有 5 组平行刻线对,间距分别为 1 mm,2 mm,4 mm,10 mm 和 20 mm,最外面一对长刻线的间距为 20 mm。玻罗板上的刻线对经被测透镜所成的像一般非常小,难以直接测量,为了更清晰地观察,一般要用带测微目镜的读数显微镜进行读数。测微目镜原理和使用介绍见 1.7.3 节。当然,也可直接使用 CCD 进行读数,从 CCD 平移的距离测出 y' 即可计算透镜的焦距。

如果使用读数显微镜进行读数,若 y'' 为被显微物镜放大的玻罗刻板刻线像间距,β 为读数显微镜的物镜的垂轴放大率,则透镜焦距为

$$f'=\frac{y'}{-y}f'_{平}=-\frac{y''}{y\beta}f'_{平}, \quad y<0 \tag{2.8}$$

该方法同样可以测量负透镜的焦距,其光路如图 2.10 所示。焦距的计算公式不变,但要注意改变符号。必须指出,由于负透镜成虚像,因此在用带有测微目镜的读数显微镜观测这个像时,显微镜的工作距离必须大于负透镜的焦距,否则看不到玻罗板上的刻线像。

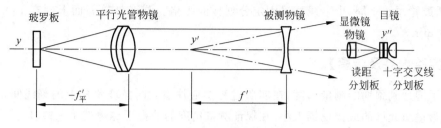

图 2.10　测定负透镜焦距光路图

下面介绍基于 CCD 成像技术的测量凹透镜焦距的方法,它是利用一组焦距相等的辅助镜组(如图 2.11 中的自准直透镜组)实现测量的。平行光管的分划板 A,经过待测凹透镜成虚像 B,如果虚像 B 在自准直透镜组第一个镜片的前焦面上,则虚像 B 的像会落在镜组第二个透镜的后焦面,同时像被 CCD 接收,如图 2.11 所示。

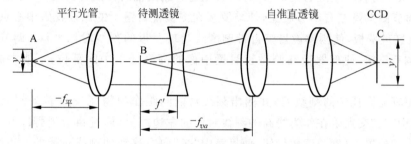

图 2.11　基于 CCD 成像技术的凹透镜焦距测量光路

基于 CCD 成像技术测量凹透镜焦距时,需要将一个自准直透镜组与待测凹透镜组成一个伽利略望远系统,通过测量 CCD 中采集到的望远系统中的像对距离 y',即可求得凹透镜的焦距,其焦距计算公式仍然可用式(2.7)。

基于上述测量原理的放大率法是目前最常用的测量透镜焦距的方法之一。该方法所用设备简单,测量范围较大,测量精度较高而且操作简便,主要用于测量望远物镜、照相物镜和目镜的焦距,也可以用于生产中检验正、负透镜的焦距。

【实验仪器】

焦距仪的结构如图 2.12 所示,主要由平行光管、透镜夹持器、测微镜、导轨等构成。

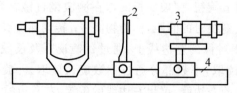

图 2.12　焦距仪示意图

1-平行光管；2-透镜夹持器；3-测微镜或 CCD；4-导轨

测微镜或 CCD 安装在一个可作纵、横向和上下调节的底座上。在测微镜的目镜焦面上装有固定的分划板,共分 8 格,格值为 1 mm,用于测量焦距时读取整数部分,小数部分则从目镜测微鼓轮上读取。转动测微鼓轮时,可动分划板上的十字线及两条垂直平行线同时移动,测微鼓轮每转 1 周,十字线移过固定分划板的 1 格。测微鼓轮斜面上刻有 100 格,格值为 0.01 mm。

【实验内容及步骤】

为了能达到预期的测量精度,在实验过程中应注意:选择玻罗板上的刻线间距时应考虑被测透镜所允许的成像视场大小,在保证测量精度的前提下尽量选小一些,以减小轴外像差的影响。

(1) 测量测微镜物镜的垂轴放大率

根据图 2.12 将平行光管、透镜夹持器、测微镜依次安放在光具座上,把玻罗板安放在透镜夹持器上,调整透镜夹持器使玻罗板与平行光管光轴大致重合。

调节测微镜的目镜视度,使视野中能清晰地看到十字叉丝和目镜自带刻度;前后移动支架,使测微镜对玻罗板上的刻线对调焦,直至通过测微镜的目镜看到玻罗板上的刻线对清晰的像;调节测微镜左右调节旋钮,使玻罗板在测微镜目镜中的像以视野中心点为中心左右对称;旋转玻罗板,使测微镜目镜自带刻度线与玻罗板的刻线对像平行;调节透镜夹持器的高低调节旋钮,使玻罗板在测微镜目镜中像的高度处于中间部位,不能太高,也不能太低。

选择正好充满视场的刻线对,并测出刻线对的间距作为物高 y_0;转动测微镜读数旋钮,使目镜中"╳"交点落在作为物高的刻线对像的左边线上,通过目镜视野以及读数旋钮,读出左边线的位置,再旋动读数旋钮,使目镜中"╳"向右移动到刻线对像的右边线,读出右边线的位置,左右边线位置之差的绝对值就是所选线对像的高度 y_0'。根据公式 $\beta = \dfrac{y_0'}{y_0}$,计算测微镜的物镜的垂轴放大率。

(2) 测量物高 y 以及像高 y''

将玻罗板从透镜夹持器上取下安放到平行光管物镜焦面上,再将被测透镜(组)安放在夹持器上,调节夹持器高度,并旋转方向,使被测透镜(组)的光轴与平行光管等高共轴。

前后移动测微镜的支架,使测微镜对玻罗板的刻线对调焦,直至通过测微镜的目镜看到玻罗板上的刻线对清晰的像;微调平行光管的方向,使测微镜目镜自带的标尺刻度线与玻罗板的刻线对像平行;调节测微镜的高度,使玻罗板的像在测微镜目镜视场上下方向的中间部位。

调节测微镜的左右调节旋钮,使玻罗板的像在测微镜目镜视野中心。选择正好充满视场的刻线对并测出玻罗板刻线对的间距,作为物高 y;转动测微镜读数旋钮,使目镜中"╳"交点落在作为物高的刻线对像的左边线上,通过目镜视野及读数旋钮,读出左刻线的位置(整数部分通过目镜视野读取,小数部分通过读数旋钮读取)。旋动读数旋钮,使得目镜中"╳"向右移动到刻线对像的右边线,读出右边线的位置,左右边线位置之差的绝对值就是所选刻线对像的高度 y''。

(3) 根据测量数据,利用式(2.8)计算被测透镜的焦距

【实验数据记录及处理】

根据实际使用的读数装置,选择下列两组记录表中的一组进行数据记录。

1. 采用显微镜测量

（1）测量显微镜物镜的倍率

将测得的数据记录于表 2.6，并计算显微镜物镜的垂轴放大率。根据课时酌情安排，也可由实验室直接给出。

表 2.6 显微镜物镜的倍率

线对间距 $y_0 =$ _____ mm	左边线读数/mm： ____	$y_0' =$ _____ mm	$\beta = \left\| \dfrac{y_0'}{y_0} \right\| =$ _____
	右边线读数/mm： ____		

（2）测量刻线对 y 通过被测透镜成的像再在测微镜中所成像 y''

将测得的数据记录于表 2.7，并计算所测透镜的焦距。

表 2.7 放大率法测透镜焦距（测微目镜读数法）

平行光管焦距 $f_平' =$ _____ mm，玻罗板刻线对间距 $y =$ _____ mm

类型	读　　数	1	2	3	4	平均 y''/mm	$f' = -\dfrac{y''}{y\beta}f_平'$
正透镜	左边线读数/mm						
	右边线读数/mm						
负透镜	左边线读数/mm						
	右边线读数/mm						

2. 采用 CCD 测量

将测得的数据记录于表 2.8，并计算所测透镜的焦距。

表 2.8 放大率法测透镜焦距（测微目镜读数法）

平行光管焦距 $f_平' =$ _____ mm，玻罗板刻线对间距 $y =$ _____ mm

次数 i	正透镜		负透镜	
	左边线读数/mm	右边线读数/mm	左边线读数/mm	右边线读数/mm
1				
2				
3				
4				
平均 y'/mm				
$f' = -\dfrac{y''}{y}f_平'$/mm				

2.3.2　精密测角法测焦距

【实验目的】

1. 学会运用精密测角法测量透镜焦距。
2. 掌握用测角仪测量焦距的测试技术。

【实验仪器】

测角仪,带标准刻线的分划板,平面反射镜,被测透镜。

【实验原理】

如图 2.13 所示,若将分划板放在被测透镜的前焦面上,则根据图中的几何关系可得

$$\tan\omega = \frac{y}{f'}$$

即透镜的焦距为

$$f' = \frac{y}{\tan\omega} \tag{2.9}$$

因此只要求出张角 ω 和距离 y,就能求出透镜的焦距。

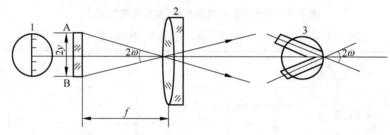

图 2.13　精密测角法测焦距光路图
1-分划板；2-被测物镜；3-测角望远镜

在实验中,可以利用精密测角仪(经纬仪,测角仪等)精确地测出处于被测透镜焦面上的分划板刻线张角 2ω,再准确地测出该分划板刻线的间距 $2y$,即可通过式(2.9)算出被测透镜的焦距。这种测量透镜焦距的方法称为精密测角法,适合用于测长焦距的透镜。

【实验内容及步骤】

(1) 首先将分划板的刻线面精确地校正到被测透镜的焦面上(可采用自准直法校正),然后调整好测角仪,并对分划板的刻线像进行调焦,使测角仪的分划线与分划板的刻线像清晰且无视差地呈现在视场内。

(2) 绕测角仪主轴转动望远镜,使望远镜的十字分划线与分划板的 A 刻线重合,记下刻度盘的第 1 次角度读数。

(3) 继续转动望远镜,使望远镜的十字分划线与分划板的 B 刻线重合,记下刻度盘的第 2 次角度读数。两次刻度盘的读数之差,即为 2ω 的值。

角度读数,两次刻度盘读数之差,即为 2ω 的值。根据式(2.9),即可求出被测物镜的焦距。

【实验数据记录及处理】

将所测得的数据记录于表 2.9,并计算被测透镜的焦距。

表 2.9　精密测角法测量透镜焦距

分划板刻线间距	A 刻线度盘读数/mm：_____	$2\omega =$ _____	$f' = \dfrac{y}{\tan\omega} =$ _____ mm
$2y =$ _____ mm	B 刻线度盘读数/mm：_____		

【思考题】

1. 如何选用玻罗板上一对刻线对的间距,它的大小对测量焦距有何影响?

2. 如何选用读数显微镜的倍率? 为什么测量负透镜时要采用 1 倍或小于 1 倍的物镜? 测微目镜的倍率对测量有无影响?

3. 如何粗略地估计出被检透镜与显微镜物镜间的距离?

4. 试说明透镜的朝向与光源的波长对测量结果的影响?

2.4　正正透镜组合的基点测量及成像规律研究

每个厚透镜及共轴球面透镜组都有 6 个基点,即 2 个焦点 F、F',2 个主点 H、H';2 个节点 N、N'。

【实验目的】

1. 了解透镜组的基点的一般特性。

2. 学习测定光具组基点和焦距的方法。

【实验仪器】

LED 光源,准直镜($f=150$ mm),标准透镜($f=75$ mm),节点镜头(镜片间距 $60\sim110$ mm,固定镜片直径 40 mm,$f=200$ mm;可动镜片直径 40 mm,$f=350$ mm),白屏,物屏,成像屏,等等。

【实验原理】

1. 光学系统的主点与主面

若将物体垂直于系统的光轴,放置在第一主点 H 处,则必成一个与物体同样大小的正立的像于第二主点 H' 处,即主点是横向放大率 $\beta=+1$ 的一对共轭点。过主点垂直于光轴的平面,分别称为第一和第二主面,如图 2.14 中的 MH 和 $M'H'$。

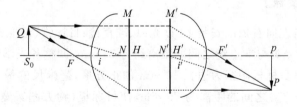

图 2.14　透镜组光路示意图

2. 光学系统的节点与节面

节点是角放大率 $\gamma=+1$ 的一对共轭点。入射光线(或其延长线)通过第一节点 N 时,出射光线(或其延长线)必通过第二节点 N',并与 N 的入射光线平行。过节点垂直于光轴的平面分别称为第一、第二节面。当共轭球面系统处于同一介质时,两主点分别与两节点重合。

3. 光学系统的焦点与焦面

平行于系统主轴的平行光束,经系统折射后与主轴的交点 F' 称为像方焦点;过 F' 垂直于主轴的面称为像方焦面。第二主点 H' 到像方焦点 F' 的距离,称为系统的像方焦距 f',此外,还有物方焦点 F 及焦面和焦距 f。

一般薄透镜的两主点和节点与透镜的光心重合。而组合透镜或厚透镜的两主点和节点位置,将随组合透镜或折射面的焦距和系统的空间特性而变化。实际使用透镜组时,多数场合透镜组两边都是空气,物方和像方介质的折射率相等,此时节点和主点重合。

本实验以两个薄透镜组合为例,主要讨论如何测定透镜组的节点(主点)。如图 2.15 所示,设 L_0 为已知透镜焦距等于 $-f_0$ 的凸透镜,L.S. 为待测透镜组,其主点(节点)为 H、$H'(N、N')$,像方焦点为 F'。当 AB(高度已知)放在 L_0 的前焦点处时,它经过 L_0 以及 L.S. 将成像 $A'B'$ 于 L.S. 的后焦面上。根据几何关系,可得:

$$f' = -f_0 \cdot \frac{A'B'}{AB} \tag{2.10}$$

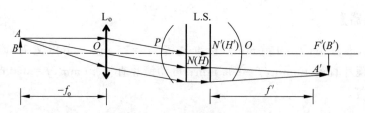

图 2.15 测量基点示意图

因此可以通过测量 $A'B'$ 的大小,从而得到 f' 的数值。因为是平行光入射到透镜组上,所以像 $A'B'$ 的位置就是 F' 的位置。F' 的位置既然确定,而 $N'F' = f'$,则 N' 的位置也就确定了。把 L.S. 的入射方向和出射方向互相颠倒,即可测定 F 和 N 的位置。本实验节点和主点重合,所以 H 和 H' 的位置也得到确定。

【实验内容及步骤】

(1) 如图 2.16 自左向右依次安装 LED 光源、准直镜、目标物、标准透镜、节点镜头和白屏,调整 LED 光源发光头与准直镜之间的距离约为 75 mm,调整各光学元件同轴等高。

(2) 调节目标板(目标板图案为边长 10 mm 的正方形,毫米尺的最小刻度 1 mm)与标准透镜(透镜焦距为 $-f_0$)之间的距离为 75 mm,使目标板(物方图案宽度为 h_1)位于透镜 L_0 的前焦面。

(3) 在白屏和标准透镜之间安装节点镜头,移动节点透镜或白屏最终可在白屏上观察到清晰像,使用白屏上的尺子测量像的大小 h_2,计算出像方焦距 f'。

(4) 找到成像清晰位置,即为像方焦点,从像方焦点逆光量取一个像方焦距,即为像方主点 H' 的位置(也是像方节点位置 N',节点、主点重合)。

(5) 将节点镜头旋转 180°,重复步骤(2)~步骤(4),重新测量,即可获得物方焦点、主

图 2.16　透镜基点测量实验系统装配图

点、节点位置。

（6）改变两个镜片的间距，重复上述操作，测出不同间距的焦距和各基点。

【实验数据记录及处理】

已知物（方孔）的尺寸、辅助透镜焦距，并记录像的尺寸 h_2，将数据填入表 2.10，根据 $f' = -f_。\dfrac{h_2}{h_1}$ 计算像方焦距 f'；记录像方主点 H' 和节点 N' 位置（节点、主点重合）；反向测量再记录。

表 2.10　节点镜头基点记录表

方孔的尺寸 $h_1 = $ _____ mm，辅助透镜焦距 $-f_。= $ _____ mm

两个镜片距离	两个镜片排序	像尺寸 h_2/mm	像方焦距 f'/mm	像方主点 H'/mm	像方节点 N'/mm
60 mm	$f200 + f350$				
	$f350 + f200$				
80 mm	$f200 + f350$				
	$f350 + f200$				
100 mm	$f200 + f350$				
	$f350 + f200$				

【思考题】

1. 如何确定透镜组的节点位置？确定依据是什么？
2. 节点（面）和主点（面）是指什么？什么情况下重合？
3. 能用自准法和共轭法测透镜组的焦距吗？

2.5　棱镜系统的成像规律研究

平面光学系统主要包括平面镜、平行平板、反射棱镜和折射棱镜等平面光学元件，在光路中可起到转折光轴、转像、倒像、扫描等作用。本实验主要研究棱镜系统。

【实验目的】

1. 熟悉各种棱镜的结构。

2. 观察光线在棱镜中传播的情况。

3. 了解各种棱镜的成像特性。

【实验仪器】

激光器,扩束镜,分束器,演示屏,零件夹持架,平面光学元件若干。

【实验原理】

1. 平面光学元件

平面光学元件在光路中的作用如图 2.17 所示。

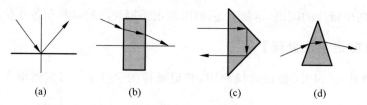

图 2.17 平面光学元件上光束的折反

(a) 平面镜;(b) 平行平板;(c) 反射棱镜;(d) 折射棱镜

2. 棱镜成像规律

(1) 一次反射棱镜——相当于一个平面镜系统,成镜像

一次反射棱镜在光路中的作用和平面反射镜相同。它对物成镜像,即物为左手坐标,像为右手坐标。图 2.18(a)所示为最常见的等腰直角反射棱镜,斜边表示反射面,能使光轴转折 90°,光轴通过入射面的中心,可使棱镜反射面得以充分利用。

图 2.18(b)所示为等腰梯形棱镜,它能使光轴转折 60°。图 2.18(c)是达夫棱镜(光轴与斜面平行的直角棱镜)的成像示意图,这种棱镜的特点是:沿光轴方向的入射光线和出射光线不与工作面垂直,而是产生折射。在图 2.18(c)中,上图为正视图,下图为转了 90°后的正视图,可以看出像的 x 轴和 y 轴均转了 180°。由于光线通过棱镜后方向不变,一般用于平行光中。

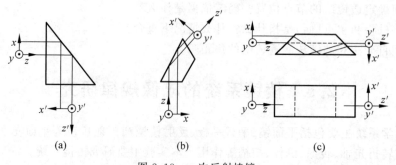

图 2.18 一次反射棱镜

(a) 等腰直角反射棱镜;(b) 等腰梯形棱镜;(c) 达夫棱镜

（2）二次及偶数次反射棱镜——相当于双平面镜系统,成一致像

二次反射的棱镜相当于双平面镜系统,成一致像。入射光线和出射光线间的夹角决定于两个反射面间的夹角(称为二面角)。根据双平面镜系统的性质,入射光线和出射光线间的夹角为二面角的两倍。这些棱镜由于是偶数次反射,所以不存在镜像问题。常用的几种二次反射棱镜如图 2.19 所示。其中,二次反射直角棱镜因光轴转 $180°$,像的方位也跟着转了 $180°$,且像是与物相同的一致像。

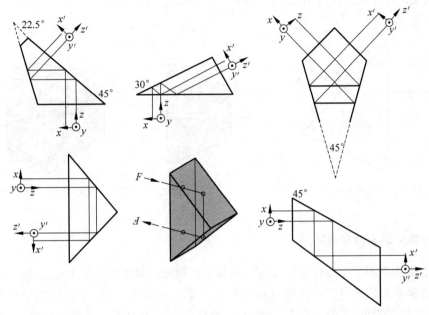

图 2.19　二次反射棱镜

单纯一个二次反射棱镜虽然所成的像与物一致,但光轴方向往往会发生改变,这给使用带来不便。因此,常常将棱镜进行组合形成转像棱镜,如普罗 Ⅰ 型棱镜组、普罗 Ⅱ 型棱镜组等。普罗 Ⅰ 型组和 Ⅱ 型棱镜组的光路如图 2.20 所示,均是 4 次反射,成一致像,光线出射方向与入射方向一致。

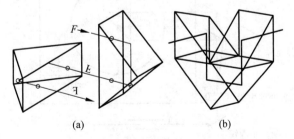

(a)　　　　　　　　　　　　　(b)

图 2.20　普罗棱镜

(a)普罗 Ⅰ 型棱镜组光路图;(b)普罗 Ⅱ 型棱镜组光路图

（3）三次及奇数次反射棱镜——成镜像

三次反射棱镜的反射次数为奇数次,所以产生镜像。图 2.21 所示为施密特棱镜,它的出射光线与入射光线间的夹角为 $45°$。由于三次反射使棱镜中的光路变得很长,因此可以

把光学系统的一部分光路折叠在其中,使仪器外形尺寸减小,故在光学仪器中有很多应用。

为了使光线方向不改变,施密特棱镜常与别汉棱镜胶合形成施密特-别汉棱镜,光线通过该棱镜后方向不变。对于奇次反射的反射棱镜,为避免镜像,可在其上增加一个屋脊,屋脊就是将一个反射面用两个互成直角的反射面来代替,其交线平行于原反射面,且在主截面上。它的作用是使与屋脊垂直的坐标单独改变一次方向,相当于增加一次反射。如果在施密特-别汉棱镜加一个屋脊,本来只有 5 次反射,因为增加一次屋脊反射,成了 6 次反射,所以成一致像。这样光路方向不变,像也与物一致,如图 2.22 所示。

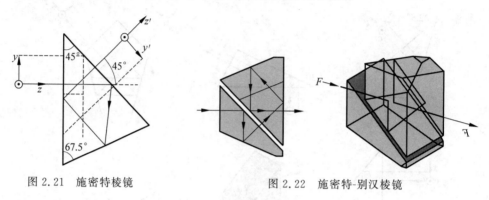

图 2.21　施密特棱镜　　　　　　　　图 2.22　施密特-别汉棱镜

3. 平面光学元件光路追迹

图 2.23 为平面光学元件光路追迹实验装置结构图。激光束先从 He-Ne 激光器水平出射,经平面镜反射后转折 90°,再经柱面镜扩束后成为一扇形光束,经介质膜分光镜反射后成水平方向扇形光束,与演示屏垂直相交,从而在演示屏上显示出光束的径迹,在度盘孔内插下平行平板或各种棱镜等平面光学元件后,就能直观地观察所插光学元件对光的偏折轨迹。

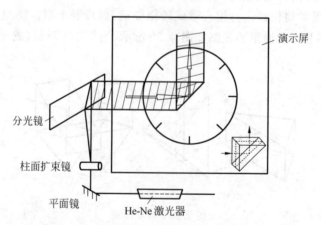

图 2.23　平面光学元件光路追迹实验装置结构图

【实验内容及步骤】

1. 打开激光器电源。利用 He-Ne 激光器发出的红色细光束,经柱面扩束镜后为一扇形平面光束,分别把各种棱镜放置在转盘中央,观察光线在棱镜中的径迹并记录。

2. 取下柱面扩束器,在底座上放置装有圆扩束器的支架及装有物(指标)的支架,并把被测棱镜置于右侧的夹持器上,对着出射光线的方向观察各种棱镜的转像情况。

【思考题】

1. 证明光线通过二表面平行的玻璃板时,出射光线与入射光线永远平行。

2. 平面镜成像有哪些性质? 单平面镜与双平面镜旋转各有什么特点?

3. 如果要求周视瞄准镜光轴俯仰 ±15°,问端部直角棱镜应俯仰多大角度?

2.6　望远系统搭建及光学特性参数测量

望远镜可以帮助人们观察远处的物体,是一种观察、瞄准与测量的助视仪器。本实验将介绍望远系统的搭建及光学特性参数的测量,通过本实验,使学生进一步了解望远镜的成像原理,并能够自己组装望远镜,测量相关参数。

【实验目的】

1. 掌握望远镜成像的基本原理,并在导轨和光具座上用透镜自己组装两种望远镜系统。

2. 测量望远镜的主要光学特性参数。

3. 了解视觉放大率的概念并学习其测量方法。

4. 掌握望远镜的入瞳直径、出瞳直径、出瞳距离、放大率、视场的基本测量方法。

5. 了解视度和视差的测量方法。

【实验仪器】

(1) 组装所需仪器

焦距为 50 mm,200 mm,150 mm,−50 mm,30 mm,−30 mm 的透镜各一个,带小灯的玻璃标尺(分格值 0.2 mm)、毫米标尺(分格值 1 mm)。

(2) 测量参数所需仪器

水准仪,平行光管,长工作距测量显微镜,视场仪,白炽灯,钢板尺,升降台,光学导轨,玻罗板,分辨率板,方孔架(被观察物),被测望远镜,光阑。

【实验原理】

望远镜是用于观察远距离物体的光学仪器。其作用是使通过望远镜所看到的物体对眼睛的张角大于用眼睛直接观察物体的张角,从而产生放大的感觉,看清物体的细节。

1. 开普勒望远镜

开普勒望远镜是由物镜和目镜两个会聚透镜组成的折射式望远镜。它的物镜焦距较长,目镜焦距较短,物镜的像方焦点与目镜的物方焦点重合或靠近。远处物体射来光线(视为平行光),经过物镜后会聚在它的后焦点外离焦点很近的地方,成一倒立、缩小的实像。因目镜的前焦点和物镜的后焦点是重合的,所以物镜的像作为目镜的物,从目镜可看到远处物体的倒立虚像。此过程中由于增大了视角,故提高了分辨能力,如图 2.24 所示。

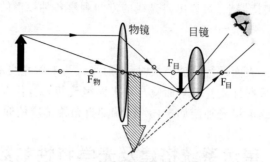

图 2.24　开普勒望远系统的工作原理

望远镜的光学特性参数主要包括视放大率、入瞳直径、出瞳直径和出瞳距离、视场和视度等。

1) 望远镜的视放大率

(1) 观察无限远物体时的视放大率

当用望远镜观测无穷远物体时,物体通过物镜在它的后焦面上成实像,同时也处于目镜的前焦面上,因而通过目镜时成虚像于无穷远,此时望远系统可近似视为平行光进、平行光出,如图 2.25 所示。

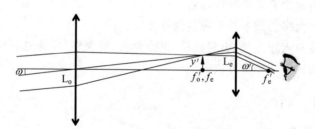

图 2.25　开普勒望远系统观察无穷远物体的光路图

由定义可知,望远镜的视放大率为

$$\Gamma = \frac{\tan\omega'}{\tan\omega} \tag{2.11}$$

式中,ω' 是通过望远镜观察时,物体的像对人眼的视角;ω 是直接观察时,物体对人眼的视角。

由图 2.25 的几何光路可知

$$\tan\omega = \frac{y'}{f'_o}, \quad \tan\omega' = \frac{y'}{f_e} = \frac{y'}{f'_e}$$

因此,望远镜的视放大率为

$$\Gamma = \frac{y}{y'} = -\frac{f'_o}{f'_e} \tag{2.12}$$

其中,f'_o 为物镜像方焦距;f'_e 为像方焦距;y' 为像高;y 为物高。可见,观察无穷远物体时望远镜的视放大率也即垂轴放大率,只与物镜和目镜的透镜焦距有关。若要提高望远镜的视放大率,可增大物镜的焦距或减小目镜的焦距。

(2) 观测近处物体时的视放大率

当用望远镜观测近处物体时,其成像的光路图如图 2.26 所示。图中,l_1、l_1' 和 l_2、l_2' 分别为透镜 L_o 和 L_e 成像时的物距和像距,Δ 是物镜和目镜焦点之间的距离,即光学间隔(实用望远镜中是不为零的很小值)。由图 2.26 可得,通过望远系统观察的张角为

$$\tan\psi = \frac{A'B'}{O'B'} = \frac{y_2}{l_2} \tag{2.13}$$

而在同一位置直接观察物体 AB 的张角为

$$\tan\omega = \frac{AB}{O'B} = \frac{y_1}{-l_1 + l_1' - l_2} \tag{2.14}$$

故观察近处物体时,望远镜的视放大率为

$$\Gamma = \frac{\tan\psi}{\tan\omega} = \frac{l_1'(-l_1 + l_1')}{l_1 l_2} \tag{2.15}$$

利用透镜成像公式,同时引入望远镜机械筒长度 $l = l_1' - l_2$,可得

$$\Gamma = \frac{\tan\psi}{\tan\omega} = \frac{(-l_1 + l + f_e)f_o}{(-l_1 - f_o)f_e} \tag{2.16}$$

显然,若物体在无穷远,即物距很大时,式(2.16)便变回到式(2.11)的形式。

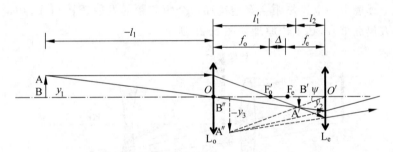

图 2.26 开普勒望远系统观察近处物体的光路图

2) 望远镜的入瞳直径、出瞳直径和出瞳距离

在几何光学中,将限制轴上点光束孔径的光阑称为孔径光阑;将限制光学仪器所能观察到的视场大小的光阑称为视场光阑;将孔径光阑经过它的前方所有的光学系统部分所成的像称为入瞳;将孔径光阑经过它的后方所有的光学系统部分所成的像称为出瞳。

图 2.27 是最简单的开普勒望远镜的光学参数图。从图中可以看出,限制入光学系统的轴上点光束孔径的是物镜框,即孔径光阑;限制望远镜所能观察到的视场大小的是分划板框,即视场光阑;由于物镜框前方没有其他光学系统,因此入瞳就是物镜框;孔径光阑经过它的后方所有光学系统(图中是分划板和目镜)所成的像就是出瞳;出瞳到目镜最后一个表面的距离为出瞳距离。

3) 望远镜的视场

望远镜的视场是指人眼通过望远镜所能见到的物空间的最大范围。在无渐晕或渐晕不大的情况下,人眼在望远镜的出瞳位置上观察物体。望远镜的物方视场是指所能见到的物空间最大范围的边缘向入瞳中心所引张角的角度值 2 倍;像方视场是指所能观察到的物空

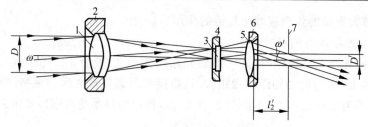

图 2.27　望远镜的光学参数

1-物镜；2-物镜框(孔径光阑、入瞳)；3-分划板；4-分划板框(视场光阑)；5-目镜；6-目镜框；7-出瞳

间经过望远系统成像后的像空间大小，用像空间边缘向出瞳中心所引张角的角度值 2 倍来表示。通常望远镜的视场是指物方视场。

4) 望远镜的视度调节

一般观察者的眼睛会有正常眼、近视眼和远视眼三种情况。对于正常人眼，将望远镜的出射光束调节成平行光束时，观察物体最为舒适。对于近视眼，将出射光束调节成发散光束时，观察物体最合适。而对于远视眼，将出射光束调节成会聚光束时，观察物体最合适。光学仪器的这种调节能力称为视度调节。

2. 伽利略望远镜

伽利略望远镜由一个长焦距会聚透镜和一个短焦距的发散透镜组成，物镜的像方焦点与目镜的物方焦点重合，其工作原理如图 2.28 所示。

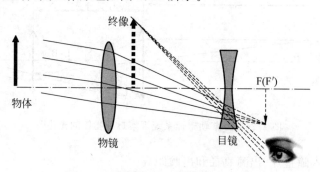

图 2.28　伽利略望远系统的工作原理

相比于开普勒望远镜，伽利略望远镜的优点是：在达到同样放大率的情况下伽利略望远镜的机械筒长小，整个系统的长度更短。但其视野较小。

【实验内容及步骤】

1. 设计视放大率为 5 的开普勒望远镜，并对该望远系统视放大率进行实际测量，步骤自拟。

2. 设计视放大率为 5 的伽利略望远镜，并对该望远系统视放大率进行实际测量，步骤自拟。

3. 测出物像共面时，开普勒望远系统的视放大率。

望远镜在实际使用时大部分用于被观测有限远物体，因此可以通过移动目镜把像 y'' 推远到与物 y 共面来测量视放大率，如图 2.29 所示。

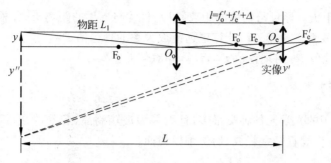

图 2.29　物像共面时测望远镜的视放大率

由于

$$\tan\omega' = \frac{y''}{L}, \quad \tan\omega' = \frac{y}{L}$$

于是可以得到物像共面时望远镜的视放大率为

$$\Gamma_{\mathrm{T}} = \frac{y''}{y} = \frac{f'_{\mathrm{o}}(L + f'_{\mathrm{e}})}{f'_{\mathrm{e}}(L_1 - f'_{\mathrm{o}})} \tag{2.17}$$

可见,当物距 L_1 大于 20 倍物镜焦距时,它和无穷远时的视放大率差别很小。

4. 测物像共面时望远镜视放大率的操作步骤如下:

(1) 将标尺安放在离物镜合适距离处,一只眼睛通过望远镜的目镜看标尺的像,移动目镜,最终可以通过目镜看到标尺放大的清晰像。

(2) 两只眼睛同时观察,一只看标尺(物),另一只通过光学系统看标尺像;适应性练习,最终从目镜中看到的望远镜放大标尺像和直接看到的标尺重合。如果可以同时看到标尺与其像,则说明两者之间基本没有视差。

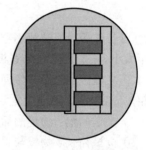

图 2.30　标尺和像示意图

(3) 视场中标尺和像如图 2.30 所示,图中左边是像,右边是标尺。

(4) 测出标尺像(左边)上 1 格所对应的标尺(右边)上的格数 m,即可计算视放大率的实验值,多次测量取平均值。

【实验数据记录及处理】

(1) 记录搭建的开普勒望远系统的结构参数,表格自拟。

(2) 记录搭建的伽利略望远系统的结构参数,表格自拟。

(3) 在表 2.11 中记录利用物像共面测量法测量开普勒望远系统的视放大率的数据。

表 2.11　物像共面时的望远镜视放大率

测量序号 i	1	2	3
物格数	1	1	1
像格数 Γ_{e}			

（4）测定物距 L_1（标尺与物镜的距离）以及目镜与标尺的距离 L，并根据望远镜物像共面时望远镜的视放大率式(2.17)计算望远镜放大率的理论值 Γ_T。

（5）比较实验值 Γ_e 与理论值 Γ_T，计算相对偏差。

【注意事项】

这组实验使用的光学元件种类很多，且大多为玻璃制品，容易碎裂，因此在使用时要特别注意爱护，按操作规程轻拿轻放，切勿手摸镜面。

【思考题】

1. 为什么用视放大率表示望远镜等目视光学仪器的放大作用？用同一台望远镜观测不同距离的物体时，其视放大率是否会变化？

2. 如何用实验方法使望远镜物镜的像方焦点与目镜的物方焦点重合（光学间隔调整为零）？

3. 为什么说望远镜的视放大率与物体的位置无关？

4. 试用实验证明望远镜的物镜框就是孔径光阑。

【附录】

显微镜、望远镜的常用参数

① 工作距：即被观察物与物镜之间的距离。在找像时，先考虑工作距的大小，如果工作距太小，不能成像在分划板，找不到成像清晰的位置。

② 共轭距：物面与像面之间的距离。显微镜物镜调焦后，要求像面不动，物面不动，因此距离固定，我国对于生物显微镜共轭距的规定为 195 mm。

③ 光学间隔：物镜的后焦点与目镜的前焦点的距离，通常用 Δ 表示。

④ 机械筒长：物镜与目镜之间的距离，一般为 $160\sim190$ mm，我国的标准为 160 mm。

2.7　投影系统搭建及放大率测量

投影仪是将一定大小的物体，用光源照明以后再成像在屏幕上进行观察或测量的一种光学仪器。对于投影仪所成的像除了要求成像清晰，物像相似外，还要求亮度足够，即有足够的像面光照度，并且整个像面光照度尽可能一致。后面这两个要求决定了投影系统的主要特点。

【实验目的】

1. 了解投影仪的工作原理和用途。

2. 掌握构建投影仪的光路和光学元件。

3. 掌握投影系统的光学特性及其应用。

【实验仪器】

LED 白光源，会聚透镜（$f=50$ mm），幻灯片，放映物镜 L_2（$f=190$ mm），白屏，干板

架,透镜架,滑座,导轨。

【实验原理】

投影系统一般由两部分组成,一部分是照明系统,另一部分是投影物镜。照明系统的作用是把光源尽可能多地会聚到投影物镜中,并使被投影物体照明均匀。投影物镜的作用是把投影物体成像在屏幕上,并保证成像清晰。

1. 照明系统

照明系统分为两大类:临界照明和柯勒照明。临界照明是把光源成像在投影物体上,这种照相方式多用于小面积投影,光比较集中,但光照不均匀,光源的像在投影像中可见。其光路如图 2.31 所示。

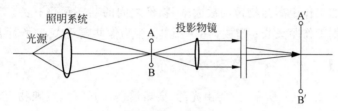

图 2.31　投影仪临界照明系统

柯勒照明是将光源成像在投影物镜的入瞳上,这种照明方式可用于大面积投影,如幻灯机和放大机。这种照明方式的优点是容易在像平面上获得均匀的照明,其光路如图 2.32 所示。

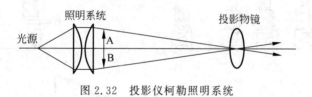

图 2.32　投影仪柯勒照明系统

2. 投影物镜

投影物镜的作用是将被光源照明的投影物体成像在屏幕上,并保证成像清晰、物像相似,与照明系统合理配合,保证屏幕上有足够的光照度。投影物镜的光学特性,主要包括视场、相对孔径、放大率、工作距等参数。

（1）视场

在投影系统中,成像范围不用视场角表示,而是直接用投影物体的最大尺寸(线视场)表示。

（2）相对孔径

投影物镜的作用是把投影物体成像在屏幕上,屏幕距离通常是投影物镜焦距的数十倍。因此可认为,投影平面近似位于投影物镜的物方焦平面上,所以投影物镜的物方孔径角 U 为

$$\sin U = \frac{D}{2f_2'} \tag{2.18}$$

式中，f_2' 是投影物镜的像方焦距；D 为投影物镜的口径。

（3）放大率 β

投影仪的放大率一般是指线放大率，即像高与物高之比，如图 2.33(b) 所示。当幻灯片尺寸一定时，放大率越高，在屏幕上的像越大。因投影物镜的物距 $|u_2| \approx f_2'$，所以放大率的计算公式为

$$\beta = \left| \frac{v_2}{u_2} \right| \approx -\frac{v_2}{f_2'} \tag{2.19}$$

由上式可知，放大率是负值，因此投影仪是成倒像的。当焦距一定时，放大率要增大，就要增大像距 v_2，即物像之间的共轭距加大。

（4）工作距

物平面（幻灯片）到投影物镜的距离称为工作距。工作距的大小直接影响投影仪的适用范围。投影物镜的工作距离与物镜的放大率、物像之间的共轭距离有关。当物镜焦距一定时，若放大率低，则工作距离长；当放大率一定时，若物像共轭距大，工作距离就长。

【实验装置】

实验装置如图 2.33(a) 所示，主要由光源、会聚透镜、幻灯片、放映物镜、白屏组成，其光路如图 2.33(b) 所示。

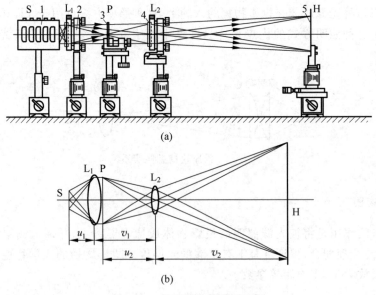

图 2.33 投影系统实验示意图

（a）实验装置；（b）光路

1-白光源 S；2-会聚透镜 L_1；3-幻灯片 P；4-放映物镜 L_2；5-白屏 H

【实验内容及步骤】

1. 根据图 2.33(a) 放置光学元件，并调至等高共轴。

2. 使放映物镜 L_2 与投影屏 H 的距离大于 1 m（由于导轨较短，可用 2～3 m 远处的白

墙代替白屏)前后移动幻灯片 P,使其在 H 上成一清晰放大像。

3. 使 L_2 固定在紧靠 P 的位置,取下 P,前后移动光源,使光源 S 其成像于 L_2 所在平面中央。

4. 重新装好幻灯片,观察屏上像的亮度和照度的均匀性。

5. 取下 L_2,观察像面亮度和照度均匀性的变化。

注:会聚镜和放映物镜的焦距选择原则是:会聚镜焦距 $f_1 = \dfrac{D_2}{\beta+1} - \left(\dfrac{D_2}{\beta+1}\right)^2 \dfrac{1}{D_1}$,放映

物镜焦距 $f_2 = \dfrac{\beta D_2}{(\beta+1)^2}$,其中 $D_1 = |u_1| + |v_1|$,$D_2 = |u_2| + |v_2|$,β 为放大率。

【实验数据记录及处理】

将测量所得的数据记录于表 2.12,并根据公式分别计算放大率 β 和会聚镜及放映物镜的焦距 f_1、f_2。其中,放大率 β 可直接用 $\beta = \left|\dfrac{v_2}{u_2}\right|$ 计算。

表 2.12　投影仪的放大率

$f_1 = \underline{\hspace{2cm}}$ mm,$f_2 = \underline{\hspace{2cm}}$ mm

次数	u_1/mm	v_1/mm	D_1/mm	u_2/mm	v_2/mm	D_2/mm	β
1							
2							
3							
平均值							

【注意事项】

注意选择适当的放映距离和角度;注意调节焦距,保证图像的清晰;注意保持光源稳定。

【思考题】

1. 光学投影仪的光学原理是什么?
2. 如何在屏幕上获得均匀的照度?
3. 聚光透镜和投影透镜应该如何选择?

2.8　显微系统搭建及光学参数测量

显微镜是用来观察和认识微观世界的重要工具,主要由显微物镜和目镜两大部分组成。显微镜与放大镜的区别是:利用显微镜观察物体时会先后经过显微物镜和目镜光组的两次放大,而利用放大镜观察时只是一次放大,所以显微镜的放大率是显微物镜放大率和目镜放大率的乘积。本实验通过自己搭建显微系统可以更清晰地了解其放大的原理,并且掌握其光学参数的根本含义。

【实验目的】

1. 学习显微镜的成像原理及显微系统的组装方法。
2. 学习使用显微镜观察微小物体。
3. 测定显微镜的光学参数。

【实验仪器】

焦距为 100 mm,50 mm,40 mm 的透镜若干,光学导轨,滑块,支杆,白炽灯,开口式二维调节透镜/反射镜支架,调节支座,钢尺,标准玻璃刻尺(分格值 0.1 mm 或 0.2 mm),玻罗板或分辨率板,毛玻璃,干板架;待测显微镜(10×物镜、5×物镜,10×目镜带分划板),测微目镜,小孔光阑,半透半反立方棱镜,显微镜光源,阿贝数值孔径仪,带小孔的镜筒。

【实验原理】

1. 显微镜的成像原理

最简单的显微镜是由两个凸透镜构成,物镜的焦距很短,目镜的焦距略长。它的光路如图 2.34 所示。图中,L_o 为物镜(焦点为 F_o 和 F_o'),其焦距为 f_o';L_e' 为目镜,其焦距为 f_e'。被观测物体高度为 y,放在物镜 L_o 的焦距外且接近焦点 F_o 处,物体通过物镜后成一个放大倒立实像 y',此实像在目镜的焦点以内,经过目镜再次放大,在明视距离 D 上得到一个放大的虚像 y''。虚像 y'' 相对物而言是倒立的。标准显微镜有两次放大过程:第一次是通过物镜将被观察物放大成实像于目镜的分划板上;第二次是通过目镜将第一次所成实像再次放大成虚像供眼睛观察,虚像位置在明视距离位置。

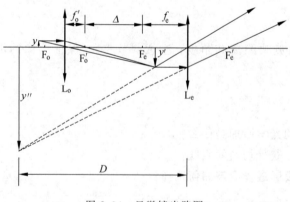

图 2.34　显微镜光路图

明视距离 $D=250$ mm,显微镜总的放大率 Γ 应是物镜放大率 β 和目镜放大率 Γ_e 的乘积,即

$$\Gamma = -\beta \cdot \Gamma_e = \frac{y'D}{y f_e'} \tag{2.20}$$

2. 显微镜的光学参数

通用显微镜装置的实物图和结构图分别如图 2.35 和图 2.36 所示。其光学参数主要有视场数值孔径等。

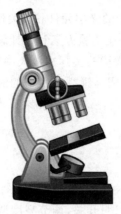

图 2.35　实验装置图

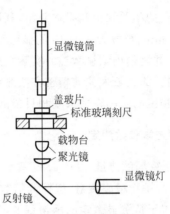

图 2.36　显微镜结构图

（1）视场

视场，也即所能观察到的物方范围。首先，调整好照明灯和显微镜聚光系统之间的相对位置，以满足柯勒照明条件。然后，将显微镜的机械筒长固定为 170 mm，并在显微镜载物台上放置一块分划值已知的标准玻璃刻尺，通过调节手轮上下移动镜筒进行调焦，直到看到清晰的刻尺像为止。直接从目镜视场中读出所能见到的最大刻尺长度，即为显微镜的物方线视场值。

（2）数值孔径

数值孔径是显微镜分辨率和成像照度的基本判据。数值孔径越大，显微镜的分辨率越高，照度也越大，因此它是显微镜的主要参数之一。显微物镜的数值孔径等于物面中心发出的光束的孔径角一半的正弦与物方折射率的乘积，用 N_A 表示，即

$$N_A = n \sin u$$

图 2.37 是测量物方孔径角的原理图。小孔光阑 3 放在物镜工作平面中心。在距小孔光阑 d 处放置一根标准刻尺 4（设其分划格值为 e），刻尺上 A、B 两点发出的光线经小孔光阑后被物镜成像，因在 A、B 两点之外发出的光线被物镜框挡住，不能参加成像，因而 A、B 对小孔光阑 3 的张角 $2u$ 就是孔径角。测量时，首先用显微镜对小孔光阑调焦，随后取下目镜，直接从镜筒中观看标尺分划像，读取所能看见的最多格数 m。由图 2.37 可知，各物理量有如下关系：

$$\tan u = \frac{AB}{2d} = \frac{me}{2d} \qquad (2.21)$$

由于标准刻尺的分划格值已知，因此测量出距离 d 后，由式（2.21）即可计算出显微物镜的物方半孔径角 u，即可求出

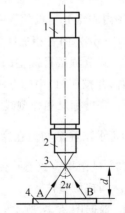

图 2.37　数值孔径仪测量原理图
1-目镜；2-被测显微物镜；
3-小孔光阑；4-刻度尺

数值孔径。

【实验内容和步骤】

1. 显微系统的搭建

根据显微镜的相关知识和操作介绍,利用实验室提供的光学元件和相关仪器,组装一套目镜焦距为 50 mm、视放大率为 15 的显微系统。要求描述实验方案和设计思路,记录组装的步骤与内容,并测量出该显微镜的实际视放大率。显微镜的实际视放大率可通过将标准玻璃刻尺作为物,测其放大像的精密方法测出,也可参考望远镜视放大率的测量方法测出;还可分别测出物镜的实际视放大率和目镜的实际视放大率,再将两者相乘算出。

2. 显微镜光学参数测定

(1) 显微镜视场的测量

① 旋动显微镜物镜旋转盘,选择低倍数的物镜($10\times$ 或 $5\times$);将最小刻度为 0.1 mm 的标准刻度尺置于待测显微镜的承物台上,打开显微镜照明开关,调节亮度调节旋钮,使光亮度合适。

② 将测微目镜安放在镜筒中。

③ 调节前后调节旋钮、左右调节旋钮,使载物台前后、左右移动,使标准刻度尺位于显微物镜的正下方;调节载物台上下调节的粗调旋钮,使载物台上下移动对焦,再调节细调旋钮,直到看清刻度分划像。

④ 旋转标准刻度尺,使测微目镜中标准刻度尺刻线所成的像与测微目镜自带的刻划线平行,调节前后调节旋钮,使标准刻度尺所成的像在目镜视野的正中间,读出视野中能看到的像的最多刻格数。

⑤ 移动标准刻度尺,重复上述步骤,读取视野中能看到的像的最多格数 k。

(2) 显微镜物镜放大率的测量

① 重复显微镜视场测量的步骤,待看清楚刻尺像,调节测微目镜上的读数旋钮,使测微目镜自带刻划线"|"与标尺像的某一刻度线重合,读出这一刻度线的位置。在读数时,先读出视场内固定分划板的数字(最小分度为 1 mm),再读出测微目镜鼓轮上的刻度(最小分度为 0.01 mm),两者相加即为所测位置读数 D_1。

② 调节测微目镜上的读数旋钮,使测微目镜自带刻线的"|"与标尺像下一个相邻刻度线重合,并按照(1)中的方法读出此时刻度线的位置读数 D_2。

③ 算出标尺相邻刻线 y(如:格值为 0.1 mm)的像距 $y' = |D_2 - D_1|$,再利用公式 $\beta = \dfrac{y'}{y}$,即可求出显微物镜在这一工作距离上的横向放大率。

(3) 显微物镜数值孔径的测量

① 间接测量法

a. 根据图 2.37 所示的方案进行测量。首先将钢尺放在载物台上,在钢尺上放一个高度为 5 mm 的钢块,并用灯照明刻度尺。调节前后调节旋钮、左右调节旋钮,使载物台前后、左右移动,并使钢块位于显微物镜的正下方,调节载物台上下调节的粗调旋钮,使载物台上下移动对焦,再调节细调旋钮,直到看见钢块表面清晰的像。

b. 取下钢块和测微目镜,直接通过镜筒上方的小孔读取视场上所见刻度尺分划的最多格数 m(注意:此时,不能调节载物台的粗调旋钮、细调旋钮,可调节左右调节旋钮、前后调节旋钮)。利用式(2.21),计算出 u 的值,再代入数值孔径的计算公式即可计算出它的值。

② 阿贝数值孔径仪直接测量法

数值孔径还可通过阿贝数值孔径仪直接测定。阿贝数值孔径仪的结构如图 2.38 所示,其主要元件是一块半圆柱玻璃体,沿直径方向的侧面是与上表面成 45° 的斜面,从圆弧面入射的光线在斜面发生全反射。半圆柱体上表面圆心附近 $\varphi=8\,\text{mm}$ 范围内镀铝,铝面上有一个透光狭缝,底座上装有一个金属框,可绕圆柱轴线转动,金属框的侧面装有一片刻有十字叉丝的乳白玻璃,通过铝面上的狭缝可以看到十字叉丝的反射像。金属框的上表面装有一块刻有指示线的玻璃,推动手柄,指示线随着叉丝一起转动,并显示两组刻度值,内圈刻度为角度值,以度(°)为单位,外圈刻度为数值孔径(即角度的正弦值)。

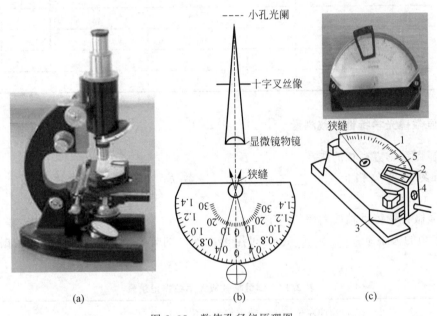

图 2.38　数值孔径仪原理图

(a)显微镜实物图;(b)读数方法;(c)数值孔径仪结构

1-半圆柱玻璃体;2-金属框架;3-底座;4-十字标;5-指标线

利用阿贝数值孔径仪测量数值孔径的步骤如下:

a. 把数值孔径仪放在显微镜的载物台上,刻度分划线向上,利用调焦手轮上下移动镜筒对准镀铝面中间的狭缝进行调焦,移动数值孔径仪使狭缝大致落在视场中央。

b. 若被测物镜是低倍数的,则测量过程较简单,即取下目镜,换上一个小孔光阑,以便使人眼观测时,保持在固定位置上。通过小孔光阑便能看到一明亮的圆斑,此即被测物镜的出瞳。推动数值孔径计的手柄,使叉丝像出现在亮斑上,并使叉丝交点正好与圆的左(右)侧相交,并由指示线读取 N_{A1},再转动手柄,使叉丝移动至亮斑的另一边缘并与其相交,得另一读数 N_{A2},两次读数的平均值就是被测物镜的实际数值孔径。

c. 实验结束后,关闭照明电源,整理和清洁实验台。

【实验数据记录和处理】

1. 显微系统组装

物镜 $f'_\mathrm{o}=$ _____ mm，目镜 $f'_\mathrm{e}=$ _____ mm。将自组显微镜的实际测量数据记录于表 2.13，并利用公式 $\Gamma=-\beta\cdot\Gamma_\mathrm{e}$ 计算出实际视放大率；视放大率的理论值可用公式 $\Gamma=-\dfrac{250\Delta}{f'_\mathrm{o}f'_\mathrm{e}}$ 计算。

表 2.13　自组显微镜的实测数据

次数 i	物体位置 x_0/mm	物镜位置 x_1/mm	放大实像位置 x_2/mm	物镜放大率 β	目镜位置 x_3/mm	放大虚像位置 x_4/mm	目镜放大率 Γ_e	总放大率实测值	光学间隔 Δ	视放大率理论值
1										
2										
3										
平均值										

2. 显微镜光学特性参数测量

1）显微镜物方视场的测定

标准刻尺的分格值 $e=$ _____ mm；格数 $k=$ _____；线视场值 $L=ek=$ _____ mm。

2）显微镜物镜垂轴放大率的测定

选定物的大小 $y=$ _____ mm（可用标准刻尺的分格值 e），并将测得的数据记录于表 2.14。

表 2.14　测量垂轴放大率数据记录表

次数 i	选定物像左位置读数 D_1/mm	选定物像右位置读数 D_2/mm	$y'=|D_2-D_1|$/mm	$\beta=\dfrac{y'}{y}$
1				
2				
3				
4				
平均值				

3）显微物镜数值孔径的测定

（1）钢尺光阑测量法

钢尺格值 $e=$ _____ mm；钢尺至小孔光阑的距离 $d=$ _____ mm；钢尺象的最多格数 $m=$ _____；利用公式 $\tan u=\dfrac{\mathrm{AB}}{2d}=\dfrac{me}{2d}$，计算物方半孔径角 $u=$ _____；再根据

公式 $N_A = n\sin u$,可得数值孔径 $N_A = \underline{\hspace{2cm}}$。

（2）阿贝数值孔径仪测量法

将所测得的数据记录于表 2.15 中,并计算数值孔径 N_A。

表 2.15　测量数值孔径数据记录表

次数 i	N_{A1}	N_{A2}	平均值 N_A
1			
2			
3			
平均值			

【注意事项】

这组实验使用的光学元件和仪器种类很多,实验对象大多为玻璃制品,容易碎裂,要特别注意爱护,轻拿轻放,切勿手摸镜面。

【思考题】

1. 在测量显微镜的放大率时,应保证哪些条件才能得出正确测量结果,即其视放大率公式 $\Gamma = -\dfrac{250\Delta}{f_o' f_e'}$ 在什么条件下成立?

2. 显微镜的视场大小受什么条件控制?

3. 为什么数值孔径计上的刻度间隔与孔径仪玻璃有关?

4. 数值孔径计的零点位置对测量有无影响? 为什么?

5. 用数值孔径仪测量 N_A 时,怎样保证在标准机械筒长下进行测量?

6. 高倍物镜的数值孔径的测定为何要用辅助物镜?

2.9　眼睛的光学原理及视力矫正

人的眼珠是视觉器官的主要部分,外界物体在视网膜上所成的像是实像。根据经验规律,视网膜上的物像似乎应该是倒立的,可是我们平常看见的任何物体都是正立的。实际上,这是由大脑皮层的调整作用以及生活经验的影响造成的。

眼球晶状体就相当于一个可变焦距的凸透镜,对于正常人的眼睛,当物体远离眼睛时,晶状体变薄,当物体靠近眼睛时,晶状体变厚;而近视眼是由于人的晶状体肿大,对光的折射能力变强,只能看清近物;远视眼是由于人的晶状体变薄,对光的折射能力变弱,只能看清远物。

近视眼与远视眼的矫正是透镜的光学成像原理的一个应用。利用光学元件对近视眼与远视眼成像光路的再现,有利于加深学生对光学成像基本原理的理解及提高学生的实践能力。利用搭建好的近视眼、远视眼矫正光路可以计算眼珠的焦距及眼珠屈光度的变化。

【实验目的】

1. 掌握简单光路的分析和光学元件等高共轴的调节方法。
2. 了解近视眼和远视眼的形成原因。
3. 掌握近视眼和远视眼的矫正成像光路原理。
4. 掌握运用矫正光路和光学方法测量眼镜片焦距的原理。

【实验仪器】

光具座,各种屈光度的近视眼、远视眼镜片,凸透镜,凹透镜,光源,物屏,水平尺和滤光片,等等。

【实验原理】

1. 近视眼、远视眼的光学原理

(1) 眼睛的屈光系统

光线由一种物质射入另一种光密度不同的物质时,光线的传播方向会产生偏折,这种现象称为屈光现象,表示这种屈光现象大小(屈光力)的单位是屈光度(缩写为"D")。1D 屈光力相当于可将平行光线聚焦在 1 m 焦距上。屈光度越强,焦距越短,屈光度 D 和焦距 f 满足的关系为 $f=\dfrac{1\,000}{D}$。凸透镜的屈光度以"+"号表示,凹透镜的屈光度以"-"表示,1 屈光度或 1D 相当于我们常说的 100 度。

来自外界物体的光,进入眼球后产生生理的光学作用,被偏折后在视网膜上成清晰的物像。眼睛的结构如图 2.39 所示,其屈光系统主要包括角膜、房水、晶状体和玻璃体。眼睛的大部分屈光是由角膜表面完成的。生物学上通常把眼睛简化成为一个单球面屈光系统,称为简约眼。眼睛不使用调节时的屈光状态,称为静态屈光,标准眼静态屈光的光焦度为 -58.64D。人眼在使用调节功能时的屈光状态,称为动态屈光,其光焦度强于静态屈光的光焦度。由于眼睛的屈光度不正确,造成不能准确在视网膜成像,就是视力缺陷,一般情况

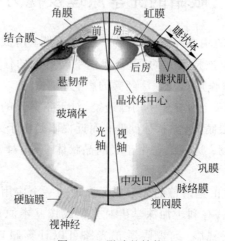

图 2.39　眼睛的结构

需要佩戴眼镜,通过镜片补充和矫正眼睛本身的屈光度,达到在视网膜上正确成像的目的,如图 2.40 所示。

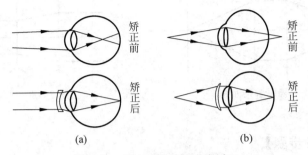

图 2.40　视力缺陷的屈光度矫正
(a) 近视眼的矫正;(b) 远视眼的矫正

(2) 近视眼的光学原理

近视眼也称短视眼,因为它只能看清近物不能看清远物。在休息状态时,从无限远处来的平行光,经过眼的屈光系统折光之后,在视网膜之前集合成焦点,在视网膜上则形成不清楚的像,远视力明显降低,但近视力尚正常。从光学原理角度分析,近视眼的形成有两种因素:①眼睛的眼轴过长,导致成像在视网膜之前,这种因素主要是由先天造成的;②眼球的屈光力太大,导致整个眼球作为一个透镜系统的焦距缩短,使得成像于视网膜之前,这种因素主要是由后天造成的。

(3) 远视眼的光学原理

远视眼也称为老花眼。当它处在休息状态时使平行光在视网膜的后面形成焦点,因而在视网膜上所形成的像是模糊不清的。从光学原理角度分析,远视眼分为两种:一种是轴性远视,因为眼轴长度太短,使得物体反射的光线入眼后会聚在视网膜之后,而不能清晰地在视网膜上成像;另一种是屈光性远视,眼球屈光系统的屈折力太小,导致外物成像在视网膜的后方。

2. 近视眼、远视眼的矫正

(1) 近视眼矫正光路

如图 2.41 所示,若 f_1 表示正常眼球对应的简约透镜焦距,f_2 是由于眼睛近视引起的眼球变形而等效的凸透镜焦距,f_3' 是矫正凹透镜像方焦距,即近视者所佩戴的眼镜。从图 2.41 可知,$f_3' = d - |f_2|$,利用该式可以通过已知眼镜的 f_3' 得到近视眼相对于正常视力的屈光度的变化。

(2) 远视眼矫正光路

同样地,如图 2.42 所示,若 f_1 表示正常眼对应的简约透镜焦距,f_2 是由于眼睛远视引起眼球变形而等效的凹透镜焦距,f_3' 是矫正远视眼所需要引入的凸透镜焦距。由图 2.42 可得,$f_3' = d + |f_2|$。

如果测出有视力缺陷者所佩戴的合适的矫正镜片的焦距,再利用 2.1 节所学的透镜焦距测量方法,测出矫正镜片的焦距,即可计算出镜片的屈光度 $D = \dfrac{1\,000}{f}$。

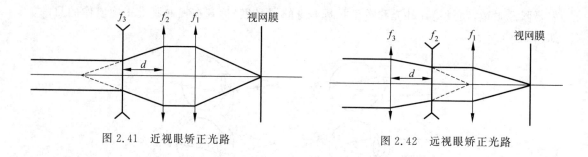

图 2.41　近视眼矫正光路　　　　　　　　　　　图 2.42　远视眼矫正光路

【实验内容及步骤】

　　1. 光具座上各光学元件等高共轴的调节。先利用水平尺将光具座导轨调至水平,然后进行各光学元件等高共轴的粗调和细调:采用逐步添加光学元件并保持光屏上物体中心的位置不变的方法来调节各光学元件的光轴共轴且与光具座导轨平行。

　　2. 搭建如图 2.41 所示的近视眼矫正成像光路图。首先利用透镜产生平行光,通过 f_1 在光屏上得到清晰的图像,把代表眼球近视后所引入的透镜 f_2 引入光具座,此时光屏上的像模糊,根据 f_2 选择适当的近视镜片 f_3 放入光具座,移动 f_3 使得光屏上的像再度清晰。画出光路图,记录此时光具座上各光学元件的位置,通过已知的 f_2 计算 f_3。

　　3. 搭建如图 2.42 所示的远视眼矫正成像光路图。首先利用透镜产生平行光,通过 f_1 在光屏上得到清晰的图像,把代表眼球远视后所引入的透镜 f_2 引入光具座,此时光屏上的像模糊,根据 f_2 选择适当的远视镜片 f_3 放入光具座,移动 f_3 使得光屏上的像再度清晰。画出光路图,记录此时光具座上各光学元件的位置,通过已知的 f_2 计算 f_3。

　　4. 用辅助成像法测量远视眼镜片的焦距,并与用屈光度 D 计算得到的焦距进行比较。

　　5. 用二次成像法多次测量远视眼镜片的焦距,并与用屈光度 D 计算得到的焦距进行比较。

【实验数据记录及处理】

　　分别将用光路图法和光学方法所得出的焦距进行比较,并给出正确的结果表示。

【思考题】

　　1. 如何验证光路中的光已调整为平行光?

　　2. 矫正光路中的 f_2 表示眼睛屈光度值的变化,该屈光度值与 f_2 和光屏之间的距离是否有关?

2.10　分光仪与玻璃折射率及色散测量(最小偏向角法)

　　分光仪又称分光计,是用来准确测量光线偏折角度的仪器。色散是复色光分解为单色光而形成光谱的现象,可用分光计和三棱镜等仪器来观察。复色光进入三棱镜后,由于它对各种频率的光具有不同的折射率,各种色光的传播方向有不同程度的偏折,因而在离开棱镜时就各自分散,形成光谱。本实验首先利用分光计和三棱镜将汞灯发出的光分散,再分别测出三棱镜对各波长光的偏折程度,最后用最小偏向角法测出棱镜玻璃对各波长的折射率,从而研究汞光谱的色散现象及折射率与频率的关系。最小偏向角法具有测量精度高的优点。

【实验目的】

1. 了解最小偏角法测量光学玻璃的折射率及色散曲线的原理。
2. 熟悉分光计的结构和使用方法。
3. 掌握三棱镜的顶角的两种测量方法。

【实验仪器】

分光计,三棱镜,双面镜,汞灯。

【实验原理】

棱镜玻璃的折射率可用最小偏向角法来测量。

如图 2.43 所示,光线以入射角 i_1 投射到棱镜的 AB 面上,经棱镜的两次折射后,以 i_2 角从 AC 面出射,出射光线和入射光线的夹角 δ 称为偏向角,它的大小随入射角 i_1 而改变。可以证明,当 $i_1=i_2$ 时,偏向角为极小值 $\delta_{\min}$,称为棱镜的最小偏向角。它与棱镜的顶角 α 和折射率 n 之间满足如下关系:

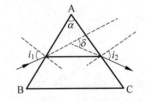

图 2.43　棱镜的最小偏向角
　　　　　的原理

$$n = \frac{\sin\dfrac{\alpha + \delta_{\min}}{2}}{\sin\dfrac{\alpha}{2}} \qquad (2.22)$$

因此,只要测得 α 和 $\delta_{\min}$ 就可用上式求得待测棱镜材料的折射率。

【实验仪器介绍】

分光计主要由三部分:望远镜,平行光管和主体(底座、度盘和载物台)组成,每部分都有特定的调节螺钉。附件有小灯泡、小灯泡的低压电源以及看度盘的放大镜。仪器实物如图 2.44 所示,主要结构及调整方法如下:

(1) 转轴:分光计底座的中心有一个沿铅直方向的转轴,称为分光计的转轴。在这个转轴上套有一个圆刻度盘和一个游标盘(刻度内盘),这两个盘可以绕它旋转。

(2) 平行光管:与分光计底座固定在一起。平行光管的一端装有一个会聚透镜(物镜),另一端装有狭缝的套管,狭缝的宽度可通过螺钉调节,调节范围为 $0.02\sim2$ mm。旋松螺钉可以使狭缝套管前后移动,以改变狭缝和物镜的距离,当狭缝的平面调到物镜的焦平面上时,则平行光管可以发出平行光。平行光管的俯仰可由倾斜度调节螺钉 10 来进行调节。

(3) 望远镜:安装在支臂上,支臂与转轴相连。分光计上的望远镜通常采用阿贝自准直目镜,如图 2.45(a)所示,可将小灯泡的光引入分划板,分划板上刻有黑十字准线,在该准线的竖线下方,紧贴一块小棱镜,在其涂黑的端面上,刻有透明的十字透光窗,当小灯泡点亮时它便成为十字发光体,发出的光多半是绿色或黄绿色。在黑竖直准线上方,与十字透光窗

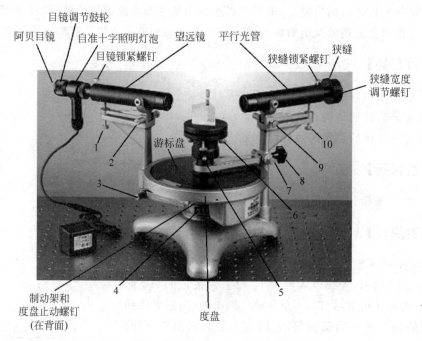

图 2.44　分光计的实物图

1-望远镜光轴高低调节螺钉；2-望远镜光轴水平调节螺钉；3-望远镜水平微调螺钉；4-望远镜锁紧螺钉；5-载物台锁紧
螺钉；6-载物台水平调整螺钉（共 3 个）；7-游标盘微动螺钉；8-游标盘止动螺钉；9-平行光管光轴水平调节螺钉；
10-平行光管光轴高低调节螺钉

上下对称的位置上有一条黑水平准线（图 2.45(b)）。当分划板的位置刚好在望远镜的焦平面上，从载物台上放置的平面镜上反射回来的光正好落在分划板上形成一个清晰的十字像（图 2.45(c)）。

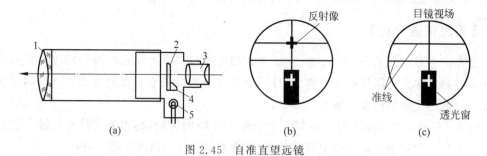

图 2.45　自准直望远镜

(a) 结构图；(b) 未对齐；(c) 对齐

1-物镜；2-分划板；3-目镜；4-小棱镜；5-小电珠

（4）载物台：是用来放置平面镜、棱镜、光栅等光学元件的，通过载物台锁紧螺钉 5 可使它与游标盘相互锁定，拧紧螺钉 5 后，载物台可和游标盘一起绕分光计游标盘的转轴转动。游标盘止动螺钉 8，拧紧时不能再强制转动游标盘，否则亦会损坏仪器。当螺钉拧紧后，游标盘不能绕轴转动，用它可以使游标盘绕轴作微小转动。载物台下有 3 个调节螺钉可调节台面的倾斜度。

（5）度盘（圆刻度盘）：与仪器转轴垂直。由于圆刻度盘中心和仪器转轴在制造和装配时,不可能完全重合,因此在读数时会产生偏心差。如图 2.46 所示,圆刻度盘上的刻度均匀地刻在圆周上,当圆刻度盘中心 O 与转轴重合时,由相差 180° 的两个游标读出的转角刻度数值相等即 AB＝A'B'。而当圆刻度盘偏心时,由两个游标盘读出的转角刻度值就不相等,即 CD≠C'D',所以如果只用一个游标读数窗会产生系统误差。由平面几何很容易证明 $\frac{1}{2}$(CD＋C'D')＝AB＝A'B',所以通过在转轴直径上安

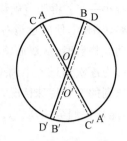

图 2.46　圆刻度盘的偏心差

置两个对称的游标读数窗,可消除这种系统误差。

(6) 常用光源:主要有低压汞灯和钠光灯两种。其中低压汞灯的谱线波长主要有 365.0 nm(紫外光)、404.7 nm(蓝紫光)、435.8 nm(蓝光)、546.1 nm(绿光)、577.0 nm(黄光)、579.0 nm(黄光);钠光灯的谱线波长为 589.0 nm、589.6 nm。

【实验内容及步骤】

1. 分光计的调整

在调整分光计时,要达到三个要求:望远镜调焦到无穷远;平行光管出射平行光;平行光管和望远镜的光轴应与分光计中心轴垂直。为达到上述要求,分以下步骤调节:

(1) 目测粗调

根据眼睛的粗略估计,调节望远镜和平行光管上的高低调节螺钉,使望远镜和平行光管光轴大致垂直于中心轴;调节载物台下的 3 个水平调节螺钉,使载物台面大致呈水平状态。

(2) 用自准直法调整望远镜聚焦无穷远

① 打开望远镜照明光源,调节目镜与分划板间的距离,直至看清分划板上的"准线"和带有绿色的小十字窗口(目镜对分划板调焦)。

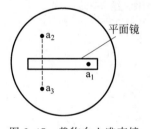

图 2.47　载物台上准直镜
放置位置

② 将准直镜放在载物台上(如图 2.47 所示),使准直镜的两反射面与望远镜大致垂直。轻缓地转动载物台,从侧面观察,判断从准直镜正、反两面反射的亮十字光线能否进入望远镜。

③ 从望远镜的目镜中观察到亮的十字像,前后移动目镜对望远镜调焦,使亮十字像成清晰像。再调节准线与目镜间距离,使目镜中既能看清准线,又能看清亮十字像。注意,在调节时应使准线与亮十字像之间无视差,如有视差,则需反复调节,予以消除。

此时分划板平面、目镜焦平面、物镜焦平面重合在一起,望远镜已聚焦于无穷远。

(3) 调整望远镜光轴与分光计中心轴垂直

准直镜仍竖直置于载物台上,转动载物台,使望远镜分别对准准直镜的反射面,利用自准直法可以分别观察到两个十字反射像。分别调节望远镜方位和载物台平面,使准线与十字反射像重合。即转动载物台,使望远镜先对着准直镜的一个表面,若从望远镜中看到准线与十字反射像不重合,它们的交点在高低方向相差一段距离 d,此时调节望远镜倾斜度,使

差距减小一半；再调节载物台螺钉，消除另一半距离使准线与十字反射像重合；然后将载物台旋转 180°，使望远镜对着双面镜的另一面，采用同样方法调节。如此重复调整数次，直到转动载物台时，从双面镜前后两表面反射回来的十字像都能与准线重合为止。这种调整方法称为逐次逼近各半调整法。如图 2.48 所示，图中(a)、(b)及(c)分别是望远镜在调整过程中遇到的 3 种特殊情况，调整时可以主要调节不垂直中心轴的部件，采用逐次逼近各半调整法，能很快调至(d)状态。

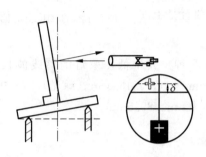

若望远镜光轴已垂直于分光计中心轴，但双面镜仰角偏大，无十字像或十字像偏高

(a)

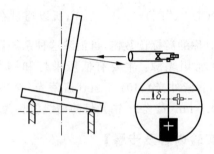

若望远镜光轴已垂直于分光计中心轴，但双面镜仰角变俯角，无十字像或十字像偏低

(b)

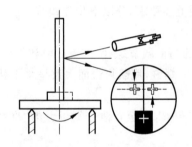

若双面镜镜面已平行于分光计中心轴，望远镜俯角偏大，无十字像或十字像偏低，此时双面镜旋转180°前后两次十字像高度不变

(c)

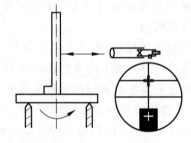

当望远镜光轴及双面镜法线均垂直于分光计中心轴时，前后两次十字像均与底板上叉丝重合

(d)

图 2.48　逐次逼近各半调整法

（a）仰角偏大；（b）仰角变俯角；（c）俯角偏大；（d）正常状态

（4）调整平行光管出射平行光

① 通过目测将平行光管光轴粗调至大致与望远镜光轴相一致。

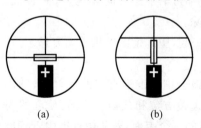

(a)　　　　(b)

图 2.49　平行光管的调节

② 打开狭缝，从望远镜中观察，同时调节平行光管狭缝与透镜间的距离，直到看见清晰的狭缝像为止，然后调节缝宽，使望远镜视场中缝宽约为 1 mm。

③ 调节平行光管的倾斜度，使狭缝中点与"十"准线的中心交点重合（如图 2.49 所示）。这时平行光管与望远镜的光轴在同一水平面内，并与分光计中心轴垂直。

④ 消除视差。稍微改变平行光管的狭缝与会聚透镜的相对位置,并稍微移动望远镜的目镜套筒及转动目镜,直到移动头部时,准线与像无相对移动为止。

2. 三棱镜顶角的测量

(1) 自准直法测量三棱镜顶角

图 2.50 是自准直法测量三棱镜顶角的示意图。其中,AB、AC 为棱镜的工作面,BC 为棱镜的磨砂面。将棱镜对称放置于载物台上,先后两次分别使棱镜的两个折射面 AB、AC 与自准直望远镜的光轴垂直,利用自准直法进行测量并读数,两次度盘读数之差即为棱镜顶角的补角值。

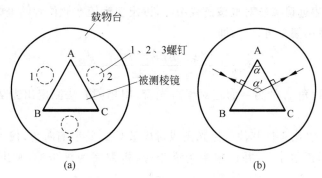

图 2.50　自准直法测三棱镜顶角

(a) 三棱镜对称放置;(b) 测量顶角

具体的测量过程为:先固定平台(或固定望远镜),转动望远镜光轴(或转动平台),使棱镜 AB 面反射的十字像落在分划板上“十”准线的上交点上(即望远镜光轴与三棱镜 AB 面垂直),记下刻度盘对称游标的方位角读数 $\theta_左$ 和 $\theta_右$;然后转动望远镜(或小平台)使 AC 面反射的十字像与“十”准线的上交点重合(即望远镜光轴与 AC 面垂直),记下读数 $\theta'_左$ 和 $\theta'_右$,两次读数之差即为顶角 α 的补角 α',即

$$\alpha' = \frac{(\theta'_左 - \theta_左) + (\theta'_右 - \theta_右)}{2} \tag{2.23}$$

由此可得顶角 α 为

$$\alpha = 180° - \alpha' \tag{2.24}$$

(2) 反射法测量三棱镜的顶角

关闭望远镜小灯泡,打开钠光灯或汞灯,并将三棱镜放在载物台上,使平行光管射出的光束投射到棱镜的两个折射面上。反射法测量三棱镜顶角的示意图如图 2.51 所示。先将望远镜转至左边观察从棱镜左面反射的光,并使用望远镜微调螺钉,使“十”准线的竖线对准反射狭缝像中心,读出方位角读数 $\varphi_左$ 和 $\varphi_右$;再将望远镜转至右边观测从棱镜左面反射的狭缝像,分别读得方位角读数 $\varphi'_左$ 和 $\varphi'_右$。由图 2.51 可知,三棱镜的顶角为

图 2.51　反射法测三棱镜顶角

$$\alpha = \frac{\varphi}{2} = \frac{(\varphi'_{\text{左}} - \varphi_{\text{左}}) + (\varphi'_{\text{右}} - \varphi_{\text{右}})}{4} \tag{2.25}$$

3. 最小偏向角的测量

转动望远镜使之正对平行光管，并使望远镜叉丝对准该白色狭缝中心，定位后读出望远镜的角坐标 $\beta_{\text{左}}$ 和 $\beta_{\text{右}}$。

将待测棱镜放在载物平台上，转动望远镜（先松开螺钉4），直至能从望远镜中看见待测谱线。慢慢转动游标盘，使谱线朝偏向角减小的方向移动，同时转动望远镜跟踪谱线。当棱镜无论向哪个方向转动偏向角均增大时，谱线的极限位置就是棱镜对该谱线的最小偏向角的位置。此时，使望远镜叉丝对准该谱线中心，读出望远镜在此位置的坐标值 $\beta'_{\text{左}}$ 和 $\beta'_{\text{右}}$。两次数值之差即为最小偏差角 $\delta_{\min}$，即

$$\delta_{\min} = \frac{(\beta'_{\text{左}} - \beta_{\text{左}}) + (\beta'_{\text{右}} - \beta_{\text{右}})}{2} \tag{2.26}$$

转动棱镜，以顶角 A 的另一面正对平行光管，用相同方法测定出光从另一面入射的最小偏向角。

用该方法分别测出汞灯其他可见光谱线对应波长的最小偏向角，代入式(2.22)即可计算各条谱线对应的折射率 n，并以频率为横坐标，折射率为纵坐标，画出 f-n 关系的色散曲线。

【实验数据记录和处理】

1. 三棱镜顶角测量（自准直法和反射法，二选一）

将所测得的数据记录于表 2.16，并计算三棱镜的顶角。其中，自准直法测三棱镜顶角的计算公式：$\alpha' = \dfrac{(\theta'_{\text{左}} - \theta_{\text{左}}) + (\theta'_{\text{右}} - \theta_{\text{右}})}{2}$，$\alpha = 180° - \alpha'$；反射法测三棱镜顶角的计算公式：$\alpha = \dfrac{\varphi}{2} = \dfrac{(\varphi'_{\text{左}} - \varphi_{\text{左}}) + (\varphi'_{\text{右}} - \varphi_{\text{右}})}{4}$。

表 2.16　测三棱镜顶角数据记录表

工作面	读数	次数 i		
		1	2	3
AB	左			
	右			
AC	左′			
	右′			

2. 最小偏向角的测量

将所测得的数据记录于表 2.17，并计算 $\delta_{\min}$ 和 n。其中，

$$\delta_{min} = \frac{(\beta'_{左} - \beta_{左}) + (\beta'_{右} - \beta_{右})}{2}, \quad n = \frac{\sin\dfrac{\alpha + \delta_{min}}{2}}{\sin\dfrac{\alpha}{2}}。$$

表 2.17　测三棱镜最小偏向角数据记录表

颜色	λ/nm	读数	次数 i		$\overline{\delta}_{min}$	n
			1	2		
白光	中心位置	$\beta_{左}$			—	—
		$\beta_{右}$				
黄光(1)	579.0	$\beta'_{左}$				
		$\beta'_{右}$				
		δ_{min}				
黄光(2)	577.0	$\beta'_{左}$				
		$\beta'_{右}$				
		δ_{min}				
绿光	546.1	$\beta'_{左}$				
		$\beta'_{右}$				
		δ_{min}				
蓝紫光	435.8	$\beta'_{左}$				
		$\beta'_{右}$				
		δ_{min}				
紫光	404.7	$\beta'_{左}$				
		$\beta'_{右}$				
		δ_{min}				

【注意事项】

1. 三棱镜要轻拿轻放,要注意保护光学表面,不要用手触摸折射面。

2. 用反射法测顶角时,三棱镜顶角应靠近载物台中央放置(即离平行光管远一些),否则反射光不能进入望远镜。

3. 在计算望远镜的转角时,要注意观察望远镜在转动过程中是否经过刻度盘零点,如经过零点,应在相应读数加上 360°(或减去 360°)后再进行计算。

【思考题】

1. 分光计是一种光学仪器,它由哪四个主要部分组成? 功能分别是什么?

2. 望远镜、平行光管、载物台、刻度盘之间的相互关系是什么? 简述调整要求。

3. 什么叫分光计的偏心差? 采用双游标读数为什么能消除偏心差?

4. 为什么利用自准直法可以将望远镜调至接受平行光和垂直中心轴的正常工作状态? 如何调整?

5. 调整望远镜光轴与分光计中心相垂直中为什么要用各半调法? 如何应用各半调法?

6. 用反射法测量三棱角顶角时,为什么必须将三棱角顶角 A 置于载物台中心附近? 试作图说明。

　　7. 若分光计测量角度的精度为 $1'$，试导出测量顶角 A、最小偏向角 $\delta_{\min}$ 及折射率 n 的误差公式，并估算测定 n 的精度。

2.11　阿贝折射仪与液体折射率及色散测量（全反射法）

　　折射率是透明材料的重要光学常数。透明材料折射率的测量方法很多，最小偏向角法和全反射法是常用的两种方法。最小偏向角法虽然测量精度高，但被测材料需制作成棱镜才能被测出，不便用于实时的快速测量，而且对于液体材料更是难以测量。全反射法属于比较测量，具有操作方便迅速、环境条件要求低、不需要单色光源等优点。当然，全反射法测量准确度较低（约 $\Delta_{n_D} = 3 \times 10^{-4}$），被测折射率的大小也有一定限制（$n_D$ 为 1.3～1.7），对于固体材料，在测量前也需要制成试件。阿贝折射仪就是利用全反射法制成的、专门用于测量透明或半透明液体折射率及平均色散 $n_F - n_C$ 的仪器。它还能测量糖溶液的含糖浓度，是化工、食品等相关行业及学校、科研单位常用的光学仪器之一。

【实验目的】

　　1. 理解全反射原理及其应用。
　　2. 熟悉阿贝折射仪的结构和使用方法。
　　3. 掌握用阿贝折射仪测量光学玻璃或液体的折射率和色散的原理和方法。

【实验仪器】

　　阿贝折射仪，待测液体，待测玻璃，酒精，镊子，滴管瓶及滴管，药棉，等等。

【实验原理】

　　由全反射定律可知，当光线以某个特定入射角从光密介质进入光疏介质时，其折射角可达 $90°$，则称此入射角为全反射临界角。反之，当光线以 $90°$ 入射角自光疏介质进入光密介质时，其折射角即为全反射临界角。

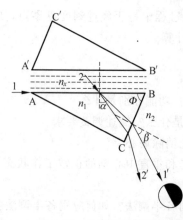

图 2.52　全反射原理图

　　如图 2.52 所示，在进光棱镜 $A'B'C'$ 与折射棱镜 ABC 之间均匀充满折射率为 n_x 的液体。设折射棱镜的折射率为 n_1，且 $n_1 > n_x$，光线进入进光棱镜后被磨砂面 $A'B'$ 漫反射为各种方向的光线通过待测液体后射向折射棱镜。沿 AB 面掠射的光线（入射角 $i = 90°$）经界面 AB 折射后以全反射临界角 α 进入折射棱镜，又以折射角 β 从 BC 面出射至空气中。所有入射角小于 $90°$ 的光线都能折射进入折射棱镜，经 AB 面折射后的折射角都小于临界角 α。而所有入射角大于 $90°$ 的光线都被棱镜的金属外壳挡住，不能进入折射棱镜。因此，用阿贝折射仪的望远镜迎着出射光方向观察时，就会看到如图 2.52

所示的明暗分明的视场。明暗分界线对应于以 β 角出射的光线方向,物质的材料不同,其折射率就不相同。不同的折射率又对应着不同的全反射临界角,因而出射角也就不相同。简而言之,一定的 β 角,对应于一定的折射率值。

由折射定律可知,光线经 AB 面折射满足:

$$n_x \sin i = n_1 \sin \alpha \tag{2.27}$$

经 BC 面折射满足:

$$n_1 \sin \gamma = n_2 \sin \beta \tag{2.28}$$

已知 $i = 90°$,$n_2 = 1$(空气的折射率),由角度关系 $\alpha = \phi - \beta$ 和三角函数关系解得:

$$n_x = \sin \phi \sqrt{n_1^2 - \sin^2 \beta} - \cos \phi \sin \beta \tag{2.29}$$

式中,ϕ 为折射棱镜入射面 AB 与出射面 BC 之间的夹角。当出射光线在折射棱镜 BC 面法线的上方(右侧)时,式(2.29)中 $\cos \phi \sin \beta$ 前的"$-$"号应改为"$+$"号。

若 ϕ 和 n_1 已知,则只需测出出射角 β,便可计算出待测液的折射率 n_x。阿贝折射仪的刻度盘上直接刻有与出射角 β 对应的 n_x 值,因此用阿贝折射仪测物体的折射率时不必进行计算,只要用标准块校准好刻度盘的读数后,就可直接从刻度盘上读出 n_x 的值。

由于阿米西棱镜是基于让 D 谱线直通(偏向角为零)的条件进行设计的,故用阿贝折射仪测得的折射率就是待测物体对 D 谱线(589.3 nm)的折射率 n_D。

材料的色散关系式可表示为

$$n_F - n_C = A + B\sigma \tag{2.30}$$

式中,n_F 为可见光中短波段(蓝光)的折射率;n_C 为可见光中长波段(红光)的折射率;$n_F - n_C$ 代表材料的色散。A,B,σ 根据测量的值 n_D,Z 通过该仪器所带的阿贝折射仪色散表插值计算求得。下面以测量的折射率 $n_D = 1.334\,5$ 为例,介绍求 A 的方法。

首先通过阿贝折射仪色散表(见附表1)查得 1.33 对应的值为 0.023 56;再根据插值表达式,可得 1.334 5 对应的 A 值为:$A = 0.023\,56 + (-3) \times 10^{-6} \times 4.5 = 0.023\,546\,5$;同理,1.34 对应的 A 值为:$A = 0.023\,56 + (-3) \times 10^{-6} \times 10 = 0.023\,53$。

同样,B、σ 也可根据阿贝折射仪色散表插值计算求得。

【实验仪器介绍】

阿贝折射仪的光学系统如图 2.53 所示,主要由望远系统和读数系统组成。望远系统包括反射镜1、进光棱镜2、折射棱镜(标准棱镜)3、色散棱镜(阿米西棱镜)4、望远物镜5和目镜6、7。阿米西棱镜起抵消待测物体和折射棱镜产生的色散的作用,可以绕望远系统的光轴旋转,使望远镜视场中呈现消色的明暗分界线。读数系统由小反射镜14、毛玻璃13、刻度盘12、转向棱镜11和读数显微镜10、9、8组成。

仪器的主要结构如下:

(1) 照明系统:阿贝折射仪采用白光照明,来自光源的光经反射镜1反射后进入进光棱镜。进光棱镜的 E 面为磨砂面,起漫反射作用,以产生各种方向的入射光线进入折射棱镜。

(2) 标准棱镜:标准棱镜除了和试样一起给出测量方程式,还是仪器的定位元件,起着支承试样的作用。待测液体放置在进光棱镜和折射镜之间,形成液层。

(3) 色散棱镜(阿米西棱镜):起抵消待测液体和标准棱镜产生的色散的作用,可以绕望远镜系统的光轴旋转,使望远镜视场中呈现消色的明暗分界线。由于照明光源是白光,在

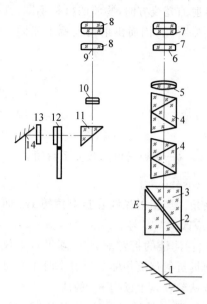

图 2.53　阿贝折射仪的光学系统

1-反射镜；2-进光棱镜；3-折射棱镜（标准棱镜）；4-色散棱镜；5-望远物镜；6、9-场镜；7、8-目镜；10-显微物镜；11-转向棱镜；12-刻度盘；13-毛玻璃；14-小反射镜

折射时必然产生色散现象，使得望远镜中明暗视场的分界线带色（对不同的波长，临界光线的方向不同），这就影响瞄准精度。因此在仪器中引入色散棱镜，其由两个相对转动的棱镜组成，不同的相对位置状态对应不同的色散值，用色散刻度圈上的 Z 值表示。

（4）望远镜：是仪器的瞄准系统，用以确定临界光线的方向，给定 i 角对应的 n 值。

（5）示读数系统：阿贝折射仪用度盘来示值，但度盘上给出的值为 D 光（人眼敏感的绿光）的折射率值 n_D，读数需用显微镜。

图 2.54 为 2WAJ 型单目阿贝折射仪的实物图，除棱镜和目镜外的全部光学组件及主要结构都封闭于壳体内部。棱镜组固定于壳体上，由进光棱镜、折射棱镜以及棱镜座等结构组成，两只棱镜分别用特种粘合剂固定在棱镜座内。进光棱镜座和折射棱镜座由转轴连接。进光棱镜能打开和关闭，当两棱镜座密合时旋紧棱镜锁紧手轮，则两棱镜面之间保持一个均匀的间隙，被测液体充满此间隙，即可进行测量。

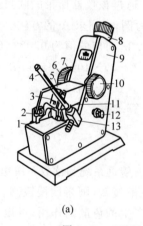

（a）

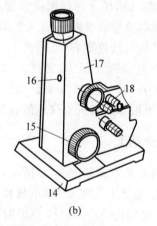

（b）

图 2.54　2WAJ 型单目阿贝折射仪的外貌

（a）正面；（b）侧面

1-底座；2-转轴；3-遮光板；4-温度计；5-进光棱镜座；6-色散调节手轮；7-色散值刻度圈；8-目镜；9-盖板；10-棱镜锁紧手轮；11-折光棱镜座；12-照明刻度盘聚光镜；13-温度计座；14-底座；15-折射率刻度调节手轮；16-维修螺丝孔；17-壳体；18-恒温器接头

【实验内容及步骤】

1. 校准阿贝折射仪读数

（1）打开照明台灯，调节两个反射镜的方位，使两镜筒内视场明亮。

（2）在标准玻璃块的光学面上滴少许折射率液（溴代萘），把它贴在折射棱镜的光学面上，标准块侧边光学面的一端应向上，以便接受光线。

（3）旋转棱镜锁紧手轮，使读数镜视场中的刻线对准标准块上所标刻的折射率值，此时望远镜视场中的明暗分界线应正对十字叉丝的交点。若有偏差，则需调节刻度校准螺钉，使分界线对准叉丝交点。调节完毕后不可再调动该螺钉。

2. 测定液体的折射率和材料色散

（1）用脱脂棉蘸酒精或乙醚将进光棱镜和折射棱镜擦拭干净，干燥后使用以免因残留有其他物质，而影响测量结果。

（2）用滴管将少许待测液滴在进光棱镜的磨砂面上，旋紧棱镜锁紧手轮，使两镜面靠紧，待测液在中间形成一层均匀无气泡的液膜。若待测液属极易挥发的物质，则需在测量中，通过棱镜组侧边的小孔予以补充。

（3）旋转棱镜锁紧手轮，在望远镜视场中观察明暗分界线的移动，使之大致对准十字叉丝的交点。然后旋转色散调节手轮，消除视场中出现的色彩，使视场中只有黑、白两色，如图 2.55 所示。

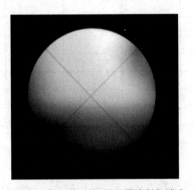
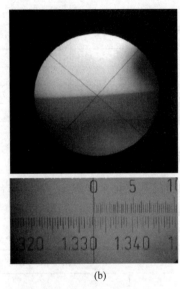

旋转"色散调节手轮"使分界线彩色消失，微调"折射率刻度调节手轮"，使分界线位于十字线的中心，视场下方的绿色示值表所示即为被测液体的折射率

(a)　　　　　　　　　　　　(b)

图 2.55　阿贝折射仪明暗分界线视场图及读数视场图

(a) 分界线视场图；(b) 读数视场图

（4）再次微调棱镜锁紧手轮，使明暗分界线正对十字叉丝的交点。此时，读数显微镜视场中读数刻线所对准的右边的刻度值，就是待测液体的折射率值 n_D。Z 值可从色散刻度圈上读取。

（5）分别测定自来水、啤酒和糖溶液的折射率各 6 次。

（6）求出自来水、啤酒、糖溶液的折射率的最佳值和不确定度，写出结果表达式。

3. 测定液体中的含糖浓度

完成 2 中的（1）～（4）后，读数显微镜视场中读数刻线所对准的上半部的刻度值，即为所测液体的含糖浓度的百分比,如图 2.55(b)下方的读数视场图所示。

【实验数据记录及处理】

1. 测定液体的折射率和材料色散

将所测得的数据记录于表 2.18,并求出折射率的最佳值和不确定度。其中,阿贝折射仪的仪器极限误差 $\Delta_n = 3 \times 10^4$,按均匀分布处理,则 $\Delta_{仪} = \dfrac{\Delta_n}{\sqrt{3}} = \dfrac{3 \times 10^{-4}}{\sqrt{3}} = 2 \times 10^{-4}$。

液体测量不确定度:$u_i = \sqrt{\Delta_A^2 + \Delta_{仪}^2}$。

测量结果表达形式:$n_i = \bar{n}_i \pm u_i$。

表 2.18　液体折射率测量数据记录表

次数 i		糖溶液		啤酒		自来水		溴代萘	
		折射率	Z 读数	折射率	Z 读数	折射率	Z 读数	折射率	Z 读数
1	正								
	反								
2	正								
	反								
3	正								
	反								
平均值		$\bar{n}_i$	$n_F - n_C$	$\bar{n}_i$	$n_F - n_C$	$\bar{n}_i$	$n_F - n_C$	$\bar{n}_i$	$n_F - n_C$

2. 测定液体中的含糖浓度

将所测得的数据记录于表 2.19,并求出糖溶液和啤酒中的糖浓度。处理数据的方法同 1,并将结果表达成正确表示。

表 2.19　液体糖浓度测量数据记录表

次数 i		糖溶液的糖浓度 $c/\%$	啤酒糖浓度 $c/\%$
1	正		
	反		
2	正		
	反		
3	正		
	反		

【注意事项】

1. 使用仪器前应先检查进光棱镜的磨砂面、折射棱镜及标准玻璃块的光学面是否干净,如有污迹,可用酒精或乙醚棉擦拭干净。

2. 用标准块校准仪器读数时,注入的折射率液不宜太多,使之均匀布满接触面即可。

过多的折射率液易堆积于标准块的棱尖处,既影响明暗分界线的清晰度,又容易造成标准块从折射棱镜上掉落而损坏。

3. 在加入的折射率液或待测液中,应防止留有气泡,以免影响测量结果。

4. 读取数据时,首先沿正方向旋转棱镜转动手轮(如向前),调节到位后,记录一个数据;其次继续沿正方向旋转一小段后,再沿反方向(向后)旋转棱镜转动手轮,调节到位后,记录另一个数据。取两个数据的平均值为一次测量值。

5. 在实验过程中,要注意爱护光学器件,不允许用手触摸光学器件的光学面,还要避免剧烈振动和碰撞。

6. 仪器使用完毕后,要将棱镜表面及标准块擦拭干净,干燥后再装入保护盒,套上外罩。

【思考题】

1. 阿贝折射仪使用什么光源?所测得的折射率是对哪条谱线的折射率?若使用钠光灯照明,结果会如何?

2. 阿贝折射仪测量折射率是建立在什么理论基础上?

3. 测量前为什么要进行仪器校准?

4. 阿贝折射仪测量折射率的方法的测量范围受什么限制?

5. 色散棱镜的消色原理是什么?它起什么作用?

6. 进光棱镜的工作面为什么要磨砂?又为什么用望远镜作为瞄准仪器?

【附录】

附表 1　阿贝折射仪色散表

计算按公式 $n_F - n_C = A + B\sigma$

所有色散刻度图读数 Z,小于 30 时在表上数值(σ)前取($+$)号,大于 30 时取($-$)号

n_D	A	当 $\Delta_n =$ 0.001 时 A 之差数 $\times(10^{-6})$	B	当 $\Delta_n =$ 0.001 时 B 之差数 $\times(10^{-6})$	Z	σ	当 $\Delta Z =$ 0.1 时 σ 之差数 $\times(10^{-4})$	Z
1.300	0.023 66		0.027 42		0	0.000		60
1.310	0.023 63	-3	0.027 26	-16	1	0.999	1	59
1.320	0.023 59	-4	0.027 08	-18	2	0.995	4	58
1.330	0.023 56	-3	0.026 90	-18	3	0.988	7	57
1.340	0.023 53	-3	0.026 70	-20	4	0.978	10	56
1.350	0.023 50	-3	0.026 49	-21	5	0.966	12	55
1.360	0.023 47	-3	0.026 27	-22	6	0.951	15	54
1.370	0.023 45	-2	0.026 04	-23	7	0.934	17	53
1.380	0.023 42	-3	0.025 80	-24	8	0.914	20	52
1.390	0.023 40	-2	0.025 55	-25	9	0.891	23	51
1.400	0.023 38	-2	0.025 28	-27	10	0.866	25	50

续表

n_D	A	当 $\Delta_n=$ 0.001 时 A 之差数 $\times(10^{-6})$	B	当 $\Delta_n=$ 0.001 时 B 之差数 $\times(10^{-6})$	Z	σ	当 $\Delta Z=$ 0.1 时 σ 之差数 $\times(10^{-4})$	Z
1.410	0.023 36	-2	0.025 01	-27	11	0.839	27	49
1.420	0.023 34	-2	0.024 72	-29	12	0.809	30	48
1.430	0.023 33	-1	0.024 42	-30	13	0.777	32	47
1.440	0.023 32	-1	0.024 10	-32	14	0.743	34	46
1.450	0.023 31	-1	0.023 78	-32	15	0.707	36	45
1.460	0.023 30	-1	0.023 44	-34	16	0.669	38	44
1.470	0.023 29	-1	0.023 09	-35	17	0.629	40	43
1.480	0.023 29	0	0.022 72	-37	18	0.588	41	42
1.490	0.023 29	0	0.022 34	-38	19	0.545	43	41
1.500	0.023 29	0	0.021 95	-39	20	0.500	45	40
1.510	0.023 29	0	0.021 54	-41	21	0.454	46	39
1.520	0.023 30	$+1$	0.021 11	-43	22	0.407	47	38
1.530	0.023 31	$+1$	0.020 67	-44	23	0.358	49	37
1.540	0.023 33	$+2$	0.020 21	-46	24	0.309	49	36
1.550	0.023 34	$+1$	0.019 73	-48	25	0.259	50	35
1.560	0.023 37	$+3$	0.019 23	-50	26	0.208	51	34
1.570	0.023 39	$+2$	0.018 72	-51	27	0.156	52	33
1.580	0.023 42	$+3$	0.018 18	-54	28	0.104	52	32
1.590	0.023 46	$+4$	0.017 62	-56	29	0.052	52	31
1.600	0.023 50	$+4$	0.017 04	-58	30	0.000	52	31
1.610	0.023 55	$+5$	0.016 43	-61				
1.620	0.023 60	$+5$	0.015 80	-63				
1.630	0.023 66	$+6$	0.015 14	-66				
1.640	0.023 73	$+7$	0.014 44	-70				
1.650	0.023 81	$+8$	0.013 71	-73				
1.660	0.023 90	$+9$	0.012 94	-77				
1.670	0.024 01	$+11$	0.012 13	-81				
1.680	0.024 13	$+12$	0.011 26	-87				
1.690	0.024 27	$+14$	0.010 34	-92				
1.700	0.024 43	$+16$	0.009 35	-99				

注：折射棱镜色散角 $\varphi=58°$，阿米西棱镜最大角色散 $2K=145.3'$，折射棱镜的折射率 $n_D=1.755\ 18$，折射棱镜的平均色散 $n_F-n_C=0.027\ 46$。

2.12 棱镜摄谱仪与光波波长测量

棱镜摄谱仪是以棱镜为色散元件的摄谱仪,常用于原子元素分析。不同元素的原子结构不同,因而受激发后所辐射的光波光谱也不同,通过对物质发射光谱的测量和分析,可确定其元素成分,这种分析方法称为光谱分析。通过光谱分析,不仅可以定性地分析物质的组成,还可以定量地确定待测物质所含各种元素的多少。

【实验目的】

1. 了解棱镜摄谱仪的构造原理。
2. 掌握棱镜摄谱仪的调节方法和摄谱技术。
3. 学会用照相法测定某一光谱线的波长。

【实验仪器】

小型棱镜摄谱仪,光源(汞灯、钠光灯、激光器),读数显微镜。

【实验原理】

1. 棱镜摄谱仪的基本光路

棱镜摄谱仪的基本光路如图 2.56 所示。狭缝 S_1 和准直镜(平行光管)L_1 组成准直系统,将待测光先行会聚到狭缝上,以增加光强;棱镜 P 作为色散元件,将投射到第一折射面的不同波长的平行光(经折射后)分成沿不同方向的平行光(因为物质的折射率因波长而变);照相物镜 L_2 和焦平面 F 处的记录材料组成光谱的接收系统。由于物镜 L_2 将不同方向的平行光依次会聚在焦平面上,形成光谱,为使整个光谱都清晰,焦平面 F 的方位必须细心调节。

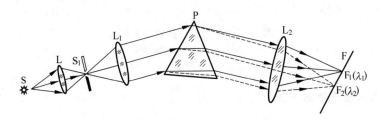

图 2.56　棱镜摄谱仪的基本光路

在图 2.56 中,F_1,F_2,…分别是波长为 λ_1,λ_2,…的光所成的狭缝的像,称为光谱线。各条光谱线在底板上按波长大小排列就形成了被摄光源的光谱图。若光源辐射的波长 λ_1,λ_2,…为分立值,则摄得的光谱线也是分立的,称为线光谱;若光源辐射的波长为连续值,则摄得的是连续光谱。

2. 棱镜摄谱仪的基本构造

本实验使用小型玻璃棱镜摄谱仪拍摄可见光区域的光谱。其结构与图 2.56 所示的结构基本相同,但由于采用恒偏棱镜代替三棱镜 P,因此,它的照相装置中光学系统的光轴与准直管的光轴垂直,如图 2.57 所示。它的主要组成部分如下:

(1) 准直管

准直管由狭缝 S_1 和透镜 L_1 组成。S_1 位于 L_1 的物方焦平面上。被分析物质发出的光射入狭缝,经透镜 L_1 后成为平行光。在实际使用中,为了使光源 S 射出的光在 S_1 上具有较大的照度,通常会在光源与狭缝之间放置会聚透镜 L,使光束会聚在狭缝上。

（2）棱镜部分

主要由一个(或几个)棱镜构成,利用棱镜的色散作用,将不同波长的平行光分解成不同方向的平行光。

（3）光谱接收部分与读谱装置

光谱接收部分实际上就是一个照相装置。它包括透镜 L_2 和放置在透镜 L_2 像方焦平面上的照相底板 F,透镜 L_2 将棱镜分解开的各种不同波长的单色平行光聚焦在 F 的不同位置上。由于透镜对不同波长光的焦距不同,当不同波长的光经 L_2 聚焦后并不分布在与光轴垂直的同一平面上,所以必须适当地调整照相底板 F 的位置,方可清晰地记录下各种波长的谱线。

读谱装置可以由测微目镜代替,调节丝杆、鼓轮水平方向左右移动目镜,使目镜内的叉丝对准被测谱线中心,即可测量各条谱线的位置。

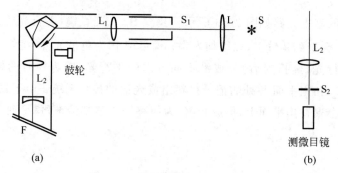

图 2.57　棱镜摄谱仪的基本构造
(a) 结构图；(b) 读谱装置

3. 线性插入法求待测波长

这是一种近似测量波长的方法。一般情况下,棱镜是非线性色散元件,但是在一个较小的波长范围内(约几纳米内),可以认为色散是均匀的,即谱线在底板上的位置和波长存在线性关系。如果波长为 λ_x 的待测谱线位于已知波长 λ_1 和 λ_2 谱线之间,如图 2.58(a)所示,它们在底片上的位置可用读数显微镜测出,若以 d 和 x 分别表示谱线 λ_1 和 λ_2 的间距及 λ_1 和 λ_x 的间距,则待测谱线波长为

$$\lambda_x = \lambda_1 + \frac{x}{d}(\lambda_2 - \lambda_1) \tag{2.31}$$

若波长为 λ_x 的待测谱线位于已知波长 λ_1 和 λ_2 谱线之外,如图 2.58(b)所示,它们在底板上的位置可用读数显微镜测出,若以 d 和 x 分别表示谱线 λ_1 和 λ_2 的间距及 λ_1 和 λ_x 的间距,则待测谱线波长为

$$\lambda_x = \lambda_1 + \frac{x}{d-x}(\lambda_1 - \lambda_2) \tag{2.32}$$

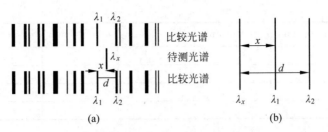

图 2.58 插入法求待测波长的方法

(a) 待测谱线在两谱线之间；(b) 待测谱线在两谱线之外

【实验内容与步骤】

1. 摄谱仪的调节

(1) 调节各光学元件等高共轴,将光源 S 置于准直物镜 L_1 的光轴上。

先将汞灯点亮预热,并竖直放置使其与入射缝等高,沿摄谱仪的底座导轨将汞灯移远,从暗盒中央向摄谱仪内观察,调整光源的位置,使光源的像位于照相物镜 L_2 的中央。此时,汞灯已位于 L_1 的光轴上。

(2) 在光源与狭缝 S_1 之间加入聚光照明透镜 L,调节透镜 L 的位置,使光源成像在入射缝上。若更换光源,只能调整光源的位置,而透镜 L 的位置不应变动,以保证光源始终处在准直物镜 L_1 的光轴上。

(3) 取下狭缝罩盖,在放置照相底板的位置上放置一块毛玻璃,这时可看到汞灯的线光谱。调节照相物镜位置和缝宽,注意观察毛玻璃上所有谱线是否都清晰,若不清晰还需调节暗匣相对于系统轴线的倾角。

2. 测量待测谱线的波长

(1) 在靠近待测波长为 λ_x 谱线的两侧,选两条波长 λ_1 和 λ_2 为已知的谱线,用读数显微镜测出三条谱线在底板上对应位置的数值 n_1、n_2 和 n_x,依据式(2.31),求出 λ_x。

(2) 再选两条距 λ_x 稍远的波长已知的谱线 λ_1 和 λ_2,同上测量,根据式(2.31)求 λ_x,并比较两次结果差异。

【实验数据记录与处理】

将所测得的数据记录于表 2.20,并计算待测谱线的波长 λ_x。其中,计算公式为 $\lambda_x = \lambda_1 + \dfrac{x}{d}(\lambda_2 - \lambda_1) = \lambda_1 + \dfrac{n_x - n_1}{n_2 - n_1}(\lambda_2 - \lambda_1)$。

表 2.20 棱镜摄谱数据记录表

次数 i	黄左 n_1/mm	绿 n_x/mm	紫右 n_2/mm	$n_x - n_1$/mm	$n_2 - n_1$/mm	λ_x/nm
1						
2						
3						

续表

次数 i	黄左 n_1/mm	绿 n_x/mm	紫右 n_2/mm	n_x-n_1/mm	n_2-n_1/mm	λ_x/nm
4						
5						
6						
平均值						

【注意事项】

1. 避免将缝宽调到零,以免损坏刀口!
2. 实验过程中要注意避免回程误差。
3. 测光谱时要注意对齐同一侧读数。

【思考题】

1. 测量光谱的底片为什么要有一个倾角?
2. 装底片要在什么条件下安装?
3. 测量底片时要注意什么?

2.13　透镜六种像差的观察

光学系统的理想成像状况是点物成点像。一般来说,只有在近轴区且以单色光所成之像才有可能是完善的,而实际的光学系统均需对有一定大小的物体以一定的宽光束进行成像,所以像都不完善。光学系统所成实际像与理想像的差异称为像差。几何像差主要有六种:球差、彗差、像散、场曲、畸变、色差。前五种为单色像差,色差包括位置色差及倍率色差。

【实验目的】

1. 掌握各种几何像差的产生条件及其基本规律。
2. 通过观察透镜的各种像差,定性判断像差的性质,加深对像差理论的理解。

【实验仪器】

低压钠灯(GY-5 型),毛玻璃,物屏(多孔板、方格屏),光阑,透镜架,干板架,凸透镜($f=75$ mm),白屏,导轨,30 mm 尺,白光源,红、蓝滤光片。

【实验原理】

几何光学成像理论是在理想光学系统中建立的,光学系统成完善像必须满足三个条件:①从物点发出的所有光线经光学系统后均交于一点,即点物成点像;②物方每个平面对应像方每个平面;③对于垂直于主光轴的共轭平面,其横向放大率为常量,即物像相似。但是,实际的光学系统并不与像理想光学系统一样。

光学系统若不满足第一个条件,将导致像点弥散模糊;若不满足第二个条件,将导致像面弯曲,即产生场曲;若不满足第三个条件,将导致图像畸变。实际光学系统所成的像和理想光学系统所成的像之间的偏离和差异,称为像差。

一般在仅满足近轴光路条件时,实际的光学系统都存在像差,比如一个球面透镜存在轴上和轴外两类像差,分别为球差、色差、彗差、像散、场曲、畸变六种像差。

1. 轴上像差

（1）球差

轴上物体通过单折射球面镜成像时,轴上点发出的不同孔径角的光线经光学系统后的像方截距和其近轴光像方截距之差称为球差。球差产生的原因是:由轴上点发出的同心光束,经光学系统各个折射面折射后,不同孔径角的光线相交于光轴的不同点上,相对于理想像点的位置有不同的偏离。球差的产生原理如图 2.59 所示。

若某透镜在最大通光口径时（即不加光阑时）对星点板所成的清晰像可视为宽光束所成的实际像,成像位置为 L';在最小通光口径时对星点板所成的清晰像可以看成轴上细光束所成的理想像,成像位置为 l'。则两者位置之差即为轴向球差 $\delta L'=L'-l'$。

一般而言,以人眼最为敏感的波长 555 nm 黄绿光（简称为 D 光）的球差作为光学系统的球差,即 $\delta L'_D=L'_D-l'_D$。同样地,垂轴球差为 $\delta \tau$,如图 2.59 所示。

（2）色差

由于构成透镜的光学玻璃的折射率随波长而改变,因而当光学系统用白光成像时,不同波长的光线所成像的像面位置不同,形成色差。色差是透镜成像的一个严重缺陷,在复色光成像的情况下,物点对应的像点不在同一个点,而是一个色斑。

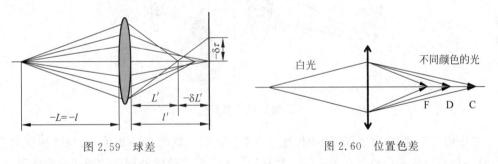

图 2.59　球差　　　　　　　　图 2.60　位置色差

色差一般包括位置色差和倍率色差。位置色差使得在任何位置观察像时都带有色晕环,使像模糊不清,而倍率色差则使像带有彩色边缘。轴上点不同色光成像位置的差异称为位置色差,也称为轴上色差,如图 2.60 所示;而倍率色差,则是指两种色光的主光线的像点高度之差。对目视光学系统而言,一般选用蓝色的 F 光（486.1 nm）和红色 C 光（656.3 nm）来进行定量比较。

消除色差的办法就是使用反向色差的光学系统进行矫正,如图 2.61 所示。

2. 轴外像差

（1）彗差

彗差是轴外像差中的一种,它随视场变化而变化。轴外物点以大孔径光束成像时,发出的光束通过透镜后,不再相交于一点,则一光点的像便会呈一个逗点状,形如彗星,故称"彗差",如图 2.62 所示。

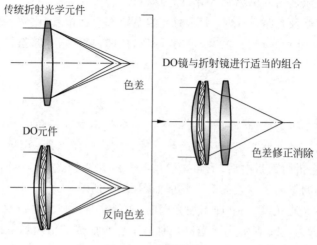

图 2.61 色差的矫正

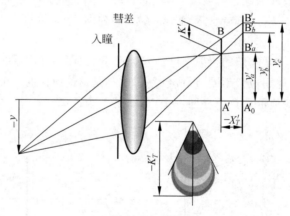

图 2.62 彗差

对于同一个视场,由于孔径不同,彗差也不同。彗差既与孔径相关,又与视场相关。因而,彗差是和视场及孔径都有关系的一种垂轴像差。彗差使轴外物点的像成一弥散斑,由于折射后光失去了对称性,所以弥散斑不关于主光轴对称,主光线偏到了弥散斑的一侧。图 2.62 所示为入射光瞳不同位置的光线和这些光线在像面上彗差图中所占有的位置之间的对应关系。

(2) 像散

像散也是一种轴外像差,与彗差不同的是,它是描述无限细光束成像缺陷的一种像差,仅与视场有关。由于轴外光束的不对称性,使得轴外点的子午细光束的会聚点与弧矢细光束的会聚点分别处于不同的位置,由这种现象造成的像差,称为像散。子午细光束的会聚点与弧矢细光束的会聚点之间距离在光轴上的投影大小,就是像散的数值。由于像散的存在,使得轴外视场的像质显著下降,即使光圈开得很小,在子午和弧矢方向均无法同时获得非常清晰的影像。像散的大小仅与视场角有关,而与孔径大小无关。

随着视场的增大,远离光轴的物点,即使在沿主光线周围的细光束范围内,也会明显地表现出矢对称性质。描述其子午细光束和弧矢细光束会聚点之间位置差异的像差即称为像

散,常用子午焦线 T' 与弧矢焦线 S' 之间的轴向距离来表示:

$$x'_{ts} = x'_t - x'_s$$

式中,x'_t,x'_s 分别表示子午焦线至理想像面的距离及弧矢焦线至理想像面 B' 的距离,如图 2.63 所示。

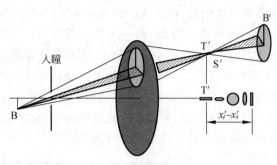

图 2.63　像散

当系统存在像散时,不同的像面位置会得到不同形状的物点像。在子午焦线和弧矢焦线之间光束的截面变化为:子午焦面-长轴与子午面垂直的椭圆-圆长轴在子午面上的椭圆-弧矢焦面,如图 2.63 所示。若光学系统对直线成像,由于像散的存在其成像质量与直线的方向有关。例如,若直线在子午面内,则其子午像是弥散的而弧矢像是清晰的;若直线在弧矢面内,则其弧矢像是弥散的而子午像是清晰的;若直线既不在子午面内也不在弧矢面内,则其子午像和弧矢像均不清晰,故而影响轴外像点的成像清晰度。

显然,无论是宽光束还是细光束,都存在子午光线的交点和弧矢光线的交点之间有沿轴距离的现象,所以宽光束和细光束都存在像散。

(3) 场曲

场曲又称像场弯曲。当透镜存在场曲时,整个光束的交点不与理想像点重合,虽然在每个特定点都能得到清晰的像点,但整个像平面则是一个曲面,如图 2.64(a) 所示。这样在镜检时不能同时看清整个像面,给观察和照相造成困难。这种使垂直光轴的物平面成曲面像的像差称为场曲。

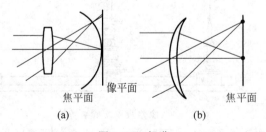

图 2.64　场曲

(a) 存在场曲的透镜;(b) 已矫正场曲的平场透镜图

子午细光束的交点沿光轴方向到高斯像面的距离称为细光束的子午场曲;弧矢细光束的交点沿光轴方向到高斯像面的距离称为细光束的弧矢场曲。而且即使像散消失了(即子午像面与弧矢像面相重合),场曲依旧存在(像面是弯曲的)。

场曲是视场的函数,随着视场的变化而变化。当系统存在较大场曲时,就不能使一个较大平面同时成清晰像,若对边缘调焦清晰了,则中心就模糊,反之亦然。

显然,无论是宽光束还是细光束,都存在子午光线的交点和弧矢光线的交点不在高斯像面上的现象,所以宽光束和细光束都存在场曲。

(4) 畸变

畸变是指得到的像尽管是清晰的,但所成的像发生了变形,即物像不相似。理想光学系统在成像时,不仅成像清晰,而且物像近似,即一对共轭物像平面上的垂轴放大率为常数。但对于实际光学系统来说,只有在视场很小的近轴区,才具有物像相似的性质;当视场较大时,像的垂轴放大率就要随视场而异,从而使像与物失去相似性,产生畸变。

畸变描述的是主光线像差,不同视场的主光线通过光学系统后与高斯像面的交点高度并不等于理想像高,这个差别有正有负,为正时出现桶形畸变,反之出现枕形畸变。图 2.65 所示为一个正方形网格的物所成像发生枕形畸变和桶形畸变。

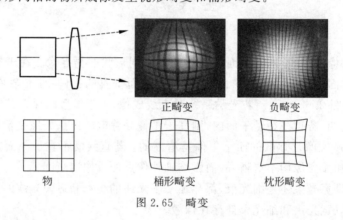

图 2.65 畸变

【实验内容与步骤】

观察像差的实验装置如图 2.66 所示。

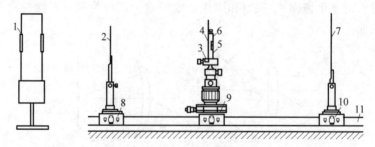

图 2.66 像差观察实验装置图

1-低压钠灯加毛玻璃;2-物屏;3-环夹;4-近、远轴光阑;5-透镜架;6-平凸透镜 L($f=75\,\text{mm}$);7-白屏或者毛玻璃;8~10-滑座;11-导轨

(1) 球差的观察

在同轴光路上,使低压钠灯照亮物屏,用套在透镜架上的环夹夹住近轴光阑,光通过该光阑和凸透镜 L,在白屏 P 上成清晰像,并记下 P 的位置;然后再将近轴光阑换成远轴光阑,反复移动白屏,直至重新找到物的清晰像,记下 P 的新位置;比较 P 的两个位置,是否与

透镜球差现象的规律相符合。

　　(2) 彗差的观察

　　用一个针孔板(可从多孔架选取)代替图 2.66 中的物屏,取下近、远轴光阑,移动白屏,找到光轴上的清晰像,再将透镜逐步绕竖直轴转动约 10°,即可见彗差现象逐渐显著。其效果图如图 2.67 所示。

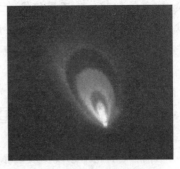

图 2.67　彗差效果图

　　(3) 像散的观察

　　用网格片取代针孔板,并将平凸透镜绕竖直轴旋转,使其光轴与光具座导轨方向大约成 30°,移动白屏,观察网格像中横线和竖线的清晰位置是否相同,试作解释。

　　(4) 场曲的观察

　　称用透镜架安装附件(30 mm 标尺)作为物,使平凸透镜($f = 75$ mm)的光轴垂直于物面,在缓慢移动白屏接收放大像的过程中,分别在像的中部和边缘最清晰时停留,并观察各部位清晰度的变化,参照图 2.64 作出解释。

　　(5) 畸变的观察

　　用网格片取代(4)中的标尺,并按照图 2.68 安排光路。将圆孔光阑(近轴光阑孔)先后置于位置 1 和位置 2,仔细观察和记录远处屏上两次成像有何不同。

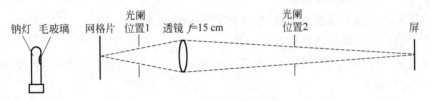

图 2.68　畸变的观察光路

　　(6) 色差的观测

　　将钠灯换成白光源,照亮物屏。先后将红色和蓝色滤光片放到灯箱的出光口处,如图 2.69 所示,并用二次成像法(贝塞尔法)测量凸透镜 L 的焦距。比较两个测量结果,是否与图 2.60 所示的规律相符合。

图 2.69　色差的观测光路

　　说明:本实验也可通过各种模拟软件进行观察。所需仪器为计算机主机及显示器一套、像差模拟软件。不同的像差模拟软件有不同的界面,如 Zemax、Comsol Multiphysics 等软件均有相应的模块,应根据其说明书使用。应用像差模拟软件,观测球差、彗差及像散的光场分布图及三维效果图,理解各种像差的概念及对光学系统的影响。同学们可以自行学习。

2.14 星点法测量单色像差和色差

评价一个光学系统像质的依据是物空间一点发出的光能量在像空间的分布情况。在传统的像质评价中,人们先后提出了许多像质评价的方法,其中使用最广泛的有分辨率法、星点法和阴影法(刀口法)。星点法是通过考察一个点光源经光学系统后在像方不同截面上所成的衍射像(星点像)的形状及光强分布来定性评价光学系统成像质量好坏的一种方法。实验中常用平行光管星点板成像。平行光管前面已经介绍过,它是一种长焦距、大口径,并具有良好像质的仪器,可用作光学系统的光学常量测定以及成像质量的评定和检测。

【实验目的】

1. 了解星点法检验和测量像差的原理。
2. 掌握平行光管的使用方法。
3. 了解光电图像采集系统的搭建、工作原理和使用方法。
4. 学会用星点法测量透镜的各种像差。
5. 通过星点图像,分析各种像差对成像的影响,定性与定量判断像差的性质和大小,加深对像差理论的理解。

【实验仪器】

平行光管(含 LED 光源和玻罗板),色光滤波片,可调孔径环带光阑,被测透镜(如球差镜头、彗差镜头、像散镜头、场曲镜头等),CMOS 数码相机,计算机和专用软件。

【实验原理】

1. 星点法介绍

物体经光学系统成像时,可将物体看成无数不同强度的发光点的集合,每一个发光点经过光学系统后,由于衍射和像差的影响,在像面上得到的星点像的光强分布是一个弥散光斑,即点扩散函数。在等晕区内,每个光斑都具有完全相似的分布规律,像面光强分布是所有星点像光强的叠加结果。因此,星点像光强分布规律决定了光学系统成像的清晰程度,也在一定程度上反映了光学系统对任意物分布的成像质量。这是进行星点检验的基本依据。

星点检验是通过点光源被光学系统所成的衍射像,根据此衍射像的形状和光强分布来检验其成像质量的好坏。由光的衍射理论得知,一个光学系统对一个无限远的点光源成像,其实质就是光波在其光瞳面上的衍射结果,焦面上的衍射像的振幅分布就是光瞳面上振幅分布函数,亦称光瞳函数的傅里叶变换,光强分布则是振幅模的平方。对于一个理想的光学系统,光瞳函数是一个实函数,而且是一个常数,代表一个理想的平面波或球面波,因此星点像的光强分布仅仅取决于光瞳的形状。在圆形光瞳的情况下,理想光学系统焦面内星点像的光强分布就是圆函数的傅里叶变换的平方,即艾里斑光强分布,也即

$$\frac{I(r)}{I_0}=\left[\frac{2J_1(\psi)}{\psi}\right]^2$$

$$\psi=kr=\frac{\pi D}{\lambda f'}r=\frac{\pi}{\lambda F}r \tag{2.33}$$

式中,$I(r)/I_0$ 为相对强度(规定星点衍射像的中间为1.0);r 为在像平面上离开星点衍射像中心的径向距离;$J_1(\psi)$ 为一阶贝塞尔函数。通常,光学系统也可能在有限共轭距内是无像差的,在此情况下 $k=(2\pi/\lambda)\sin u'$,其中 u' 为成像光束的像方半孔径角。艾里斑的光强分布图如图 2.70 所示。

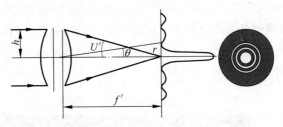

图 2.70　艾里斑光强分布图

　　无像差星点衍射图是指在焦点上中心圆斑最亮,外面围绕着一系列亮度迅速减弱的同心圆环。衍射光斑的中央亮斑集中了全部能量的 80% 以上,其中第一亮环的光强不到中央亮斑光强的 2%,在焦点前和焦点后对称的截面上衍射图形完全相同。

　　光学系统存在像差或缺陷会引起光瞳函数的变化,从而使对应的星点像产生变形或改变其光强分布。待检系统的缺陷不同,星点像的变化情况也不同。因此,通过将实际星点衍射像与理想星点衍射像进行比较,可以反映出待检系统的缺陷并由此评价像质。下面分别介绍几种适用于星点法测量的单色像差,如球差、彗差、像散、位置色差及倍率色差。

　　(1) 球差

　　轴上点发出的同心光束经光学系统后,不再是同心光束,不同孔径角的光线交光轴于不同位置,从而相对近轴像点(理想像点)有不同程度的偏离,这种偏离称为轴向球差,简称球差($\delta L'$),如图 2.71 所示。

　　如图 2.71 所示,在实验中,可在被测光学系统前面放置一个可调光阑,先将光阑通光口径调到最大的位置,此时星点板所成的清晰像可以看成实际光束所成的清晰像,记下此时的像的位置 L';再将光阑调到通光口径最小的位置,此时星点板所成的清晰像可以看成轴上细光束所成的理想像,记下此时的像的位置 l';两者位置之差即为轴向球差 $\delta L'=L'-l'$。同样地,在垂轴方向测出大小孔径光斑的半径差即为垂轴球差 $\delta\tau$。

　　光学系统不同,球差的性质也不同,存在正负球差。球差的存在使得光能中心亮光斑向外环转移,从而降低了中心点亮度;球差也使焦内、焦外的光斑结构发生变化,如图 2.72 所示。例如,在系统存在初级球差时,若球差为负球差,即 $\delta L'<0$,则可在焦内观察到光斑呈现中

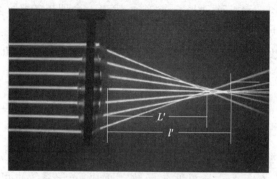

图 2.71　球差的测量图

心圆斑亮而外环暗且模糊,而在焦外则观察到光斑中心暗而外环明亮且粗(图 2.72(a));当球差为正即 $\delta L'>0$ 时,则与负球差情况正好相反,在焦内观察到光斑呈现中心圆斑暗而外环粗且明亮,而在焦外则观察到光斑呈现中心圆斑亮而外环暗且模糊(图 2.72(c));在球差完全校正即 $\delta L'=0$ 的情况下,焦内、外相应的两截面上光斑环结构相同,在焦点上得到光斑为中心亮而外环暗的聚焦图样(图 2.72(b))。

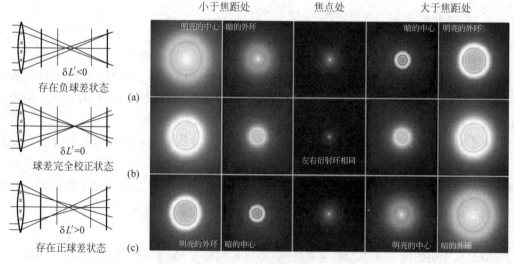

图 2.72　球差的星点图
(a) 负球差;(b) 完全校正;(c) 正球差

（2）彗差

各光学元件离轴或者定心不好将会产生彗差。当彗差较小时,星点衍射亮环相对中央亮斑有极小的偏心量,同一衍射环的粗细、亮暗及对比度不一致;随着彗差的增大,衍射亮环靠近中央亮斑的一侧变得细且暗,而远离的一侧变得亮且粗,相对中央亮斑的偏心也随之增加;当彗差较大时,星点像呈现彗星状,无论在焦前或者在焦后观察,椭圆中央亮斑的指向不变且形状相似,其光路与星点像如图 2.73 所示。

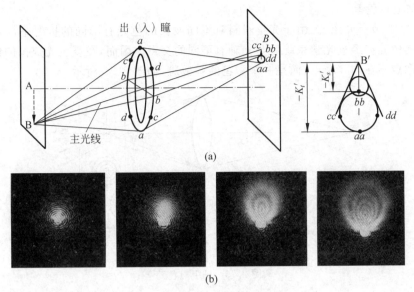

图 2.73 彗差的光路与星点像

（a）光路；（b）星点像

（3）像散

若光线为经过球面系统折射的一点光源发出的轴外细光束，子午光线和弧矢光线的会聚点沿光轴有一定距离 x'_{ts}，$x'_{ts} = x'_t - x'_s$，则将此距离称为像散。从子午焦面到弧矢焦面不同的像面位置会得到不同形状的星点像，其光路与星点像如图 2.74 所示。

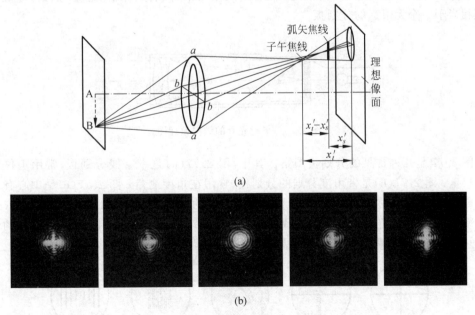

图 2.74 像散的光路与星点像

（a）光路；（b）星点像

（4）轴上点色差

正如 2.13 节所介绍的,由于光学材料对不同波长的色光有不同的折射率,因此同一孔径处的不同色光在经过光学系统后与光轴有不同的交点。因而,在复色光成像的情况下,物点对应的像点不在同一个点,而是一个彩色的弥散斑,如图 2.75 所示。

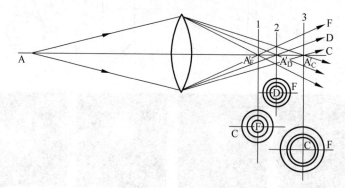

图 2.75　轴上点色差

轴上点不同色光成像位置的差异称为位置色差,也称为轴上色差。对于目视光学系统,一般选择蓝色的 F 光(486.1 nm)和红色的 C 光(656.3 nm)来进行定量比较。

2. 平行光管与星点板结构

平行光管由光源、分划板、物镜组成,如图 2.76 所示。分划板置于物镜的焦平面上,当光源照亮分划板后,分划板上每个点发出的光经过透镜后,都成为一束平行光。由于分划板上有根据需要而刻成的分划线或图案,这些刻线或图案将成像在无限远处,因此,对观察者来说相当于一个无限远的分划板。

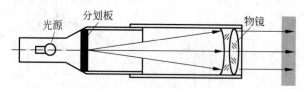

图 2.76　平行光管的结构原理图

图 2.77 是几种常见的分划板图案。其中,图 2.77(a)是十字线分划板,常用于仪器光轴的校正;图 2.77(b)是带角度分划的分划板,常用在角度测量;图 2.77(c)是中心有一个小孔的分划板,又被称为星点板,用于检验光学系统的轴上成像质量的评价;图 2.77(d)是鉴别率板,用于检验光学系统横向的成像质量;图 2.77(e)是带有几组一定间隔线条的分划板,通常又称它为玻罗板,用于测量透镜焦距(透镜焦距测量章节中有介绍)。

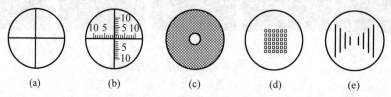

图 2.77　常见的分划板图案

(a)十字线分划板;(b)带角度分划的分划板;(c)带小孔的分划板;(d)鉴别率板;(e)带间隔线条的分划板

【实验内容和步骤】

星点检测像差的装置如图 2.78 所示，主要包括 LED 光源、平行光管、色光滤波片、环带光阑、被测透镜、CMOS 数码相机、计算机（含配套软件）。

图 2.78　星点法观测像差装置

1. 球差性质的观察与球差测量

（1）按照图 2.78 搭建观测像差的实验装置，自左向右依次为平行光管、色光滤波片、环带光阑、球差透镜、CMOS 数码相机。插入绿色（或红色等）滤光片，适当调整星点板位置使平行光管出射平行光。调节各个光学元件与平行光管等高，与照相机靶面同轴。

（2）沿光轴方向前后移动照相机，可以看到经过透镜的光束将会聚到相机靶面上，找到星点像中心光最强的位置，将相机固定在导轨的这一位置上。

（3）在平行光管和待测透镜中间安装放置一个口径可调的孔径光阑，适当调整光阑高度使光阑中心与平行光管出光中心等高。

（4）将孔径调到最小，移动照相机找到最佳会聚点，读取相机的平移台丝杆读数 l'_D；同时单击软件的"停止"按钮，使照相机停止采集，用鼠标单击该聚焦点中心亮斑上边沿（或下边沿）可以获得该聚焦点上边沿的像素坐标 (x_0, y_1)，如果聚焦点非常小，直接单击记录中心点像素坐标 (x_0, y_0)。

（5）将孔径光阑调到最大，此时相机靶面上呈现弥散光环，单击"停止"按钮，用鼠标单击弥散斑上边沿（或下边沿）位置可以获得弥散斑上边沿的像素坐标 (x_0, y_2)。弥散斑与会聚点的半径差即是该透镜的垂轴球差。

（6）调节平移台，使照相机向靠近或向远离被测镜头方向移动，再次寻找会聚点，读取平移台读数 L'_D，记录于表 2.21。l'_D 和 L'_D 的差值就是该透镜的轴向球差。

2. 彗差的观测

（1）重复 1 中（1）和（2）。

（2）轻微调节使透镜偏离光轴一定的夹角，观测照相机中星点像的变化，出现如图 2.73 所示的图样即为彗差。

3. 像散的测量

(1) 重复 1 中(1)～(3)。

(2) 将光阑调至通光口径最小的位置,移动照相机找到最佳会聚点。

(3) 将透镜微转一个角度后固定,调整照相机的前后位置,找到如图 2.79(a)所示的子午聚焦面的位置,记录照相机的平移台丝杆的读数 M_1。

(4) 再次改变照相机的前后位置,可以看到如图 2.79(b)所示弧矢聚焦面的位置,记录平移台丝杆的示数 M_2,M_2-M_1 就是像散。

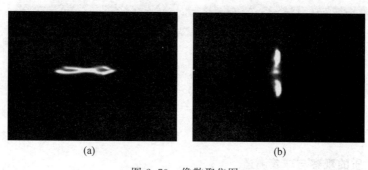

(a)　　　　　　　　　　　　　　　(b)

图 2.79　像散聚焦图

(a) 子午方向聚焦图;(b) 弧矢方向聚焦图

4. 色差的测量

(1) 重复 1 中(1)～(2),其中平行光管光源选用蓝色光源 (F 光,451 nm),可用白光光源加蓝光滤色片实现蓝光输出,环带光阑可任意选择,但测量色差整个过程应使用同一环带光阑。

(2) 装上 50 μm 的星点板,微调照相机位置,使得照相机上光斑亮度最强。调节照相机下方的平移台,使照相机向被测透镜方向移动,直到观测到一个会聚的亮点,记下此时平移台上螺旋丝杆的读数 x_1;同时单击"停止"按钮使照相机停止采集,用鼠标分别单击聚焦点下上边缘可以获得像素坐标(x_0,y_1)。

(3) 再将光源换为红色(690 nm)LED,照相机靶面上将呈现一个弥散斑,单击"停止"按钮使照相机停止采集,用鼠标分别单击弥散斑上下边缘位置可以获得像素坐标(x_0,y_2)。更换光源前后两次的光斑半径差,即为透镜的倍率色差。

(4) 再次单击"实时采集",调节平移台,使相机向远离被测镜头的方向移动,又可观测到一个会聚的亮点,记下此时平移台上千分尺的读数为 x_2。

(5) 关闭 LED 电源,复制图片,关闭软件,关闭计算机电源。

【实验数据记录及处理】

1. 球差的测量

将测得的数据分别记录于表 2.21 和表 2.22,并计算轴向球差和垂轴球差。其中,透镜对 D 光的轴向球差为 $\delta L_D'=L_D'-l_D'$;透镜对 D 光的垂轴球差 $\delta\tau=c\cdot(y_2-y_1)$,$c$ 为照相机单个像素大小,例如,照相机单个像素大小 c 为 5.2 μm,则垂轴球差 $=5.2 \cdot (y_2 - y_1)$ μm。

表 2.21　星点法轴向球差数据记录表

次数 i	l'_D/mm	L'_D/mm	$\delta L'_D = L'_D - l'_D/\mu\text{m}$
1			
2			
⋮			

表 2.22　星点法垂轴球差数据记录表

次数 i	y_1/mm	y_2/mm	$c \cdot (y_2 - y_1)/\mu\text{m}$
1			
2			
⋮			

2. 像散的测量

将测量的数据记录于表 2.23,并计算透镜的像散。

表 2.23　星点法像散数据记录表

平移距离 旋转角度	子午聚焦位置 M_1/mm	弧矢聚焦位置 M_2/mm	透镜像散 $\Delta M = M_2 - M_1/\mu\text{m}$
1			
2			
⋮			

3. 色差的测量

将测量的数据记录于表 2.24 和表 2.25,并计算位置色差和倍率色差。其中,位置色差为 $\Delta x = x_2 - x_1$;透镜倍率色差为 $c \cdot (y_2 - y_1)$,c 为照相机单个像素大小,如照相机单个像素大小 c 为 5.2 μm,则倍率色差 $=5.2 \cdot (y_2 - y_1)$ μm。

表 2.24　星点法位置色差数据记录表

次数 i	蓝光的会聚点位置 x_1/mm	红光的会聚点位置 x_2/mm	位置色差 $\Delta x = x_2 - x_1/\mu\text{m}$
1			
2			
⋮			

表 2.25　星点法倍率色差数据记录表格

次数 i	y_1/mm	y_2/mm	$y_2 - y_1/\text{mm}$	倍率色差 $c \cdot (y_2 - y_1)/\mu\text{m}$
1				
2				
⋮				

【思考题】

1. 实验中为什么不选择较大的星点？
2. 球差测量精度受哪些因素的影响，怎样减小误差？
3. 若平行光靠近光轴或远离光轴入射在被测光学元件上，会聚点是否重合？
4. 星点法能否检验畸变和场曲？
5. 比较计算机拍摄下的焦点处、小于焦距及大于焦距位置上的像的特点，确定被测光学元件是否存在球差？是正球差还是负球差？被测光学元件属球差矫正完全、不足，还是过度？
6. 引起位置色差的根本原因是什么？

2.15 刀口阴影法测量光学系统像差

刀口阴影法可灵敏地判别会聚球面波前的完善程度。一方面，物镜存在的几何像差使得不同区域的光线成在像空间的不同位置上，刀口在像面附近切割成像光束，即可看到具有特定形状的阴影图；另一方面，物镜的几何像差对应着出瞳处的一定波像差，并由此可求得刀口图方程及其相应的阴影图。反之，由阴影图也可检测典型几何像差。刀口阴影法所需设备简单，测量原理简单、直观，故非常有实用价值。

【实验目的】

1. 熟悉刀口阴影法检测几何像差原理。
2. 掌握球差的阴影图特征。
3. 利用图像处理方法测量轴向球差。

【实验仪器】

平行光管（LED 光源），色光滤波片，球差镜头，简易刀口，CMOS 数码相机，计算机（含专用软件），机械调整架等。

【实验原理】

对于理想透镜，成像光束经透镜后相交于一点 O，此时用一不透明的锋利刀口垂直切割该成像光束，当刀口位于光束会聚点 O 处（位置 N_2），则原本均匀照亮的视场会变暗一些，但视场仍然是均匀的（阴影图 M_2）；如果刀口位于光束交点 O 之前（位置 N_1），则视场中与刀口同侧出现阴影，相反方向仍为亮视场（阴影图 M_1）。当刀口位于光束交点之后（位置 N_3），则视场中与刀口相反的一侧出现阴影，同侧方向仍为亮视场（阴影图 M_3），如图 2.80 所示。

但实际光学系统存在球差，成像光束经过系统后不再会聚于同一点。此时，如果用刀口切割成像光束，根据光学系统球差的不同情况，视场中会出现不同形状的图案。图 2.81 所示是 4 种典型的球差情况以及其相应的阴影图。其中，图 2.81(a) 和 (b) 为球差校正不足和球差校正过度的情况，相当于单片正透镜和单片负透镜球差情况。这两种情况在设计和加

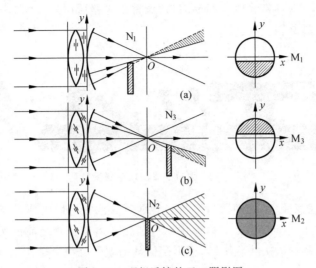

图 2.80 理想透镜的刀口阴影图

(a) 刀口位于光束交点前；(b) 刀口位于光束交点后；(c) 刀口位于光束交点

工质量良好的光学系统中一般极少见到，除非把有的镜片装反了，或是在检验时把整个光学镜头装反了，或是系统中某个光学间隔严重超差所致。图 2.81(c)和(d)图所示为实际光学系统中常见的带球差情况。

利用刀口阴影法对系统轴向球差进行测量就是要判断出与视场图案中亮暗环带分界（呈均匀分布的半暗圆环）位置相对应的刀口位置，一般在表示系统球差时，以近轴光束的焦点作为球差原点。

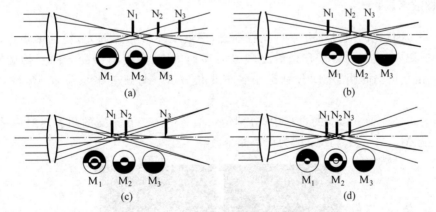

图 2.81 系统存在球差时的阴影图

(a) 球差校正不足；(b) 球差校正过度；(c) 实际中的球差校正不足；(d) 实际中的球差校正过度

【实验内容及步骤】

1. 球差测量

(1) 参考图 2.82 搭建刀口阴影法测量球差的实验装置，从左至右依次是平行光管、色光滤波片、球差镜头（含环带光阑）、简易刀口（调整好光路后插入）、光屏（调整好光路后换上照相机），并调至等高共轴。

图 2.82   刀口阴影法球差测量装置

（2）将 LED（任意颜色）光源通过平行光管准直。首先用最大环带光阑选光，并用光屏找到最大环带光阑下光的会聚点；再使用刀口装置在焦点位置之前依次沿光轴切过，并利用在焦点后的观察装置依次接收阴影，根据阴影环的变化寻找会聚切点 M_2 的位置，记录刀口所在的位置 L'。

（3）将光阑调到通光口径最小，重复（2），找到最小环带光阑下会聚切点的位置 l'，先后两次会聚切点位置之差即为轴向球差 $\delta L' = L' - l'$。

（4）用最小环带光阑选光，接收装置在会聚点后，根据阴影现象，移动刀口找到会聚点；取走最小环带光阑，刀口切整个弥散会聚点，根据阴影逐渐变暗的过程，近似读取刀口垂轴移动距离，并与前面的测量结果进行比较。

注：实验的关键是找到聚焦点，刀口如果切到聚焦点时照相机可以看到光斑瞬间变暗，改变光阑大小分别找到聚焦点，计算聚焦点之间的距离即为轴向像差。

2. 像散测量

（1）将 LED 光源通过小孔平行光管准直，用最小环带光阑选光，找到聚焦点，使用刀口装置 45°切入光轴，并将平移台沿光轴方向移动，可观察到阴影的方向开始旋转，找到横竖两个相互正交的阴影，即分别是子午聚焦位置 M_1 与弧矢聚焦位置 M_2，如图 2.83所示。

（2）刀口在光轴上移动的过程中，分别记录横竖两个相互正交的阴影时对应平移台的位置读数为 M_1，M_2，$M_2 - M_1$ 即为像散测量值。

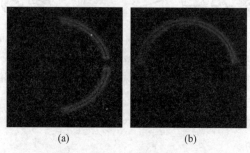

(a)   (b)

图 2.83   刀口法测像散图

(a) 子午聚焦位置；(b) 弧矢聚焦位置

【实验数据记录及处理】

1. 球差测量

将所测得的数据记录于表 2.26,并计算轴向球差。

表 2.26　刀口法轴向球差数据记录表

次数 i	L'/mm	l'/mm	$\delta L'=L'-l'/\mu\mathrm{m}$
1			
2			
⋮			

2. 像散测量

将所测得的数据记录于表 2.27,并计算透镜像散。

表 2.27　刀口法像散数据记录表

平移距离　旋转角度	子午聚焦位置 M_1/mm	弧矢聚焦位置 M_2/mm	透镜像散 $\Delta M=M_2-M_1/\mu\mathrm{m}$
1			
2			
⋮			

【思考题】

1. 刀口阴影法检测几何球差的原理是什么?
2. 为什么在测像散时是观察横竖两个相互正交的阴影?

2.16　剪切干涉法测量光学系统像差

剪切干涉法是利用待测波面自身干涉的一种干涉方法,相比其他干涉法,它的优点是非接触性、精度高,同时由于它无须参考光束,采用共光路系统,因此干涉条纹稳定,对环境要求低,仪器结构简单,故在光学测量领域得到了广泛的应用。横向剪切干涉是其中的一种重要形式。本实验通过利用被测透镜和平行平板构成简单的横向剪切干涉,观察单凸薄透镜的剪切干涉条纹,并由干涉条纹分布求出透镜的几何像差和离焦量。

【实验目的】

1. 学习利用剪切干涉条纹分布测算透镜的初级球差的原理。
2. 利用干涉条纹分布求出透镜的几何像差和轴向离焦量。

【实验仪器】

He-Ne 激光器,空间滤波器,球差镜头,平行平板,白屏,带变焦镜头的 CCD,计算机(含专用软件)。

【实验原理】

由于剪切干涉在光路上的简单化,不用参考光束,但干涉波面的解比较复杂,在数学处理上较烦琐,因此利用计算机辅助剪切干涉技术进行数据处理是当前光学测量技术发展的热点。

如图 2.84 所示,假设 W 和 W' 分别为原始波面和剪切波面,原始波面相对于平面波的波像差(光程差)为 $W(\xi,\eta)$,其中 $P(\xi,\eta)$ 为波面上的任意一点 P 的坐标,当波面在 ξ 方向上有一位移 s(即剪切量为 s)时,在同一点 p 上剪切波面上的波像差为 $W(\xi-s,\eta)$,所以原始波面与剪切波面在 P 点的光程差(波像差)为

$$\Delta W(\xi,\eta) = W(\xi,\eta) - W(\xi-s,\eta) \tag{2.34}$$

由于两波面有光程差 ΔW 所以会形成干涉条纹,设在 P 点的干涉条纹的级次为 n,光的波长为 λ,则有

$$\Delta W = n\lambda \tag{2.35}$$

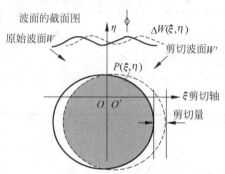

图 2.84 横向剪切的两个波面

能产生横向剪切干涉的装置很多,最简单的方法是利用平行平板。图 2.85 分别为利用平行平板横向剪切干涉法测透镜像差的示意图与实物图。

由于平行平板有一定厚度和对入射光束的倾角,因此通过被测透镜后的光波被玻璃平板前后表面反射后形成的两个波面发生横向剪切干涉,剪切量为 s,

$$s = 2dn\cos i'$$

其中 d 为平行平板的厚度;n 为平行平板的折射率;i' 为光线在平行平板内的折射角;s 一般为 $1\sim3$ mm 左右。当使用光源为 He-Ne 激光器时,由于光源的良好的时间和空间相干性,就可以看到很清晰的干涉条纹。条纹的形状反映波面的像差。

图 2.86 所示为光学系统的物平面和入射光瞳平面,其坐标分别为 (x,y) 和 (ξ,η) 平面,AO 为光轴。对于旋转轴对称的透镜系统,只需要考虑物点在 y 轴上的情形(物点的坐标为 $(0,y_0)$)。波面的光程 W 只是 ξ,η 和 y_0 的函数,即

$$W(\xi,\eta,y_0) = E_1 + E_3 + \cdots \tag{2.36}$$

其中,E_1 是近轴光线的光程,

$$E_1 = a_1(\xi^2 + \eta^2) + a_2 y_0 \eta \tag{2.37}$$

式中,$a_1 = \Delta z/2f^2$;$a_2 = 1/f$;y_0 是物点的垂轴离焦距离;Δz 是物点的轴向离焦距离。

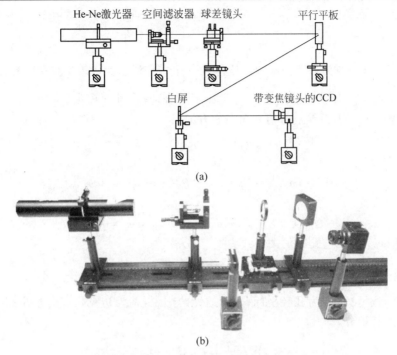

图 2.85　横向剪切干涉法测透镜像差的示意图和实物图

(a) 测透镜像差的示意图；(b) 测透镜像差的实物图

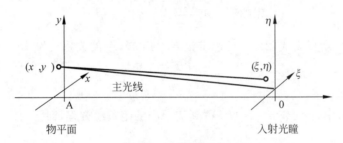

图 2.86　计算原理图

E_3 是赛得像差(初级波像差系数：b_1 场曲，b_2 畸变，b_3 球差，b_4 彗差，b_5 像散)，

$$E_3 = b_1 y_0^2 (\xi^2 + \eta^2) + b_2 y_0^3 \eta + b_3 (\xi^2 + \eta^2)^2 + b_4 y_0 \eta (\xi^2 + \eta^2) + b_5 y_0^2 \eta^2 \quad (2.38)$$

为了计算结果的表达方便，将式(2.34)写成对称的形式，光瞳面(ξ, η)上原始波面与剪切波面的剪切干涉的结果为

$$\Delta W(\xi, \eta, s) = W(\xi + s/2, \eta) - W(\xi - s/2, \eta) \quad (2.39)$$

将式(2.37)、式(2.38)代入式(2.39)就可得具体的表达式，下面只讨论透镜具有初级球差和轴向离焦的情况。

(1) 扩束镜(短焦距透镜)焦点与被测准直透镜焦点 F 不重合(即物点与 F 不重合)，但只有轴向离焦(Δz 不为零，$y_0 = 0$)，则

$$W(\xi, \eta) = a_1 (\xi^2 + \eta^2) + a_2 y_0 \eta \quad (2.40)$$

由于剪切方向在 ξ 方向，所以

$$\Delta W(\xi, \eta, s) = 2 a_1 \xi s \quad (2.41)$$

因此干涉条纹方程为

$$\xi = \frac{m\lambda}{2a_1 s}, \quad m = 0, \pm 1, \pm 2, \cdots \tag{2.42}$$

式(2.42)表明干涉条纹为平行于 η 轴,间隔为 $\frac{\lambda}{2a_1 s}$ 的直条纹,剪切条纹的零级条纹在 $\xi = 0$。

(2) 扩束镜焦点与被测准直透镜焦点 F 不重合,只有轴向离焦(Δz 不为 0,$y_0 = 0$),透镜具有初级球差(b_3 不为零),剪切方向在 ξ 方向,则

$$W(\xi, \eta) = a_1(\xi^2 + \eta^2) + b_3(\xi^2 + \eta^2)^2 \tag{2.43}$$

所以波像差方程为

$$\Delta W(\xi, \eta, s) = 2\eta s(a_1 + 2b_3(\xi^2 + \eta^2)) + b_3 \eta s^3 \tag{2.44}$$

此时亮条纹方程为

$$2\xi s(a_1 + 2b_3(\xi^2 + \eta^2)) + b_3 \xi s^3 = m\lambda, \quad m = 0, \pm 1, \pm 2, \cdots \tag{2.45}$$

(3) 初级球差 $\delta L'$ 与孔径的关系式为

$$\delta L' = A\left(\frac{h}{f'}\right)^2 \tag{2.46}$$

其中,$h^2 = \xi^2 + \eta^2$,ξ 和 η 为孔径坐标,f' 为透镜的焦距,A 为初级几何球差比例系数。而对应的波像差为其积分,即

$$W = \frac{n'}{2} \int_0^h \delta L' d\left(\frac{h}{f'}\right)^2 \tag{2.47}$$

将式(2.46)代入式(2.47)并积分,可得

$$W(\delta L') = \frac{Ah^4}{4f'^4} = b_3(\xi^2 + \eta^2)^2 \tag{2.48}$$

由于 $h^2 = \xi^2 + \eta^2$,所以由式(2.48)可以求出 b_3 与 $\delta L', A$ 的关系式为

$$b_3 = \frac{\delta L'}{4f'^2 h^2} = \frac{A}{4f'^4} \tag{2.49}$$

因此,在式(2.45)中,令 $\Delta W = \frac{1}{2}m\lambda$ 就得到实验中的暗条纹方程,即

$$2\xi s a_1 + 4s b_3 \xi^3 + 4s b_3 \xi \eta^2 + b_3 \xi s^3 = \frac{1}{2}m\lambda, \quad m = 0, \pm 1, \pm 2, \cdots \tag{2.50}$$

利用最小二乘法拟合由实验图上暗条纹的分布解出 a_1 和 b_3,再根据式 $a_1 = \Delta z/2f^2$ 和式(2.49)即可分别求出轴向离焦量 Δz 和初级球差 $\delta L'$。

【实验内容及步骤】

1. 参照图 2.85 或图 2.87 搭建好光路,CCD 可根据实际需要以便于观察为原则选择图 2.85 或图 2.87 的位置摆放,摆入器件前应调整各自的高度。

2. 调整好空间滤波器,对激光进行滤波扩束。

3. 使用球差镜头对光束准直。使用平行平板前后表面的反射光干涉图样判断激光是否准直。当平行平板前后面干涉图条纹最稀疏时(整个干涉区域只包含 1 条干涉条纹),认为激光光束已经被准直。

4. 记录扩束镜下方轴向的平移丝杆读数 L_1。使用白屏接收平行平板反射像,打开 CCD 相机软件,并选择采集图像。拍摄此时在白屏上出现的图案,效果如图 2.88 所示。

5. 把可调光阑放置在薄透镜和平行平板之间,并将光阑孔径调制到最小,这样白屏上

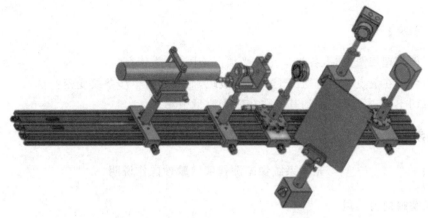

图 2.87　横向剪切干涉法测透镜像差装置图

会出现两个亮点。再用 CCD 相机采集并保存图像,采集时要保证 CCD 的成像面和白屏平行且白屏上的刻度尺要保证水平,如图 2.89 所示,否则会影响计算精度。用计算机软件进行标定并求出这两个亮点之间的距离,这个距离就是剪切量 s。

6. 移去光阑,调节薄透镜支座下的平移台,让透镜产生轴向离焦,并记录此时千分丝杆读数 L_2,则轴向离焦量 $\Delta z = L_2 - L_1$。为了保证计算精度,这时白屏上出现的图案应为图像中心条纹为亮条纹,亮纹个数至少 7 条,如图 2.90 所示,用 CCD 采集保存此图像。

图 2.88　焦点处的图像

图 2.89　剪切量计算图

图 2.90　离焦时的图像

7. 运行剪切干涉计算软件,利用软件求出被测透镜的轴向离焦量和初级球差(见【附录】),并与测量的轴向离焦量及初级球差比例系数的理论值比较。

8. 实验结束后,将调节短焦距透镜支架的微调旋钮旋转到零位,以避免内部的器件因长期受力而变形。

【实验数据记录及处理】

将所测得的数据记录于表 2.28,并计算轴向离焦量 Δz。

表 2.28　剪切干涉法轴向离焦数据记录表

次数 i	L_1/mm	L_2/mm	$\Delta z = L_2 - L_1/\text{mm}$
1			
2			
⋮			

【思考题】

1. 要得到理想图形时,各光学元件必须严格同心,为什么?
2. 为什么在焦点处的剪切图干涉条纹最疏,而离焦时干涉条纹变密?
3. 剪切干涉法可以应用到其他哪些精密测量中?

【附录】

光学系统像差测量实验软件操作说明

1. 求解横向剪切量

在"文件"的下拉菜单中单击"求解剪切量"。单击"读图",读入剪切量计算图(如果不是灰度图格式要首先将图转化成灰度格式)。单击"相机标定"(见图 2.91),记录图中刻度尺上相距为 10 mm 的两个点的像素平面横坐标值:x_1 和 x_2;接着单击"二值化",此过程是对剪切量计算图二值化的过程(二值化的二值阈值一般为 0.55,用户可以自己改动,直到图像中出现两个完整的圆形白色光斑);下一步单击"求解横向剪切量",得到横向剪切量 s。

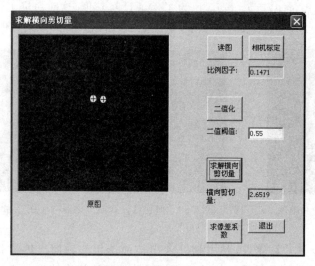

图 2.91 求解横向剪切量

2. 求解被测透镜的轴向离焦量和初级球差

首先,单击"求像差系数",进入求像差系数界面(见图 2.92),单击"读图"读入(如果不是灰度图格式要首先将图转化成灰度格式)。

然后单击"寻找光斑中轴线",再单击离焦时的图像,中间亮条纹的像素平面的 x 坐标记为 $x(0)$,并记录其左右各三个的波谷像素平面的 x 坐标(暗条纹坐标),从左至右它们依次为 $x(-3),x(-2),x(-1),x(1),x(2),x(3)$(见图 2.93);最后单击"计算",按要求依次输入各参量的值,即求得轴向离焦量 Δz 和初级球差 $\delta L'$。

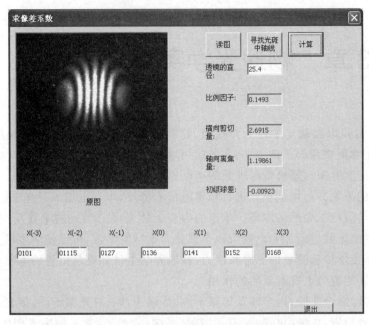

图 2.92　求解被测透镜的轴向离焦量和初级球差

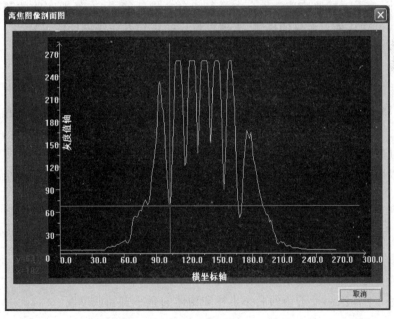

图 2.93　光斑像素与强度之间的关系图

第 3 章 物理光学实验

物理光学实验以波动光学理论为基础,着重于介绍光的干涉、衍射和偏振的原理和应用,旨在让学生掌握常用的干涉方法,并能运用这些方法进行精密测量,同时能自己组装这些干涉系统;让学生深刻理解衍射现象的产生原因和对光学系统的影响;让学生学习偏振光产生与检验的方法并运用偏振光进行精密测量。另外,本章也加入了光电效应实验,以便让学生理解光的波粒二象性的本质。本章的内容大体上可分为光的干涉及应用、光的衍射现象研究、光的偏振及应用和光电效应四个部分。本章的学习,可以使学生巩固波动光学的理论知识,建立光学精密测量的思维和能力,在培养学生认知光学世界的本质和运用光学技术解决实际问题的能力上有着重要的作用。

本章共安排 22 个实验,内容涉及等厚干涉、等倾干涉;双光束干涉、多光束干涉;单缝(单孔)夫琅禾费衍射、单缝(单孔)菲涅耳衍射、多缝(光栅)衍射;偏振光产生与检验、波片的功能、旋光性质及检测、椭偏法测量薄膜参数;光电效应。大部分实验是波动光学中的经典实验,另外,为了更好地培养学生自主学习和自主创新能力,在经典实验的基础上增加了如双光衍射、迈克耳孙干涉仪的搭建、光栅单色仪的搭建等一些设计性实验。

3.1 光的等厚干涉实验

光的等厚干涉,是利用透明薄膜的上下两表面对入射光依次反射,反射光相遇时发生的光干涉现象。干涉条件取决于光程差,光程差又取决于产生反射光的薄膜厚度,由于同一干涉条纹所对应的薄膜厚度相等,所以称为等厚干涉。牛顿环和劈尖干涉是最典型的等厚干涉实例,可以用于精确测出微小厚度曲面镜的曲率半径,也可以用来检测物体表面的平整度。

【实验目的】

1. 观察牛顿环和劈尖的干涉现象。
2. 了解形成等厚干涉现象的条件及特点。
3. 学会用干涉法测量透镜的曲率半径和物体的微小直径或厚度。

【实验仪器】

牛顿环装置,钠光灯,读数显微镜,劈尖,游标卡尺,等等。

【实验原理】

当一个曲率半径很大的平凸透镜的凸面放在一块平玻璃上时,两者之间就形成类似劈尖的劈形空气薄层,当平行光垂直地射向平凸透镜时,由于透镜下表面所反射的光和平玻璃片上表面所反射的光互相干涉,从而形成干涉条纹。如果入射光束是单色光,将观察到明暗相间的同心环形条纹;如果入射光是白色光,将观察到彩色条纹。这种同心的环形干涉条纹称为牛顿环。牛顿环是牛顿于 1675 年在制作天文望远镜时,偶然把一个望远镜的物镜放在平玻璃上发现的。牛顿环是一种典型的等厚干涉,利用它可以检验一些光学元件的平整度、光洁度,测定透镜的曲率半径或测量单色光波长等。

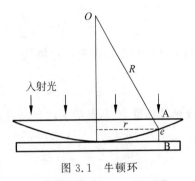

图 3.1　牛顿环

本实验用牛顿环来测定透镜的曲率半径。为此,需要找出干涉条纹半径 r、光波波长 λ 和透镜曲率半径 R 三者之间的关系。

如图 3.1 所示,设在半径为 r 条纹处空气厚度为 e,那么,在空气层下表面 B 处所反射的光线比在 A 处所反射的光线多经过一段距离 $2e$。此外,由于两处的反射情况不同:B 处是从光疏介质(空气)射向光密介质(玻璃)时在界面上发生的反射,A 处则是从光密介质射向光疏介质时发生的反射,因此会在 B 处产生半波损失,所以光程差还要增加半个波长,即

$$\delta = 2ne + \frac{\lambda}{2} \tag{3.1}$$

根据干涉条件,当光程差为波长整数倍时互相加强,为半波长奇数倍时互相抵消,因此形成明暗条纹的条件为

$$n = 1, \quad \Delta = 2e_k + \frac{\lambda}{2} = \begin{cases} k\lambda, & k = 1,2,3,\cdots(\text{明条纹}) \\ (2k+1)\lambda/2, & k = 0,1,2,\cdots(\text{暗条纹}) \end{cases} \tag{3.2}$$

从图 3.1 中的几何关系可知,

$$r^2 = R^2 - (R-e)^2 = 2Re - e^2 \approx 2Re \tag{3.3}$$

由于 $R \gg e$,故 $2Re \gg e^2$,e^2 可忽略不计,于是有

$$e = \frac{r^2}{2R} \tag{3.4}$$

上式说明 e 与 r 的平方成正比,所以距离中心越远,光程差增加越快,所看到的圆环也变得越来越密。

把式(3.4)代入式(3.2)可求得明环和暗环的半径为

$$\begin{cases} r^2 = \sqrt{(2k-1)R\lambda/2}, & k = 1,2,3,\cdots(\text{明环}) \\ r^2 = \sqrt{kR\lambda}, & k = 0,1,2,\cdots(\text{暗环}) \end{cases} \tag{3.5}$$

如果已知入射光的波长 λ,测出第 k 级暗环的半径 r,由上式即可求出透镜的曲率半径 R 为

$$R = \frac{r_m^2 - r_n^2}{\lambda(m-n)} \tag{3.6}$$

采用式(3.5)比采用式(3.4)能得到更准确的结果,又由于环心不易准定,所以式(3.6)要改用直径 D_m,D_n 来表示更加合适,即式(3.6)改写为

$$R = \frac{D_m^2 - D_n^2}{4\lambda(m-n)} \tag{3.7}$$

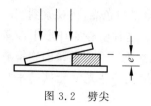

图 3.2　劈尖

本实验即采用式(3.7)计算透镜的曲率半径。

同理,劈尖干涉也是一种等厚干涉,如图 3.2 所示,其同一条纹是由劈尖相同厚度处的反射光相干产生的,条纹形状由劈尖等厚点的轨迹决定,所以是直条纹。与牛顿环类似,劈尖干涉产生暗纹的条件为

$$\Delta = 2e_k + \frac{\lambda}{2} = (2k+1)\lambda/2, \quad k = 0,1,2,\cdots(\text{暗条纹}) \tag{3.8}$$

与 k 级暗纹对应的劈尖厚度为

$$e_k = k\frac{\lambda}{2} \tag{3.9}$$

设薄片厚度 d,从劈尖尖端到薄片距离 L,相邻暗纹间距 Δl,则有

$$d = \frac{L}{\Delta L} \cdot \frac{\lambda}{2} \tag{3.10}$$

【实验内容与步骤】

1. 利用牛顿环测定透镜的曲率半径

(1) 启动钠光灯电源,预热约 5 min,待灯管发光稳定后,就可以开始实验(注意:不要反复拨弄钠光灯电源开关)。

(2) 利用自然光或钠光灯调节牛顿环装置,缓慢且交替调节装置上的三个螺钉,使牛顿环中心条纹出现在透镜正中央,无畸变且为最小,然后放在读数显微镜物镜正下方。

(3) 前后左右移动读数显微镜,也可轻轻转动镜筒上的 45°反光玻璃,使钠光灯正对 45°玻璃,直至眼睛看到读数显微镜视场较亮,呈黄色。

(4) 用读数显微镜观察干涉条纹。先将读数显微镜筒调至最低,然后慢慢升高镜筒,看到条纹后,来回轻轻微调,直到在读数显微镜整个视场都能看到非常清晰的干涉条纹,观察并解释干涉条纹的分布特征。

(5) 测量牛顿环的直径。转动目镜看清目镜筒中的叉丝,移动牛顿环仪,使十字叉丝的交点与牛顿环中心重合,转动测微鼓轮,使叉丝交点都能准确地与各圆环相切,这样才能准确无误地测出各环直径。

在测量过程中,为了避免转动部件的螺纹间隙产生的空程误差,要求转动测微鼓轮使叉丝超过右边第 33 环,然后倒回第 30 环开始读数(在测量过程中也不可倒退,以免产生误差)。在转动测微鼓轮过程中,每一个暗环读一次数,并记下相应的坐标 x,第 18 环以下,由于条纹太宽,不易对准,不必读数。这样,在牛顿环两侧可读出 22 个位置数据,由此可计算出从第 19～30 环的 12 个直径,即

$$d_i = |x_1 - x_2|$$

其中,x_1,x_2 分别为同一暗环直径左右两端的读数。这样一共可得 12 个直径数据,按 $m - n = 6$ 配成 6 对直径平方之差,即 $d_m^2 - d_n^2$。

(6) 已知钠光波长平均值为 $\lambda = 5.893 \times 10^{-5}$ cm,利用式(3.7)分别求出 6 个相应的透镜曲率半径值,并求出算术平均值。

2. 利用劈尖干涉测定微小厚度或细丝直径

（1）将叠在一起的两块平板玻璃的一端插入一个薄片或细丝,则两块玻璃板间即形成一个空气劈尖。当用单色光垂直照射时,和牛顿环一样,在劈尖薄膜上下两表面反射的两束光也将发生干涉,呈现出一组与两玻璃板交接线平行且间隔相等、明暗相间的干涉条纹,这也是一种等厚干涉。

（2）将被测薄片或细丝夹于两块玻璃板之间,并用读数显微镜进行观察,描绘劈尖干涉的图像。

（3）测量两块玻璃板交线到待测薄片的间距 L。

（4）测量 10 个暗纹的间距,进而得出一个条纹的间距 Δl。

【实验数据记录与处理】

1. 利用牛顿环测定透镜的曲率半径

将所测得的数据记录于表 3.1,并计算透镜的曲率半径的平均值和不确定度。在计算不确定度时,可用任意一次测量值的标准偏差作绝对误差,计算 A 类和 B 类不确定度,即

$$\Delta_A = \frac{t_{0.95}}{\sqrt{n}} \sqrt{\frac{\sum\limits_{i=1}^{n}(R_i - \overline{R})^2}{n-1}}$$

$$\Delta_B = 0.005$$

$$\Delta R = \sqrt{\Delta_A^2 + \Delta_B^2}$$

结果表达式为

$$\begin{cases} R = \overline{R} \pm \Delta R = (\underline{\qquad} \pm \underline{\qquad})\text{cm} \\ U_{rR} = \dfrac{\Delta R}{R} \end{cases}$$

表 3.1　测量牛顿环曲率半径

环级	X_i/mm(左)	X_i'/mm(右)	$D_i = X_i - X_i'/\text{mm}$	D_i^2/mm^2	$D_{i+6}^2 - D_i^2$ /mm^2	$R_i = \dfrac{D_{i+6}^2 - D_i^2}{4(m-n)\lambda}/\text{mm}$
30						
29						
28						
27						
26						
25						
24						
23						
22						
21						
20						
19						

2. 利用劈尖干涉测定微小厚度或细丝直径

将所测得的数据记录于表 3.2,并计算薄片的微小厚度或细丝的直径。

表 3.2　利用劈尖干涉测定微小厚度或细丝直径

$$L = \underline{\hspace{3cm}} \text{ mm}$$

次数 i	l_i/mm	$\Delta l_i = \dfrac{l_{i+5} - l_i}{5}/\text{mm}$	$\overline{\Delta l} = \dfrac{\sum \Delta l_i}{5}/\text{mm}$	$d = \dfrac{L}{\Delta l} \cdot \dfrac{\lambda}{2}/\text{mm}$
1				
2				
3				
4				
5				
6				
7				
8				
9				
10				

【注意事项】

1. 在调节读数显微镜的过程中要防止玻璃片与牛顿环、劈尖等元件相碰。
2. 在测量牛顿环直径的过程中,为了避免出现"空程",只能单方向前进,不能中途倒退后再前进。

【思考题】

1. 在光的干涉中,相干光的产生条件是什么? 若要使干涉条纹清晰(即条纹明暗对比度大),还应该满足什么条件? 相干光源可由哪些方法获得?

2. 牛顿环的中心在什么情况下是暗的? 在什么情况下是亮的?

3. 在本实验中若遇到下列两种情况,对实验结果是否有影响? 为什么?

(1) 牛顿环中心是亮斑而不是暗斑。

(2) 测各个直径时,十字刻线交点未通过圆环中心,因而测量的是弦长而不是真正的直径。

4. 在等厚干涉实验中,观察到的空气劈尖的干涉条纹有什么特点? 在两玻璃片的交棱处(即空气劈尖的尖角处,此处空气厚度为 0)是明条纹还是暗条纹? 为什么?

5. 将牛顿环放在桌上,你若用放大镜从上面去看(即从反射光方向看),环的中心点是亮的还是暗的? 若你拿起牛顿环,透过光去看,环的中心点是亮的还是暗的? 和反射方向观察到的条纹有什么不同? 为什么? 这个现象有什么重要的物理意义?

3.2　迈克耳孙干涉实验

迈克耳孙干涉仪是 1883 年美国物理学家迈克耳孙和助手莫雷合作,为研究"以太"漂移而设计制造出来的精密光学仪器。其主要特点是利用分振幅法实现双光束干涉,在近代物理实验和计量技术中具有重要的地位。当时,迈克耳孙用它首次系统地研究了光谱线的精细结构,并将光谱线的波长与标准尺进行比较。因其对光学精密仪器及用于光谱学与计量学研究所作的贡献,迈克耳孙被授予 1907 年的诺贝尔物理学奖。利用迈克耳孙干涉仪的原理,人们还发展和改进了其他形式的干涉仪器,研制出了各种形式的干涉仪。

【实验目的】

1. 掌握迈克耳孙干涉仪的调节方法并观察各种干涉图样。
2. 区别等倾干涉、等厚干涉和非定域干涉,并测定 He-Ne 激光的波长。

【实验仪器】

迈克耳孙干涉仪,He-Ne 激光器及电源,小孔光阑,扩束镜(短焦距会聚镜),毛玻璃屏,等等。

【实验原理】

迈克耳孙干涉仪的光路如图 3.3 所示。自光源 S 发出的光在镀有半透半反膜的分束板 P_1 后表面被分成振幅相等的两束光(1)和(2),它们分别经过可移动的平面反射镜 M_1 和固定平面反射镜 M_2 的反射,最后在观察系统 E 处相遇而产生干涉。M_1 装在精密导轨上可前后移动,而 M_2 是固定的。P_1 是一块平行平面板,板的第二表面(靠近 P_2 的面)涂以半反射膜,它和全反射镜 M_1 成 45°。P_2 是一块补偿板,其厚度及折射率和 P_1 完全相同,且与 P_1 平行,它的作用是补偿两路光的光程差,使两束光分别经过相同的玻璃 3 次。从而在利用白光进行实验时,可抵消光路中分光镜色散的影响。

根据光的干涉理论,迈克耳孙干涉属于分振幅双光束干涉类型。由于光源性质的不同,用迈克耳孙干涉仪可观察定域干涉和非定域干涉。当使用扩展的面光源时,只能获得定域干涉。定域干涉因形成的干涉条纹有一定的位置而得名。定域干涉又分为等倾干涉和等厚干涉,这取决于 M_1 和 M_2 是否垂直,或者说 M_1 和 M_2' 是否平行。M_2' 是反射镜 M_2 被分光板 P_1 反射所成的虚像。

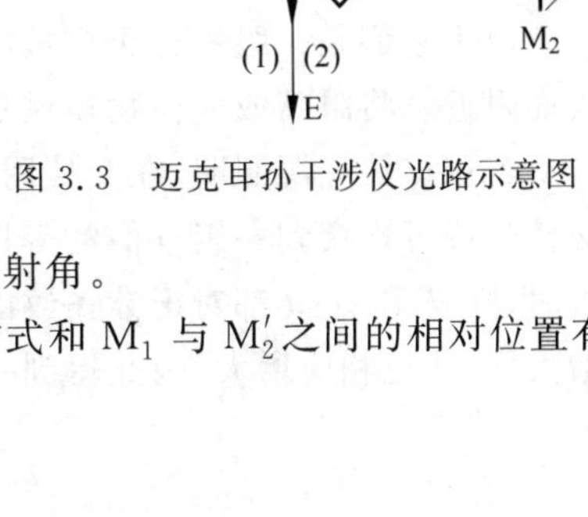

图 3.3　迈克耳孙干涉仪光路示意图

考察图 3.3 中点 E 处的光程差,则有

$$\Delta = 2d\cos\theta \tag{3.11}$$

式中,d 为 M_1、M_2' 之间的距离;θ 为光源 S 在 M_1 上的入射角。

迈克耳孙干涉仪产生条纹的特性与光源特性、照明方式和 M_1 与 M_2' 之间的相对位置有关。现将具体情况分析如下:

1. 等倾干涉(定域干涉)

当 M_1 平行于 M_2' 并用准单色扩展光源照明时,产生等倾干涉。这时干涉条纹的定域在无穷远处或透镜 L 的焦平面上,用聚焦于无穷远处的望远镜或眼睛可以直接观察。

图 3.4 说明了产生等倾干涉圆环条纹的过程。对于中央圆纹,由于 $\theta_m = 0$,光程差 $\Delta = 2d = m_0\lambda$ 最大,干涉级次 m_0 最高,从里向外,依次降低。若入射光波长 λ 和 θ_m 固定不变,中央圆纹的干涉级次 m 将随空气平板厚度 d 而变化。当移动 M_1 使 d 增大或减小 $\lambda/2$ 时,中心处就向外"冒出"或向内"湮灭"一个圆环。在中央圆纹附近,可认为 $\sin\theta_m \approx \theta_m$,因此相邻两条纹的角间距可表示为:

$$\Delta\theta_m = -\frac{\lambda}{2d} \cdot \frac{1}{\bar{\theta}_m} \tag{3.12}$$

式中,$\Delta\theta_m = \theta_m - \theta_{m+1}$,负号表示内环干涉级次 $(m+1)$ 高于相邻的外环干涉级次 m;$\bar{\theta}_m = (\theta_{m+1} + \theta_m)/2$ 是平均角距离。式(3.12)表明,当 d 一定时,相邻两条纹的角间距 $\Delta\theta_m$ 正比于光波长 λ 而反比于入射角 θ_m。因此,在 L 的焦面平面上内环宽而疏,外环细而密,呈非均匀状态分布。

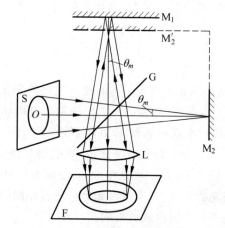

图 3.4　等倾干涉光路原理图

M_1、M_2-平面反射镜;G-分光板;S-扩展光源;L-成像物镜;F-观察屏

2. 等厚干涉(定域干涉)

若 M_1 稍不垂直于 M_2,则 M_1 与 M_2' 就构成一个夹角很小的空气楔,如图 3.5(a)所示。用单色平面波照明时,式(3.11)中的 $\cos\theta$ 为定值,干涉条纹就是 d 等于常数的点形成的轨迹。由于它们是一组平行于楔棱的等距直线,因此称为等厚干涉条纹定域在楔表面上或楔表面附近。将眼睛或成像物镜调焦于楔表面附近,就可直接观察到这种等厚干涉条纹。

若用扩展光源照明,在交棱附近,即观察面积很小时,可认为 $\cos\theta$ 的影响很小,因此在交棱附近可观察到一组近似的等厚直线纹,如图 3.5(b)所示。远离楔棱处,即观察面积较大时,则 d 和 $\cos\theta$ 都对干涉条纹的形状产生影响。由式(3.11)看出,在 Δ 为常数时,若 d 增大,则 θ 也相应增大,因此得到一组凸向楔棱的曲线条纹,称为混合条纹。当采用白光照明时,在 M_1 和 M_2' 交棱附近,可观察到几级彩色条纹,在 $d=0$ 处,形成中央零级白(或黑)色条纹。

3. 单色非定域干涉

当用单色点光源照明干涉仪时,将观察屏放入波场叠加区的任何位置处,都可观察到干涉条纹,这种条纹称为非定域干涉条纹。

图 3.6 所示为利用迈克耳孙干涉仪产生非定域干涉条纹的原理图。图中,S' 是照明单色点光源 S 在 G_1 中的镜像,如果 M_2' 平行于 M_1,S_1'、S_2' 分别是 S' 在 M_1、M_2' 中的像,则 S'、S_1' 和 S_2' 三者共直线,且此直线垂直于 M_1 和 M_2'。当观察屏位于垂直于直线的任何位置时,都可接收到与等倾干涉类似的圆环状干涉条纹,如图 3.6(a)所示。若 M_2' 不平行于 M_1,则 S_2' 发生位移,当改变 M_1、M_2' 之间的

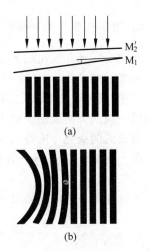

图 3.5　等厚干涉条纹与混合条纹
（a）等厚干涉条纹；（b）混合条纹

距离时,可在观察屏上依次观察到各种形状的曲线条纹 β 至直线条纹,如图 3.6(b)所示。

与前面讨论的等倾干涉情况类似,若 M_2' 平行于 M_1,当间距 d 每增加 $\lambda/2$ 时,中心"冒出"一个圆纹,反之,"缩进"一个圆纹。连续改变 d,若中心处"冒出"或"缩进"N 个圆纹,则 M_1 镜的位移量 Δd 为

$$\Delta d = N \cdot \frac{\lambda}{2} \tag{3.13}$$

测出 Δd 及 N,就可计算出照明光源的光波长 λ。本实验中所用的单色点光源,是用凸透镜会聚 He-Ne 激光光束得到的。

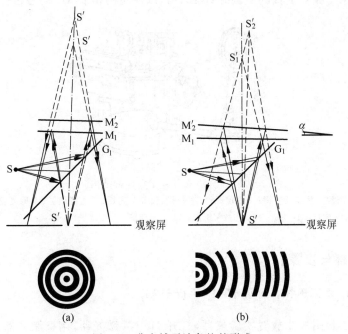

图 3.6　非定域干涉条纹的形成
（a）圆环状干涉条纹；（b）各种形状的曲线条纹

4. 相干长度 L 的测量

任何实际光源发出的光波都不是严格的单色光,其波列长度都不是无限长的,总是具有一定的光谱宽度 $\Delta\lambda$。并且,$\Delta\lambda$ 越小,波列长度越长;$\Delta\lambda$ 越大,波列长度越短。在迈克耳孙干涉仪中,经 M_1 和 M_2 反射的两光束叠加时,若它们的光程差大于波列长度,则因它们不是由同一波列分割成的两束光,故不能产生干涉,只有当光程差小于波列长度时,由同一波列分割成的两束光才能叠加相干。能够产生干涉的最大光程差,称为相干长度 L,它就是波列长度。相干长度 L 与光谱宽度的关系为

$$L = \lambda^2 / \Delta\lambda \tag{3.14}$$

光波通过相干长度所需的时间称为相干时间,即

$$\tau = L/c \tag{3.15}$$

式中,c 为光速值。

利用相干长度和相干时间,可以描述光源的非单色性对干涉现象的影响。在本实验中,通过改变 M_1、M_2' 之间的距离 d,观察条纹对比度的变化,当对比度变为零时,就可测出光源的相干长度 L。

【实验装置】

图 3.7 为迈克耳孙干涉仪的结构图。旋松刻度轮止动螺钉 8,转动刻度轮 7,可使反射镜 M_1 沿精密导轨前后移动;当锁紧止动螺钉 8,转动微量读数鼓轮 9 时,通过蜗轮蜗杆系统可转动刻度轮,从而带动 M_1 微微移动,微量读数鼓轮最小格值为 10^{-4} mm,可估读到 10^{-5} mm,刻度轮最小分度值为 10^{-2} mm。M_1 的位置读数由导轨上的标尺、刻度轮和微量读数鼓轮三部分的读数组成。反射镜 M_2 背后有三个粗调螺钉 12,用以粗调 M_2 的倾斜度,它的下方还有两个相互垂直的微调螺钉 10、11,以便精确调节 M_2 的方位。

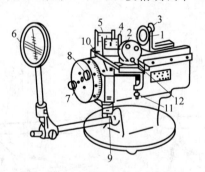

图 3.7   迈克耳孙干涉仪的结构

1-活动反光镜;2-固定反光镜;3-固定螺钉;4-补偿板;5-分光板;6-毛玻璃屏;7-刻度轮;8-刻度轮止动螺钉;9-微量读数鼓轮;10、11-微调螺钉;12-粗调螺钉

【实验内容与步骤】

1. 调节 M_1 垂直于 M_2,即调节 M_1 平行于 M_2'。

根据图 3.3 和图 3.4 放置实验仪器,打开 He-Ne 激光器,调整激光器使激光束基本平行于光学实验平台,并使光斑位于 M_1 和 M_2 镜面中心。

在靠近激光器的位置处放一小孔光阑,让激光束穿过小孔,调整 M_1 和 M_2 使它们的反射光斑都返回到激光输出窗口小孔光阑。用纸片在 M_2 前挡住激光束,微调固定激光管的圆环上的固定螺丝 3,使三个光点中的最亮点与小孔重合;再用纸片挡住 M_1,调节 M_2 后的三个粗调螺钉 12,直至 M_2 反射亮点与小孔重合。此时在毛玻璃上能看到 M_1 和 M_2 反射形成的两套光斑,调整 M_1 和 M_2,使这两套光斑中最亮的一对重合,微调 M_1 和 M_2,使两光斑严格重合。此时 M_1 和 M_2 就大致垂直。

2. 非定域干涉条纹的调节和激光波长的测量

在光阑后放一个扩束镜并进行调整,使激光束的光束轴在 M_2 镜中心附近,这时在毛玻璃上应观察到弧形或圆形的干涉条纹。再调节 M_2 的两个微调螺钉 10、11,使 M_1 和 M_2' 严格平行,在屏上就可看到非定域的同心圆条纹,且圆心位于光场的中间。

(1) 移动毛玻璃屏,观察是否在每个位置都能接收到干涉条纹? 为什么?

(2) 转动微动手轮使 M_1 前后移动,观察圆环的"冒出"或"缩进"现象,说明 M_1 和 M_2' 之间的距离 d 是增大还是减小。当间隔 d 自较大的值逐渐变小至零,然后又由零逐渐往反向增大时,观察干涉条纹的粗细与疏密的变化,并解释原因,总结它们随 d 值变化的规律性。

(3) 锁紧刻度轮止动螺钉 8,转动微动手轮,可见到圆条纹缓缓向中心"缩进",并在中心消失,记下鼓轮读数 S_1。

(4) 继续朝着一个方向转动微动手轮,当观察到圆条纹在中心消失 10 个时,记下鼓轮读数 S_2。

(5) 重复 10 次实验,并根据式 $\lambda = 2\Delta d / N$ 求出激光的波长。计算任意一次测量值与标准值 632.8 nm 的偏差,计算误差,写出结果表达式。

(6) 反方向转动微动手轮(即条纹"冒出")重复(3)~(5),记录数据。

3. 等倾条纹的调节和观察

在扩束镜与分光板 P_1 之间放置一块毛玻璃,使激光束经透镜发出的球面波漫散射成为扩展的面光源。眼睛在 E 处(图 3.4)通过 P_1 向 M_1 方向看,便可直接看到等倾条纹,进一步调节 M_2 的微调螺钉 10、11,使得上下左右移动眼睛时,看到的各圆的大小不变,而仅仅是圆心随眼睛移动而移动,并且干涉条纹反差大,此时 M 和 M' 完全平行了,所看到的就是严格的等倾条纹。

移动 M_1 镜,观察条纹变化规律,并测波长,测量要求同 2。

4. 等厚条纹的调节和观察

在实验内容 2 的基础上,微微转动 M_2 的微调螺钉 10、11,此时 M_1 和 M_2' 不再平行,等倾条纹被破坏,旋松刻度轮的止动螺钉 8,转动刻度轮,使 M_1 前后移动,观察干涉条纹的变化规律,即条纹的形状、粗细、疏密随 M_1 的位置如何变化,并简要分析所观察到的现象。

5. 白光干涉条纹的调节和观察

测量白光光源的相干长度和透明介质薄片的折射率。

(1) 在前面实验内容的基础上(扩束镜后使用毛玻璃片观察等厚干涉条纹),调出曲率半径较大的曲线条纹。旋转微动手轮,使条纹向圆心方向收缩,当条纹逐渐变直但还能判断曲率半径的方向没有发生变化时,换上扩展白光光源,继续缓慢地沿原方向旋转微动手轮,直到在视场中观察到彩色的直线条纹为止。彩色条纹的中央白(或黑)色条纹就是 M_1 和 M_2' 的交线。旋转微动手轮,使零级条纹位于视场中央,记下 M_1 镜所在的位置,缓慢旋进微动手轮至视场中彩色条纹刚刚消失为止,记录此时 M_1 镜的位置,重复操作 3 次。设白光平均波长 $\lambda=550$ nm,由 $L=2d$、式(3.14)及式(3.15)即可计算白光光源的相干长度、谱线宽度和相干时间。

(2) 判断出使 M_1 镜移向观察者时微动手轮的旋转方向,沿此方向调出白光干涉条纹,并使零级条纹位于视场中央,记下 M_1 镜的位置。在 M_1 镜前插入厚为 h 折射率为 n 的显微镜盖玻璃片,由于光束 1 增加了光程差 $\Delta=2h(m-1)$,白光干涉条纹移出视场。继续沿原方向转动微动手轮,若补偿的光程差 $\Delta'=2h(n-1)$,则白光干涉条纹将重新出现。记下此时 M_1 镜的位置,测出薄片的厚度 h,就可算出折射率 n。

若在 M_1 镜前加一块厚度与 G_1 板相等的平行平板,能否重新调出白光干涉条纹?为什么?

6. 测量钠黄光的相干长度

(1) He-Ne 激光器发射的激光波长 $\lambda=632.8$ nm,$\Delta\lambda=10^{-4}\sim10^{-8}$ nm,用迈克耳孙干涉仪能否测出其相干长度?为什么?观察到的结果如何?

(2) 钠黄光的平均波长为 589.3 nm。以钠光灯光为光源,利用等倾干涉圆环测出其相干长度。

调出纳黄光的等倾干涉条纹,移动 M_1 镜可观察到条纹对比度发生周期性变化,朝同一方向旋转微动手轮,测出使圆条纹由最清晰(或最模糊)变为最模糊(最清晰)的 M_1 镜的位置改变量 d 值,由 $L=2d$、式(3.14)和式(3.15)计算钠黄光的相干长度 L,光谱宽度 $\Delta\lambda$ 和相干时间 τ。重复操作 3 次,取其平均值,并与白光干涉的结果进行比较。

【实验数据记录及处理】

将实验测得的数据记录于表 3.3,并计算单色光波的波长的平均值和不确定度。

表 3.3 测量单色光波的数据处理

类型	位置	读数/nm	$\Delta d_i=S_{i+5}-S_i$/nm	$\Delta\bar{d}$/nm	$\bar{\lambda}=2\Delta\bar{d}/N$/nm
条纹冒进	S_1				
	S_2				
	⋮				
	S_6				
	⋮		—		(注意:逐差计算 N 的值)
	S_{10}				
条纹缩进	S_1				
	S_2				
	⋮				
	S_6				
	⋮		—		
	S_{10}				

【注意事项】

1. 不可触及激光器两端的高压电极,不要让激光射入眼内,调节固定激光管圆环上的固定螺钉时,动作要轻,要上下螺丝配合调节,否则会损坏激光管。

2. 迈克耳孙干涉仪的光学元件全部暴露在外,使用时不得对着仪器说话、严禁用手触摸光学元件。

3. 调节与测量时用力要适当,特别要注意在调节 M_1、M_2 背面的螺钉时,用力不能过度,否则轻则使镜面变形,影响测量精度;重则将损伤仪器。

4. 移动 M_1 时,不能超过丝杆行程;要注意蜗轮副的离合,以免损伤齿轮。

5. 注意消除仪器的空程误差,转动刻度轮时,一定要旋松止动螺钉。

【思考题】

1. 观察等厚干涉条纹时,能否用点光源照明?为什么?

2. 如何由等厚干涉的光程差公式 $\Delta = 2d\cos\theta$ 来说明当 d 增大时,条纹将由直变弯?

3. 为什么不放补偿板就无法调出白光干涉条纹?

4. 迈克耳孙干涉仪产生的等倾条纹和牛顿环的条纹都是内疏外密的圆条纹,它们有什么异同?

5. 在非定域干涉中,如何由一个实点光源产生两个虚点光源?

3.3 用迈克耳孙干涉仪测空气折射率

光的干涉是重要的光学现象之一。根据干涉条纹数目和间距的变化与光程差、波长等的关系式,可以判断微小的介质变化或长度和角度的变化,因此光的干涉在长度测量、平面角检测、材料应力应变检测等领域有着广泛的应用。

测定透明气体、液体的折射率,同样可利用光的干涉,如迈克耳孙干涉仪、马赫-曾德干涉仪和瑞利干涉仪都是测定折射率的有效工具。本实验用迈克耳孙干涉仪对液体的折射率进行测量。

【实验目的】

1. 进一步了解光的干涉现象及其产生条件,掌握迈克耳孙干涉仪测量折射率的原理和调节方法。

2. 利用迈克耳孙干涉仪测量常温下空气的折射率。

【实验仪器】

迈克耳孙干涉仪,气室组件,激光器,光阑。

【实验原理】

迈克耳孙干涉仪的光路如图 3.8 所示。当光束垂直入射至 M_1、M_2 镜面时两光束的光程差 δ 为

$$\delta = 2(n_1 L_1 - n_2 L_2) \tag{3.16}$$

式中，n_1 和 n_2 分别是路程 L_1 和 L_2 上介质的折射率。

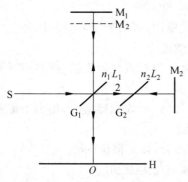

图 3.8　迈克耳孙干涉仪光路简图

设单色光在真空中的波长为 λ_0，当

$$\delta = k\lambda_0, \quad k = 0,1,2,\cdots \tag{3.17}$$

时，会产生相长干涉，相应地在接收屏中心的总光强为极大。由式(3.16)可知，两束相干光的光程差不单与几何路程有关，而且与路程上介质的折射率有关。

当支路 L_1 上介质折射率改变 Δn_1 时，因光程差的相应变化而引起的干涉条纹变化数为 $\Delta k = m$，由式(3.16)和式(3.17)可知

$$\Delta n_1 = \frac{m\lambda_0}{2L_1} \tag{3.18}$$

由式(3.18)可知，若测出接收屏上某一处干涉条纹的变化数 m，就能测出光路中折射率的微小变化。

例如，在温度为 15℃时，$p = 1.013\,25 \times 10^5$ Pa，空气对在真空中波长为 633 nm 的光的折射率 $n = 1.000\,276\,52$，它与真空折射率之差为 $\Delta n = 2.765\,2 \times 10^{-4}$。用一般方法不易测出这个折射率差，而用干涉法能很方便地测量，且准确度高。

通常，在温度处于 15～30℃时，空气的折射率可用下式求得：

$$(n-1)_{t,p} = \frac{2.879\,3p}{1 + 0.003\,671t} \times 10^{-9} \tag{3.19}$$

式中，温度 t 的单位为℃，压强 p 的单位为 Pa。因此，在一定温度下，$(n-1)_{t,p}$ 可以看成压强 p 的线性函数。

当管内压强由大气压强 P_b 变到 0 时，折射率由 n 变到 1，若屏上某一点(通常观察屏的中心)条纹变化数为 m，则由式(3.18)可知

$$n - 1 = \frac{m\lambda_0}{2L} \tag{3.20}$$

由式(3.20)可知，从压强 p 变为真空时的条纹变化数 m 与压强 p 的关系也是一线性函数，因而应有

$$\frac{m}{p} = \frac{m_1}{p_1} = \frac{m_2}{p_2} \tag{3.21}$$

由此得

$$m = \frac{m_2 - m_1}{p_2 - p_1} p \tag{3.22}$$

代入式(3.20)得

$$n - 1 = \frac{\lambda_0}{2L} \cdot \frac{m_2 - m_1}{p_2 - p_1} p \tag{3.23}$$

由式(3.23)可见，只要测出管内压强由 p_1 变到 p_2 时的条纹变化数 $m_2 - m_1$，即可由式(3.23)计算出压强为 p 时的空气折射率 n，且管内压强不必从 0 开始。

【实验装置】

利用数显迈克耳孙干涉仪测空气折射率的结构示意图和实物图分别如图 3.9 和图 3.10

所示。在迈克耳孙干涉仪的一支光路中加入一个与打气球相连的密封管,其长度为 L,数字仪表用来测管内气压,它的读数为管内压强高于室内大气压强的差值。在 O 处用毛玻璃作接收屏,在它上面可看到干涉条纹。

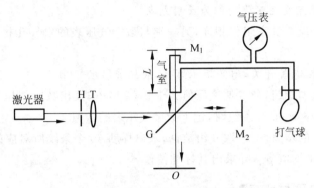

图 3.9　迈克耳孙干涉仪测空气折射率的结构示意图

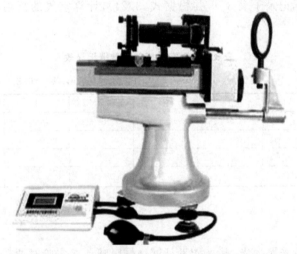

图 3.10　迈克耳孙干涉仪测空气折射率的实物图

调节好光路后,先将密封管充气,使管内压强与大气压的差大于 0.09 MPa,读出数字气压表数值 p_1,取对应的 $m_1=0$。然后微调阀门慢慢放气,此时在接收屏上会看到条纹移动,当移动 60 个条纹时,再记一次数字气压表数值 p_2。多次重复前面的步骤,求出每移动 60 个条纹所对应的管内压强的变化值 p_2-p_1 的绝对平均值 p_p,代入式(3.23),即可得出空气折射率的计算式为

$$n = 1 + \frac{\lambda_0}{2L} \cdot \frac{60}{p_p} p_b \tag{3.24}$$

式中,p_b 为实验时的环境大气压强。

【实验内容与步骤】

1. 转动粗调手轮,将移动镜移动到标尺刻度为 100 cm 的位置;调节迈克耳孙干涉仪光路,在接收屏上观察到干涉条纹。

2. 将气室组件放置在导轨上(移动镜的前方),调节迈克耳孙干涉仪的光路,使得在接收屏上观察到干涉条纹。

注意:由于气室的通光窗玻璃可能产生多次反射光点,可用调动 M_1、M_2 镜背后的三颗滚花螺钉来判断,光点发生变化的即为反射光点。

3. 将气管 1 一端与气室组件相连,另一端与数字气压表的出气孔相连;气管 2 与气压仪表的进气孔相连。

4. 接通电源,按电源开关,电源指示灯亮,液晶屏显示".000"。

5. 关闭气球上的阀门,鼓气使气压值大于 0.09 MPa,读出数字气压表的数值 p_1,打开阀门,慢慢放气,当移动 60 个条纹时,记下数字气压表的数值 p_2。

6. 重复前面 5 的步骤,一共取 6 组数据,求出移动 60 个条纹所对应的管内压强的变化值 $p_2 - p_1$ 的 6 次平均值 p_p,并求出其标准偏差 S_p。

【实验数据记录与处理】

将所测得的数据记录于表 3.4,并根据式(3.24),计算空气的折射率和标准偏差 $S_p =$ _____ MPa。

表 3.4　测空气折射率数据记录表

室温 $t =$ ____ ℃;大气压 $p_b =$ _____ MPa;$L = 95$ cm;$\lambda_0 = 633.0$ nm;$m = 60$

次数 i	1	2	3	4	5	6
p_1/MPa						
p_2/MPa						
$p_2 - p_1$/MPa						
平均值 $p_p = \overline{p_2 - p_1}$/MPa						

【注意事项】

本实验所用的激光属强光,其光能量足够灼伤眼睛。在实验时要避免激光照射到眼睛。

【思考题】

1. 实验中充气后,在放气的同时可看到在屏上某一点处有条纹移过,这表明在该点处的光强是怎样变化的?

2. 能否测量其他气体的折射率?请说明理由。

3.4　迈克耳孙干涉仪的搭建及介质折射率或厚度的测量

迈克耳孙干涉仪是利用分振幅法产生双光束来实现干涉的。通过调整该干涉仪,可以产生等厚干涉条纹,也可以产生等倾干涉条纹。迈克耳孙干涉仪主要用于长度和折射率的测量,若观察到干涉条纹移动一条,则 M_2 的动臂移动量为 $\lambda/2$,等效于 M_1 与 M_2 之间的空气膜厚度改变 $\lambda/2$。迈克耳孙干涉仪在近代物理实验和近代计量技术中,如在光谱线精细结构的研究和用光波标定标准米尺等实验中都有着重要的应用。

【实验目的】

1. 了解迈克耳孙干涉仪的基本构造,学习其调节和使用方法。
2. 掌握用激光干涉法测量透明介质折射率的方法。

【实验仪器】

固体激光器(532 nm,绿光),透镜,5∶5 分束器镜,导轨,平面镜 2 块,三维调节架,透明薄膜片,旋转干板架,白屏。

【实验原理】

将一片透明薄膜垂直插入迈克耳孙干涉光路,随着透明薄膜在光路中旋转,光程将发生改变,接收屏中的条纹依次由清晰变为模糊再由模糊变为清晰,当条纹最模糊时,可见度最小。

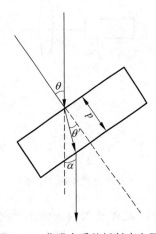

如图 3.11 所示,在迈克耳孙光路中垂直插入一个折射率为 n、厚度为 d 的透明薄膜,空气折射率 n_0 为 1,即

$$n_0 = 1 \tag{3.25}$$

则产生的光程差为

$$\Delta = 2(n-1)d \tag{3.26}$$

当薄膜转动一定角度 θ 时,此时入射光线和薄膜的夹角变为 $90°-\theta$,可得

图 3.11　薄膜介质的折射率和厚度测量原理图

$$\sin\theta = n\sin\theta' \tag{3.27}$$

则此时在薄膜里面的光程为

$$l = \frac{d}{\sqrt{1 - \sin^2\theta'}} \tag{3.28}$$

将式(3.27)代入式(3.28)计算可得

$$l = \frac{nd}{\sqrt{n^2 - \sin^2\theta'}} \tag{3.29}$$

当转动 θ 角后,出射光相对入射光发生一个偏移 α,其满足

$$\alpha = l\sin\theta - d\tan\theta' \tag{3.30}$$

则在竖直方向的位移为 $\alpha\sin\theta$ 的光程差为

$$\Delta = \frac{nd}{\sqrt{n^2 - \sin^2\theta'}} - 2nd + 2(l\sin\theta - d\tan\theta')\sin\theta \tag{3.31}$$

光程的改变可通过记录涌出或缩进的等倾圆环来得到,且其和旋转角度 θ、薄膜厚度 d 及折射率 n 有一定的关系。如果透明薄膜的初始位置垂直于入射光路,经过旋转一定的角度 θ,干涉圆环变化数为 N,则透明薄膜的折射率 n 可以由下式得到

$$n = \frac{n_0^2 d\sin^2\theta}{2n_0 d(1 - \cos\theta) - N\lambda} \tag{3.32}$$

式中，λ 为光源的波长（本实验中为固体激光器的波长）；n_0 为空气的折射率。同样，如果已知透明薄膜的折射率，也可以利用式（3.32）求得其厚度。

【实验内容与步骤】

搭建迈克耳孙干涉仪的实验光路和实物图如图 3.12 所示。

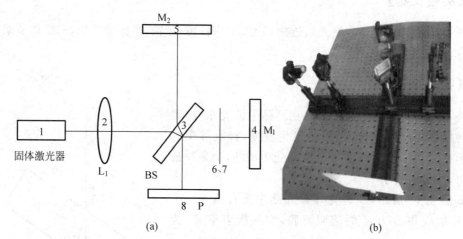

图 3.12　搭建迈克耳孙干涉仪的实验光路图和实物图

（a）实验光路图；（b）实物图

1-固体激光器；2-透镜 f6.2（扩束）；3-5：5 分束镜；4-平面镜；5-平面镜；6-透明薄膜片；7-旋转干板架；8-白屏

（1）将激光管放入激光器调整架，打开激光光源。

（2）将白屏放在平台上靠近激光器的位置，调整激光器的高度，并在白屏上标定激光的高度。将白屏远离激光器，调节激光器调整架上的旋钮，使光束再次通过白屏上的标定点。反复调节，使激光器光路水平，并在整个白屏移动过程中，光束均通过白屏上的标定点。

（3）在光路中放入分束镜，调整分束镜的俯仰角，使反射光路垂直入射光路；在反射光路中放入白屏，使光束通过白屏上的标定点。

（4）在反射光路中放入平面反射镜 M_1，调节三维架后的旋钮，使光束按原光路返回。可在分束镜上观察反射光斑或透过看反射光，使光束通过白屏的标定点进行判断。

（5）在分束镜的另一束光路中放入平面反射镜 M_2，尽量使 M_1、M_2 距离分束镜的光程相同。

（6）参考（4），调节 M_2 三维架后的旋钮，使光束按原光路返回。

（7）在 P 处放上白屏，前后移动，仔细调节 M_1、M_2 的旋钮，使两个光斑在任意位置都重合。

（8）在 L_1 处放上扩束镜，这时应该可以在白屏上看到干涉条纹，仔细调节 M_1、M_2 的旋钮，使得可以看到干涉圆环且圆环圆心处于光斑的中心位置。

（9）调节白屏与透镜的距离，使得在白屏上得到大小位置合适的干涉圆环。

（10）在光束中插入透明薄膜片，并使其垂直于光路。缓慢转动透明薄膜片，记录干涉圆环的变化数量 N 和此时转过的角度 θ。

（11）根据式（3.32）计算出薄膜片的折射率 n。

(12) 记录几组不同干涉圆环变化数量对应的角度 θ, 分别求出折射率 n, 求其平均值 $\bar{n}$。

【实验数据记录及处理】

将所测得的数据记录于表 3.5, 并根据式 (3.32) 计算薄膜片的折射率 n。

注意: 当旋转角度越大, 环数缩进或冒出过快容易产生较大的误差, 因此应当在小角度下实验。

表 3.5　迈克耳孙干涉仪测量薄膜的厚度和折射率

薄膜厚度 $d=$ _____ mm, 材料为聚丙乙烯

次数 i	旋转角度 θ	环数 N 变化	折射率 n
1			
2			
3			
4			

【注意事项】

1. 避免激光直射入眼。
2. 实验过程中应尽量避免来回走动, 挤压实验平台等可导致实验平台振动的行为。
3. 当插入待测物质, 转动待测物质应尽量缓慢, 尽可能避免读圈数造成的误差。

【思考题】

1. 测量薄膜厚度的常用方法有哪几种? 其精度分别为多少?
2. 如果已知薄膜片的折射率 n, 如何求其厚度 d? 试推导其计算公式。

3.5　杨氏双缝干涉实验

托马斯·杨 (Thomas Young, 1773—1829) 于 1801 年进行了一次光的干涉实验, 即著名的杨氏双孔干涉实验, 在实验上首次证实了光的波动性。随后, 他在论文中以干涉原理为基础, 建立了新的波动理论, 并成功解释了牛顿环, 精确测定了光波的波长。1803 年, 杨将干涉原理用以解释衍射现象。

【实验目的】

1. 理解光的双缝干涉的原理。
2. 掌握利用分波阵面法产生干涉的方法。
3. 学会利用干涉法测光波的波长。

【实验仪器】

钠光灯 (加圆孔光阑), 透镜 ($f=50$ mm), 透镜 ($f=150$ mm), 可调狭缝, 双缝, 测微

目镜。

【实验原理】

杨氏双缝干涉原理如图 3.13 所示,其中 S 为单缝,S_1 和 S_2 为双缝,P 为观察屏。如果 S 在 S_1 和 S_2 的中线上,则可以证明双缝干涉的光程差为

$$\Delta = r_2 - r_1 = d\sin\theta = \frac{dx}{l} \tag{3.33}$$

式中,d 为双缝间距,θ 是衍射角,l 是双缝到观察屏的距离。当

$$\Delta = \frac{dx}{l} = \begin{cases} k\lambda, & k=1,2,3,\cdots (\text{明条纹}) \\ (2k+1)\lambda/2, & k=0,1,2,\cdots (\text{暗条纹}) \end{cases} \tag{3.34}$$

由光的干涉原理可得,相邻明纹或暗纹的间距可以证明是相等的,为 $\Delta x = \dfrac{d \cdot \lambda}{l}$,因此 $\lambda = \dfrac{l \cdot \Delta x}{d}$,所以只要用厘米尺测出 l,用测微目镜测出双缝间距 d 和相邻条纹的间距 Δx,就可计算得光波的波长 λ。

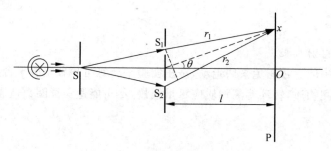

图 3.13　杨氏双缝干涉原理图

【实验内容及步骤】

(1) 参照图 3.14 在光学实验平台上安排实验光路,依次放置钠光灯(加圆孔光阑)、透镜 $L_1(f=50\text{ mm})$、可调狭缝 S、透镜 $L_2(f=150\text{ mm})$、双缝、测微目镜。狭缝要铅直,并与双缝和测微目镜分划板的毫尺刻线平行。双缝与目镜距离要适当,以获得适合观测的干涉条纹。

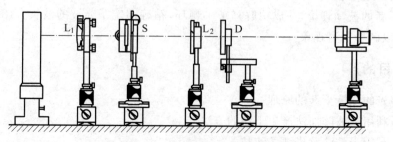

图 3.14　双缝干涉实验装置图

(2) 调节单缝、双缝和测微目镜平行且共轴,再调节单缝的宽度及三者之间的间距,以便在测微目镜中能看到干涉条纹。

（3）用测微目镜测量干涉条纹的间距 Δx 以及双缝的间距 d，用米尺测量双缝至目镜焦面的距离 l，计算钠黄光的波长 λ。

（4）观察单缝宽度改变、三者间距改变时干涉条纹的变化，分析变化的原因。

【实验数据记录处理】

1. 将测得的双缝干涉的条纹间距 Δx、双缝的间距 d、双缝至目镜焦面的距离 l 记录在表 3.6 中。

表 3.6　测钠光波长数据表

次数 i	$\Delta x/\text{mm}$	d/mm	l/mm	$\lambda = \dfrac{\Delta x \cdot l}{d}/\text{nm}$
1				
2				
3				
4				
5				

注意：为减小测量误差，不直接测相邻条纹的间距 Δx，而要测 n 个条纹的间距再取平均值；另外，由于测微目镜放大倍率为 15 倍，所以相邻条纹间距以及双缝间距的实际值应该为读数除以 15。

2. 计算钠黄光波长的平均值 $\bar{\lambda}$，并与钠黄光波长公认值（或称标准值）589.44 nm，进行比较。

3. 计算 λ 的不确定度。

【注意事项】

1. 单缝、双缝必须平行，且单缝应在双缝的中线上。

2. 单缝的宽度要恰当。

3. 使用测微目镜时，首先要确定测微目镜读数装置的分格精度；要注意避免产生回程误差；旋转读数轮时动作要平稳、缓慢；整个测量系统要保持稳定。

【思考题】

1. 若狭缝宽度变宽，条纹如何变化？

2. 若双缝与屏幕的间距变小，条纹如何变化？

3. 在做实验时，若按要求安装好实验装置后，在光屏上却观察不到干涉图像，可能的原因是什么？

3.6　双棱镜干涉测波长

菲涅耳双棱镜（Fresnel double prism）是通过分波阵面法实现双光束干涉的，它是一种类似于菲涅耳双面镜形成相干光源的仪器，由两块相同的薄三棱镜底面相合而构成，三棱镜的折射角很小,并且二者的折射棱互相平行。当位于对称轴上的点光源发出光时,入射光在两块棱镜的作用下部分向上折射、部分向下折射,从而形成两个对称的虚像,这两个虚像即为两个相干光源。双棱镜实验、双平面反射镜实验和洛埃镜实验在确立光的波动学说的过程中起了重要作用。

【实验目的】

1. 掌握用双棱镜获得双光束干涉的方法,观察双棱镜产生的双光束干涉现象,进一步理解产生干涉的条件。

2. 学会用双棱镜测定光波波长。

【实验仪器】

双棱镜,可调狭缝,辅助透镜(两片),测微目镜,光具座,白屏,单色光源。

【实验原理】

如果频率相同、相位不随时间而变化的两列光波沿几乎相同的方向传播,那么在两列光波相交的区域内,光的强度分布是不均匀的,而是在某些地方表现为加强,某些地方表现为减弱,这种现象称为光的干涉。而利用光的干涉现象进行光波波长的测量,首先要获得两束相干光,使之重叠而形成干涉。干涉条纹的空间分布既和条纹与相干光源的相对位置有关,又与光波波长有关,利用它们之间的关系式就能测出光波波长。

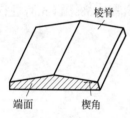

图 3.15 菲涅耳双棱镜

能发出相干光束的光源称为相干光源,菲涅耳就是利用双棱镜获得相干光束,其外形结构如图 3.15 所示。当狭缝 S 发出的光经双棱镜折射后,形成两束犹如从虚光源 S_1 和 S_2 发出的频率相同、振动方向相同、并且在相遇点有恒定的相位差的相干光束。它们在空间传播时有一部分彼此重叠而形成干涉场。如果将一屏幕 P 置于干涉场中的任何地方,则在屏幕 P 上的相互交叠区域 P_1P_2 内会出现明暗相间的干涉条纹,如图 3.16 所示。

设 d 代表两虚光源 S_1 和 S_2 间的距离,D 为虚光源所在的平面与观察屏之间的距离,且 $d \ll D$,干涉条纹宽度为 Δx,如图 3.17 所示,则两束光线的光程差为 $d\sin\theta$。

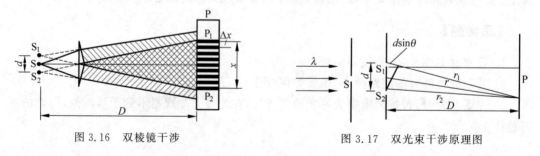

图 3.16 双棱镜干涉   图 3.17 双光束干涉原理图

因为两束光线几乎平行,θ 角较小,所以它们的光程差 $d\sin\theta \approx d\tan\theta = d\dfrac{x}{D}$。由光的干涉理论可知,当光程差为 $k\lambda(k=0,\pm1,\pm2,\cdots)$ 时干涉相长,而当光程差为 $\dfrac{\lambda}{2}(2k+1)(k=$

$0, \pm 1, \pm 2, \cdots$)时干涉相消。故亮纹所在的位置坐标 $x = \dfrac{D}{d} k\lambda$，暗纹所在的位置坐标 $x = \dfrac{D}{2d}(2k+1)$。因此相邻两亮纹或暗纹的间距相等，均等于 $\Delta x = \dfrac{D}{d}\lambda$，所以光波波长 λ 可由下式来确定

$$\lambda = \Delta x \, \frac{d}{D} \tag{3.35}$$

由于干涉条纹宽度 Δx 很小，因此必须使用测微目镜进行测量。两虚光源间的距离 d，可通过将已知焦距为 f' 的会聚透镜 L' 置于双棱镜与测微目镜之间，由透镜的二次成像法求得(见薄透镜焦距测量实验)，测量光路如图 3.18 所示。只要使测微目镜与狭缝的距离 $D > 4f'$，前后移动透镜，就可以在两个不同位置上从测微目镜中看到两虚光源 S_1 和 S_2 经透镜所成的实像 S_1' 和 S_2'，其中一组为放大的实像，另一组为缩小的实像。如果分别测得两个放大像的间距 d_1 和两个缩小像的间距 d_2，则有

$$d = \sqrt{d_1 d_2} \tag{3.36}$$

由式(3.36)即可求得两虚光源之间的距离。

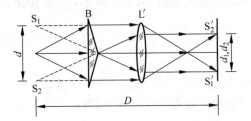

图 3.18　两次成像法测两虚光源间距的光路图

【实验内容与步骤】

1. 调节光学元件共轴

参照图 3.19 将单色光源 M、会聚透镜 L、狭缝 S、双棱镜 AB 与测微目镜 P，按以下步骤放置在光具座上。

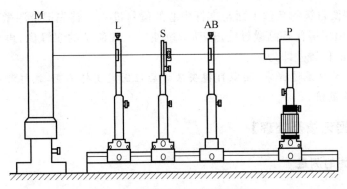

图 3.19　双棱镜干涉实验装置图

(1) 将单色光源 M、狭缝 S 放置在光具座上,调节光源 M 和狭缝 S 的位置,使钠光灯正对狭缝 S 并均匀照亮整个狭缝 S。调节时,狭缝应尽量靠近钠光灯并与钠光灯等高,且垂直于光具座的导轨。

(2) 加入透镜 L 和白屏,使狭缝中心与透镜 L 的主光轴共轴,并平行于导轨。

(3) 加入双棱镜 AB,使其棱脊中点大致在透镜光轴上,此时可在屏上看到两个平行的狭缝像,进一步调节使棱脊与狭缝平行并通过透镜光轴。若白屏上出现两个强度相同(表明棱脊通过了透镜光轴),且等高并列的狭缝像(表明棱脊平行于狭缝),即达到调节要求。

(4) 用测微目镜 P 代替白屏,并调节使它与透镜 L 共轴。

2. 调节出清晰的干涉条件

(1) 减小狭缝的宽度,一般情况下,可从测微目镜中观察到不太清晰的干涉条纹。

(2) 绕主光轴缓慢地向右或向左旋转双棱镜 AB,将会出现清晰的干涉条纹。这时双棱镜的棱脊与狭缝的取向严格平行。

(3) 观察到清晰的干涉条纹后,将双棱镜或测微目镜前后移动,使干涉条纹的宽度适当,同时在不影响条纹清晰度的情况下,适当地增加狭缝宽度,以保持干涉条纹有足够的亮度。但双棱镜和狭缝的距离不宜调至过小,因为减小它们的距离,$S_1 S_2$ 间距也会减小,对测量 d 不利。

3. 测量数据

(1) 用测微目镜测出 Δx。测量中应使活动分划板移动方向与干涉条纹垂直,并注意避免引入空程。为提高测量精度可用逐差法处理数据,每间隔 5 条或 10 条条纹测出各条纹的位置,从而求出 Δx。

(2) 测量测微目镜的叉丝平面位置与狭缝平面位置的距离 D。查看或测量狭缝平面位置 z_1' 与狭缝支杆 z_1 的距离修正量 s_1 和测微目镜分划板面 z_2' 与支杆 z_2 的距离修正量 s_2,在测量 D 时注意将 s_1 和 s_2 考虑进去。s_2 的测量见(4)。

(3) 利用透镜二次成像法测量两虚光源的间距 d。保持狭缝与双棱镜原来的位置不变,参照图 3.18 在双棱镜和测微目镜之间放置一已知焦距 f' 的会聚透镜 L',移动测微目镜使它到狭缝的距离大于 $4f'$,分别测得两次清晰成像时实像的间距 d_1,d_2。两组数据各测 6 次,取其平均值,再利用 $d = \sqrt{d_1 d_2}$ 计算 d 值。

(4) 测量测微目镜的叉丝平面与支杆中心的偏移量 s_2。首先记录测微目镜清晰成像时的滑块位置,再用白屏代替测微目镜,移动滑块使屏上成清晰的双缝像,再记录此时的滑块位置,滑块前后的位置差即为 s_2。

注意:在整个测量过程中,测微目镜安装好后应固定支杆不变,这样测微目镜叉丝平面的位置才能有确定值。

【实验数据记录及处理】

1. 条纹间距的测量

将所测得的数据记录于表 3.7,并计算 $\Delta \bar{x}$ 及不确定度 Δ_x。测量结果表示为 $x = \Delta \bar{x} + \Delta_x$。

表 3.7　条纹间距 Δx 的测量记录表

间隔的条纹数 $m=$ _____

条纹数	x_1/mm	条纹数	x_2/mm	x_2-x_1/mm	$\Delta x=\dfrac{x_2-x_1}{m}/\text{mm}$	$\Delta\bar{x}/\text{mm}$
1		$m+1$				
$m+1$		$2m+1$				
$2m+1$		$3m+1$				
$3m+1$		$4m+1$				
$4m+1$		$5m+1$				
$5m+1$		$6m+1$				

2. 距离 D 的测量

将所测得的数据记录于表 3.8,并计算狭缝至观察屏的间距 D。

注意:z_1' 和 z_2' 中修正值 s_1、s_2 的正、负要根据实际情况而定。

表 3.8　狭缝平面与观察屏之间的距离

$s_1=$ _____,$s_2=$ _____

测量次数 i	狭缝读数位置 z_1/mm	狭缝实际位置 $z_1'=z_1\pm s_1$ /mm	测微目镜读数位置 z_2/mm	观察屏实际位置 $z_2'=z_2\pm s_2$ /mm	狭缝至观察屏的间距 $D=\lvert z_2'-z_1'\rvert$ /mm
1					
2					
3					
4					
5					
6					

3. 两虚光源间距 d 的测量

将所测得数据记录于表 3.9,并计算 $\bar{d}_1$、$\bar{d}_2$ 和 $\bar{d}=\sqrt{\bar{d}_1\cdot\bar{d}_2}$。

表 3.9　两虚光源间距 d 的测量记录表

测量次数 i	大像 d_1/mm				小像 d_2/mm			
	左读数	右读数	大像间距 d_1	$\bar{d}_1$	左读数	右读数	小像间距 d_2	$\bar{d}_2$
1								
2								
3								
4								
5								
6								

4. 波长 λ 的计算

(1) 用所得的 $\Delta\bar{x}$、D、$\bar{d}$ 值,由公式 $\lambda=\Delta x\dfrac{d}{D}$ 求出光源的波长 λ,并且与钠黄光的已知波长值 $\lambda=589.3\,\mathrm{nm}$ 比较。

(2) 波长测量结果表示为 $\lambda=\bar{\lambda}\pm\Delta_\lambda$,$E_\lambda$。

(3) 本实验也可用最小二乘法来计算波长测量值及其不确定度。

【注意事项】

1. 在使用测微目镜测量时,读数轮不能回转,防止造成回转误差,并且动作要平稳、缓慢。

2. 在测量光源狭缝至观察屏的距离 D 时,因为狭缝平面和测微目镜的分划板平面均不与光具座滑块的读数准线共面,所以必须引入相应的修正量(例如,对于 GP-78 型光具座,狭缝平面位置的修正量为 42.5 mm,MCU-15 型测微目镜分划板平面的修正量为 27.0 mm),否则将引进较大系统误差。

3. 测量 d_1、d_2 时,由于透镜的像差给 d_1、d_2 的测量引入较大误差,因此可在透镜 L' 上加一个直径约 1 cm 的圆孔光阑(用墨纸),以增加测量的精确度。

【思考题】

1. 双棱镜是怎样实现双光束干涉的?干涉条纹是怎样分布的?干涉条纹的宽度、数目由哪些因素决定?

2. 为什么在测量虚光源像的间距时,应消除像和叉丝之间的视差?测量干涉条纹间距 Δx 时,要不要消除视差?为什么?

3. 在实验时,双棱镜和光源之间为什么要放一狭缝?为什么狭缝很窄时,才可以得到清晰的干涉条纹?

4. 若将本实验中所用钠光灯改为汞灯,将产生怎样的干涉条纹?条纹间距将如何变化?条纹间距与波长有何关系?

5. 试证明式(3.36),即 $d=\sqrt{d_1d_2}$。

3.7　劳埃德镜干涉测波长

劳埃德镜装置比菲涅耳双棱镜干涉装置的结构更加简单,仅应用一块平面镜的反射即可获得干涉条纹。

【实验目的】

1. 了解劳埃德镜产生干涉的基本原理。

2. 学会用劳埃德镜干涉装置测量光波波长。

【实验仪器】

钠光灯,透镜架,聚光透镜($f=50$ mm),双边棱镜架,测微狭缝,干板架,劳埃德镜,测微目镜,透镜($f=100$ mm)。

【实验原理】

劳埃德镜产生干涉的原理如图 3.20 所示。点光源 S 放在离平面镜 M 相当远但接近平面镜平面的位置上,S 发出光波,一部分直接射到屏 E 上,另一部分以很大的入射角(接近 90°)投射到平面镜 M 上,在经过平面镜反射到达屏幕 E。两部分光波是由同一光波分出来的,因而是相干光波,相应的相干光源 S 和其在平面镜的虚像 S_1。S 和 S_1 之间的距离显然等于 S 到镜平面垂直距离的两倍。

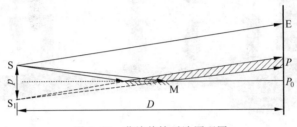

图 3.20　劳埃德镜干涉原理图

在计算屏幕上的干涉条纹时,需要注意的是,在劳埃德镜装置中,两相干光之一经平面镜反射时有了 π 的相位变化,这个现象称为半波损失。因此,在计算屏幕上某一点 P 对应的两束相干光的光程差时,要把反射光束半波损失引起的附加光程差 $\lambda/2$ 算进去。设 $SS_1=d$,$PP_0=x$(P_0 点为镜平面与屏幕交线在图面上的投影),SS_1 到屏幕的距离为 D,则根据杨氏双缝干涉实验可知,屏幕上一点的两束光的光程差为

$$\delta = \frac{d}{D}x \tag{3.37}$$

其中,劳埃德镜装置可以先认为是由 S 和 S_1 组成的杨氏双缝干涉,再考虑到半波损失,则 P 点的光程差可以用下式来计算:

$$\delta = \frac{d}{D}x + \frac{\lambda}{2} \tag{3.38}$$

如果把屏幕放置到和平面镜相接处的位置,P_0 点对应的光程差为 $\lambda/2$,则 P_0 点是一个暗点。

【实验内容与步骤】

劳埃德镜干涉实验装置示意图和实物图分别如图 3.21 和图 3.22 所示。

(1) 参照图 3.21(或图 3.22)将钠光源 Na、会聚透镜 L、狭缝 S、劳埃德镜 M 与测微目镜 P 依次放置在光具座上,并调至等高共轴,同时使测微目镜稍微偏离导轨轴的中心到劳埃德镜表面的一边。

(2) 开启光源,使钠光光束经聚光透镜后会聚到狭缝上,通过狭缝后一部分光束入射到劳埃德镜并被镜面反射,另一部分光束直接与反射光束会合发生干涉,用测微目镜接收干涉

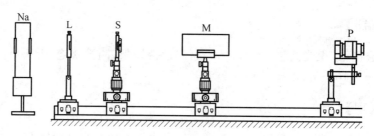

图 3.21　劳埃德镜干涉装置示意图

图 3.22　劳埃德镜干涉装置实物图

条纹,同时调节缝宽、入射角并使得镜面与铅直狭缝平行,以改善条纹的质量。

（3）测出条纹间距 Δx,狭缝与目镜分划板的距离 D。

（4）保持劳埃德镜和测微狭缝位置不变,在劳埃德镜和测微目镜之间插入凸透镜 L_2,调节测微目镜和透镜的位置,使狭缝和它在劳埃德镜中的虚像成为两个实像,通过测微目镜观察这两个实像,记录下两实像之间的距离 d'。然后用下式计算这两个干涉光源的实际距离:

$$d = \frac{u}{v} d'$$

式中,u 是狭缝至凸透镜的距离;v 是凸透镜到测微目镜的距离;d' 是两个虚光源像间的距离。

（5）根据下式计算光波波长:

$$\lambda = \frac{d}{D} \Delta x \tag{3.39}$$

注：如果使用带有 VGA 输出的 CCD 照相机代替测微目镜,可以直接在显示器上观察和测量干涉条纹。

【实验数据记录及处理】

1. 调节光路,使得在测微目镜中观察到效果最佳的干涉条纹。测出相隔 10 个条纹的距离,即记录所选取的第一个干涉条纹的位置 x_1 和第十一个干涉条纹的位置 x_{11},表格自拟。

2. 计算单个条纹之间的间隔：$\Delta x = \dfrac{x_{11} - x_1}{10}$。

3. 测量狭缝到测微目镜之间的距离 D。

4. 使用 $f = 100$ mm 的透镜，对狭缝及其在劳埃德镜中的虚物成两个实像，用测微目镜测量这两个实像在测微目镜上的距离 d'，并测物距 u 和像距 v。

5. 计算两个光源之间的距离 $d = \dfrac{u}{v} d'$。

6. 将所求得数值代入式 $\lambda = \left(\dfrac{d}{D}\right)\Delta x$ 求出光波波长。

【注意事项】

1. 激光光源点亮后会发出较强的光能量，要避免对人眼造成伤害，故在使用中，禁止直视激光发出或反射的光。

2. 光学元件宜轻拿轻放，不要用手接触其光学面。

【思考题】

1. 劳埃德镜获得的双光干涉条纹和杨氏双缝干涉条纹有什么异同？

2. 如果将光源换成汞灯，干涉条纹会变成怎样？如何利用劳埃德镜干涉装置测汞灯的各光谱波长？

3.8 法布里-珀罗干涉仪测波长差

法布里-珀罗干涉仪（Fabry-Pérot interfero meter，F-P 干涉仪）是一种由两块相互平行的内表面镀有高反射膜的高平面度玻璃板或石英板组成的多光束干涉仪。它的两外表面与内表面分别做成一小楔角，用以防止对内表面反射光的干扰。其由法国物理学家夏尔·法布里和阿尔弗雷德·珀罗于 1897 年发明。由于它是多光束干涉，因此是一种分辨率极高的干涉仪。F-P 干涉仪也经常称作法布里-珀罗谐振腔。当两块玻璃板间用固定长度的空心间隔物来固定间隔时，常称作法布里-珀罗（F-P）标准具或简称标准具。

【实验目的】

1. 学会调节 F-P 标准具中两内平面平行的方法。
2. 掌握用 F-P 标准具测波长差的方法。
3. 验证钠光灯存在两条波长相近的光谱。

【实验仪器】

F-P 干涉仪，钠光灯，透镜，测量望远镜，等等。

【实验原理】

如图 3.23 所示，F-P 干涉仪的两块玻璃板的外表面是倾斜的，其作用是使反射光偏离透射光的观察范围,以免造成干扰。而两块玻璃板的内表面是平行的,并镀有高反射率的膜层,组成一个具有高反射率表面的空气层平行平板。

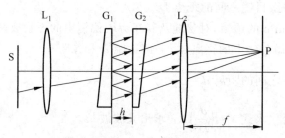

图 3.23 F-P 干涉仪示意图

在实际仪器中,两块楔形板分别安装在可调的框架内,通过微调可使两个内表面严格平行。若两个平行平面的间隔(通过间隔圈)被固定,则称该仪器为 F-P 标准具。

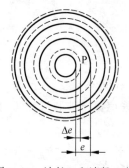

图 3.24 波长 1 和波长 2 的
两组等倾圆条纹

F-P 标准具通过扩展光源发出的发散光束照明,在透镜 L_2 的焦平面上将形成一系列很窄的干涉圆条纹。干涉条纹的中心级数的大小取决于两平板的间距 h(空气平板的厚度),即 F-P 干涉方程(干涉极大值)为

$$2h\cos\varphi = k\lambda \tag{3.40}$$

其中,k 为条纹级数。

当光源发出有微小波长差 $\Delta\lambda$ 的两谱线时,由 F-P 干涉仪产生多光束干涉条纹,如图 3.24 所示。对于干涉场的某一点,两个相接近谱线的光程差表达式为

$$\delta = 2h\cos\varphi = k_1\lambda_1 \tag{3.41}$$

$$\delta = 2h\cos\varphi = k_2\lambda_2 \tag{3.42}$$

对于不同波长的光波,δ 所对应的干涉级数差为

$$\Delta k = k_1 - k_2 = \frac{(\lambda_2 - \lambda_1)}{\lambda_1\lambda_2}\cos\varphi \cdot 2h \tag{3.43}$$

考虑干涉场中心附近的点(可认为 $\varphi \approx 0$),$k \approx 2h/\lambda$,则得波长差计算公式为

$$\Delta\lambda = \lambda_2 - \lambda_1 \approx \frac{\bar{\lambda}^2}{2h} \cdot \frac{(\Delta e)}{e} \tag{3.44}$$

式中,$\bar{\lambda}$ 为 λ_1、λ_2 的平均波长,一般由低分辨仪器测定;Δe 为两个波长同级条纹的相对位移;e 为同一波长相邻条纹的间距。

当改变 F-P 干涉仪两玻璃板之间的间距 h,使得两波长同级条纹的相对位移为 $\Delta e = e$,而相应的两块玻璃板的间距变化为 Δh,则有

$$\Delta\lambda = \frac{\bar{\lambda}^2}{2\Delta h} \tag{3.45}$$

因此,只要测出两波长条纹从一次重合到再次重合的间距变化,即可求得两谱线的微小波长差 $\Delta\lambda$。这种测量方法是通过调整干涉平板的间距进行测量的。

当用单色扩展光源(如钠光)照射 F-P 标准具时,在透镜的焦面上将形成一系列细锐的等倾条纹,当透镜的光轴与标准具的板面垂直时,透镜焦面上形成一组同心圆条纹。由于标

准具是多光束干涉,因此干涉花纹的宽度非常细锐,微小波长差的两条谱线也能被清晰地分开,条纹越细锐仪器的分辨能力越强。与迈克耳孙干涉仪产生的双光束等倾干涉条纹相比,F-P 干涉仪产生的等倾圆纹要细锐得多,如图 3.25 所示。一般情况下,迈克耳孙干涉仪产生的圆条纹读数精度为 1/10 条纹间距左右,而 F-P 干涉仪产生的圆条纹,其读数精度可高达条纹间距的 $1/100 \sim 1/1\,000$。

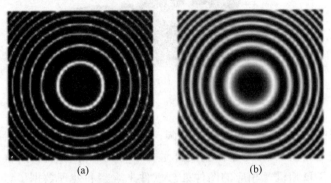

(a)　　　　　　　　　　(b)

图 3.25　F-P 多光束干涉条纹和迈克耳孙干涉仪双光束等倾干涉条纹对比
(a) F-P 多光束干涉条纹;(b) 迈克耳孙干涉仪双光束等倾干涉条纹

【实验装置】

法布里-珀罗干涉仪(F-P 干涉仪)由两块相互平行的略带楔角的玻璃或石英板构成。传统 F-P 干涉仪的实物图如图 3.26(a)所示,G_1 和 G_2 是平行的平面玻璃板,F-P 干涉仪是由迈克耳孙干涉仪改装而成,基座与迈克耳孙干涉仪通用,将迈克耳孙干涉仪的双光束干涉系统换装上 F-P 干涉仪的多光束干涉系统,就构成 F-P 干涉仪。它的调节机构与迈克耳孙

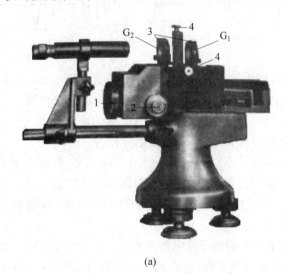

(a)

图 3.26　F-P 干涉仪和 F-P 标准具实物图
(a) F-P 干涉仪;(b) F-P 标准具
G_1-可移动平面镜;G_2-固定平面镜;
1-测量系统精调手轮;2-测量系统微调手轮;3-G_1、G_2 倾角调节螺旋;4-G_2 的微调放钮

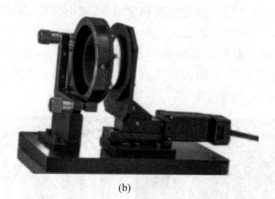

(b)

图 3.26　（续）

干涉仪也是相同的,两平面镜之间的距离可调;图 3.26(b)所示是两板间距基本固定的 F-P 标准具,有固定的适用波长,常用于高精度计量技术与光谱精细结构分析(见 3.9 节)。现代光学仪器多采用 CCD 相机及相应的图像处理软件来观察和处理数据了,F-P 标准具可安装在光学平台、导轨或桌面上任意的光路中,配合使用十分方便。

【实验内容与步骤】

1. 调整干涉仪

(1) 参照图 3.27 组建光学系统(先不加会聚透镜)。

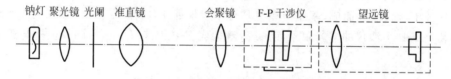

钠灯　聚光镜　光阑　准直镜　　　　会聚镜　F-P 干涉仪　　　望远镜

图 3.27　实验装置原理示意图

(2) 转动图 3.26(a)中手轮 1 将 G_1 与 G_2 间的间距调至 2 mm 左右(切勿使两反射面接触),再分别调节 G_1、G_2 背面的螺钉 3 使它们的松紧程度大致相同。

(3) 点亮钠光灯,调节光窗位置,使之处于 G_1 板的正前方。

(4) 前后调整准直镜的位置,使出射光为平行光。

(5) 通过望远镜观察透过 G_2 可看到光阑的清晰的实像,经两平板多次反射,则在 G_2 的透射光中可看到的一系列光阑的反射像,分别调节两反射镜的微调螺钉 3 和螺丝 4,使各反射像完全重合,这表示 G_1 和 G_2 内表面已达到平行。此时,视场中应有等倾圆条纹出现,将圆条纹中心调至视场中央。

(6) 如果在望远镜下观察到的条纹间距不够大,难以调出等倾条纹,可取下观察望远镜的目镜,此时望远镜物镜变为放大镜,可看到一组平行直条纹(多光束等厚干涉),再微调螺丝增大条纹间距,直至视场中亮度均匀一片,此时可认为两反射面严格平行。

2. 观察钠光的多光束干涉条纹

随后放入会聚透镜,使在 F-P 干涉仪平板上的光斑尽可能小,则在望远镜焦面上可观察到钠光双线的多光束干涉条纹,条纹为一系列同心圆环。若圆环中心不在中央,可同时调节两反射镜的微调螺丝,使两镜与入射光束垂直。

调节微动手轮 2,改变两镜距离,观察钠双线两组条纹从重合→分离→重合的变化全过程。首先旋转微调手轮 2,缓慢减小 G_1 和 G_2 的间距,注意不能使两者相碰,观察到双线重合现象。然后反方向旋转微调手轮 2,增大 h,这时视场中条纹数逐渐增加,并且开始分离出双线。继续增大 h,当 $\Delta e = e$ 时,λ_1 的第 m 级条纹与 λ_2 的第 $m-1$ 级条纹重合,称为重级现象。若再继续增大 h,将出现 $\Delta e > e$,发生级次交错现象。

3. 测量钠双线的波长

(1) 重复 2 的操作过程,增大 h 使 λ_1 的亮纹位于 λ_2 的两组相邻亮纹的中央,如图 3.28 (a)所示读取干涉仪的读数 D_1。

(2) 继续增大 h,使 λ_1 的亮纹与 λ_2 的亮纹逐渐靠近,然后重合,如图 3.28(b)所示;继续增大 h,两套干涉条纹又重新分开,当 λ_1 的亮纹再次位于 λ_2 的两组相邻亮纹的中央时,如图 3.28(c)所示,读取干涉仪的读数 D_2,求出 $\Delta h = D_2 - D_1$。

(3) 连测 3 次,并利用公式(3.45)计算钠双线的波长差(钠光灯光波的平均波长为589.3 nm)。

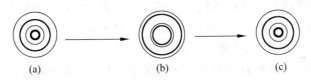

图 3.28　测量示意图
(a) 两环居中;(b) 两环相互靠近;(c) 两环再次居中

注意:实验也可以测量从一次"重合"到下一次"重合"时两镜间距的变化 Δh。同样地,为了减少测量误差,重合位置应取从条纹开始重合→开始分开两个位置的中间位置作为这一次的重合位置。

【实验数据记录及处理】

将所测量的数据记录于表 3.10,并计算钠双线的平均波长差 $\overline{\Delta\lambda}$。

表 3.10　F-P 干涉仪测钠光波长差

参量 次数 i	h_1(开始分离位置)/mm	h_2(开始重合位置)/mm	$D_i = \dfrac{h_1+h_2}{2}$ /mm	$\Delta h = D_{i+1} - D_i$ /mm	$\Delta\lambda = \dfrac{\overline{\lambda}^2}{2(\Delta h)}$ /mm	$\overline{\Delta\lambda}$/mm
1						
2						
3						
4						

【注意事项】

1. F-P 干涉仪是很精密的仪器。在调节和移动反射镜时,动作一定要轻缓,用力要均匀,调节两反射面的间距时,切勿使两反射面接触。

2. 每次测量时必须沿一个方向旋转微动手轮,不得中途逆转,以避免回程误差。

3. 旋转微动手轮时动作要平稳、缓慢。

4. 测量装置要保持稳定。

【思考题】

1. 分振幅双光束干涉条纹与多光束干涉条纹的强度分布有什么不同? 原因是什么?

2. 在调节 F-P 干涉时,观察到的现象是:开始往往是条纹中心偏在一边或者圆纹中心虽在视场中央,但摆动眼睛时,圆纹中心不仅移动,环径也随之变大,这些现象如何解释? 如何纠正?

3. 在本实验中,钠光谱的 $\Delta\lambda = 0.6\ \text{nm}$,试问不发生干涉级次交错的空气平行平板间的最大间距 h 为多少?

4. 在本实验中,干涉仪的读数 D 与两反射镜之间的距离 h 一样吗? 为什么?

5. 迈克耳孙干涉仪是一种典型的双光束干涉装置,法布里-珀罗干涉仪是一种典型的多光束干涉仪,请说明法布里-珀罗干涉仪和迈克耳孙干涉仪的等倾干涉花样(条纹)有什么异同。它们的等倾条纹与牛顿环又有什么异同?

6. 利用你已学过的双光束和多光束干涉装置,试提出几种测量钠双线微小波长差的方法。

3.9 汞绿线的光谱精细结构的测量

F-P 标准具是一种高分辨率的光谱仪器,常用于研究谱线的精细结构。用一般分辨率的光谱仪(如光栅、三棱镜)去观察光谱线时只能分辨常见间隔的谱线,而当用高分辨的分光仪器去观察谱线时可以看到一些谱线还包含有许多细微结构,这些细微结构称为光谱线的精细结构。特别在近现代,人们在分析研究磁场等外场对光谱的影响时(如塞曼效应),更需要精细的分辨率的仪器。本实验利用 F-P 标准具观察到汞绿线($\lambda = 546.07\ \text{nm}$)光谱的精细结构。

【实验目的】

1. 了解 F-P 标准具的结构,学会使用标准具。

2. 用 F-P 标准具测定汞绿线($\lambda = 546.07\ \text{nm}$)的精细结构。

【实验仪器】

F-P 标准具,汞灯,光阑,透镜,滤波片,等等。

【实验原理】

3.8 节已经介绍,F-P 标准具是由两块内表面镀有高反射膜的相互平行的玻璃板组成的(图 3.29),两内表面的间隔固定,一般是由膨胀系数很小的铟钢制成的空心圆柱形间隔器,属于多光束干涉仪。

通常,多光束干涉条纹比较细锐,微小波长差的两条谱线产生的同级条纹也能清晰地被分开,所以 F-P 标准具是一种高分辨率的光谱仪器,常用于研究谱线的精细结构。下面介绍 F-P 标准具的两个重要特征常数。

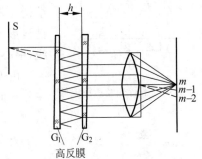

图 3.29 F-P 标准具光路原理图

1. 自由光谱范围

考虑两个具有微小波长差的单色光 λ_1 和 λ_2 入射到标准具上,若 $\lambda_2 > \lambda_1$,对于同一干涉序 k,λ_1 和 λ_2 的极大值分别对应不同的入射角 φ_1 和 φ_2,且 $\varphi_1 > \varphi_2$,因而会产生两套圆环条纹,即较长波长 λ_2 的成分在里圈,而 λ_1 的成分在外围。如果 λ_1 和 λ_2 之间的波长差逐渐加大,使得 λ_1 的 k 级条纹与 λ_2 的 $k-1$ 级条纹重叠,则

$$k\lambda_1 = (k-1)\lambda_2 \tag{3.46}$$

则

$$\lambda_2 - \lambda_1 = \lambda_2 / k \tag{3.47}$$

由于 k 的值很大,可用中心条纹的级数代替,并用 λ 代替右边的 λ_2,可得

$$(\Delta\lambda)_{S,R} = \lambda_2 - \lambda_1 = \frac{\lambda^2}{2h} \tag{3.48}$$

其中,$(\Delta\lambda)_{S,R}$ 为标准具常数或自由光谱范围,它表征了间距为 h 的标准具所允许的不同波长的干涉条纹不重级的最大波长差。若被研究的谱线波长差大于这个自由光谱范围,两套圆环之间就会发生重叠或错级,给分析带来困难。因此在使用标准具时,应根据被研究对象的光谱波长范围来确定间隔圈的厚度。若 $\Delta\lambda$ 是被测谱线的波长范围,则用来测量此谱线的精细结构的法布里-珀罗标准具的参数选配应满足条件:

$$(\Delta\lambda)_{\min} \leqslant \Delta\lambda \leqslant (\Delta\lambda)_{S,R}$$

式中,$(\Delta\lambda)_{\min} = \dfrac{\lambda^2(1-R)}{2\pi h \sqrt{R}}$,$R$ 为反射系数,一般情况下 R 在 90% 以上。

2. 分辨本领

$(\Delta\lambda)_{\min}$ 为相应 h,R 的标准具所能分辨的最小波长差,F 为标准具的分辨本领,其表达式为

$$F = \frac{(\Delta\lambda)_{S,R}}{(\Delta\lambda)_{\min}} = \frac{\pi\sqrt{R}}{1-R} \tag{3.49}$$

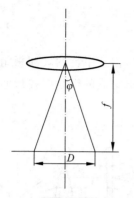

图 3.30 平行光经透镜成像
示意图

F 也称为精细度,其物理意义是相邻两个干涉级条纹之间能够被分辨的干涉条纹的最大数目。精细度只依赖于反射膜的反射率,反射率越高,精细常数越大,仪器能够分辨的条纹数越多,也就是仪器分辨本领越高。

本实验主要是利用 F-P 标准具观察到汞绿线光谱的精细结构。汞绿线光谱主要由汞的同位素 Hg^{201} 与 Hg^{203} 产生的谱线形成,其中 Hg^{201} 产生 α,β,γ 谱线,β 线是汞绿线光谱的主线,中心波长 $\lambda = 546.07$ nm。

由 F-P 标准具透射出来的平行光,经焦距为 f 的透镜成像在焦平面上,形成同心的干涉圆环,其直径为 D,如图 3.30 所示,则有

$$D/2 = f \cdot \tan\varphi, \quad \tan\varphi \approx \varphi \tag{3.50}$$

$$\cos\varphi \approx 1 - \varphi^2/2 = 1 - \frac{D^2}{8f^2} \tag{3.51}$$

$$2h\cos\varphi = 2h\left(1 - \frac{D^2}{8f^2}\right) = k\lambda \tag{3.52}$$

若某光源含有两个波长非常接近的光谱成分 λ_α、λ_β,则它们将各自形成一组环形条纹,如图 3.31 所示。对于不同波长 λ_α、λ_β 同一干涉级(级次均为 k)的条纹,由式(3.51)和式(3.52),得

$$(\Delta\lambda) = \lambda_\beta - \lambda_\alpha = -(D_\beta^2 - D_\alpha^2)\frac{h}{4f^2 k} \tag{3.53}$$

以 ΔD^2 为基础波长,对于相同波长的不同级次 k 级和 $k-1$ 级的干涉圆环,则有

$$D_{k-1}^2 - D_k^2 = \frac{4f^2\lambda}{h} \tag{3.54a}$$

可见,ΔD^2 是与干涉级 k 无关的常数。

考虑干涉场中心附近的点,当光近似正入射时可认为 $\varphi \approx 0$,$k \approx 2h/\lambda$,则有

$$D_{k-1}^2 - D_k^2 = \frac{4f^2\lambda}{h} = \frac{4f^2 k}{h} \cdot \frac{\lambda^2}{2h} \tag{3.54b}$$

由式(3.53)和式(3.54),可得同一干涉级不同波长 λ_α 和 λ_β 的谱线波长差关系为

$$\Delta\lambda = \lambda_\alpha - \lambda_\beta = \frac{(D_\alpha^2 - D_\beta^2)}{(D_{k-1}^2 - D_k^2)}\frac{\lambda^2}{2h} \tag{3.55}$$

【实验内容与步骤】

本实验主要测汞绿线的 α,β,γ 谱线,如图 3.31 所示,β 线是汞绿线的主线,中心波长 $\lambda = 546.07$ nm,实验所用的干涉滤光片的中心波长为 546.1 nm。

1. 光路调整

参照图 3.32 布局大致安排实验光路,并将各光学元件调至等高共轴。

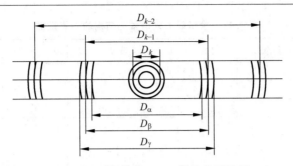

图 3.31　汞绿线的 α,β,γ 谱线的干涉环

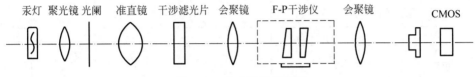

图 3.32　实验装置原理图

2. 标准具调整

本实验选用的是间距 $h=5$ mm 的 F-P 标准具。标准具反射面多层介质高反膜的反射率 $R=0.95$,标准具上配有一个微调支架,支架可前后左右微动 10°左右。标准具两平板的平行性可通过调整各平行螺钉,使各螺钉受力差不多(不过松不过紧)。

注意:一般来说 F-P 标准具在出厂前厂家已校准好,因此不建议学生调整,需要调整时应先报告指导老师,得到许可后方可调整。

(1) 用单色扩展光源(汞灯和 546.1 nm 滤光片)照明,观察光阑及其像是否完全重合,若不重合仔细调节标准具两平板的调平螺钉,使光阑及其像完全重合,这时可以看到干涉条纹。仔细调节使圆条纹尽量清晰,此时表明两平板基本平行。

(2) 再仔细调节其中一平板的微动螺钉,直到眼睛上下左右移动时各干涉圆环的大小不变,即干涉环的中心没有变化(无条纹的吞吐),仅仅是圆环整体随眼睛一起平动,此时两平板严格平行,得到理想的等倾条纹。

3. 精细结构的测量

(1) 参照图 3.32 所示的光路放入准直物镜,利用自准直法调整准直镜位置,使从准直镜出射的光为平行光。

(2) 在干涉滤光片和标准具之间放入会聚透镜,使会聚(或发散)光照明标准具,并在标准具上有足够大的光斑,使得从标准具出射的光照射另一个会聚镜,并在其后焦面上形成清晰的同心圆条纹。

(3) 加入接收系统,用 CMOS(或读数显微镜)接收干涉图样,测出中心位置附近 α,β,γ 线的三个亮圆环对应的直径。

【实验数据记录及处理】

将所测得数据记录于表 3.11,并以 β 线为基准,求出 α,γ 线相对于 β 线的 Δλ。

表 3.11　汞绿线的光谱精细结构的测量数据

	x/mm	D/nm	D^2	$D_\alpha^2-D_\beta^2$ 或 $D_\gamma^2-D_\beta^2$	$D_{k-1}^2-D_k^2$	$\overline{D_{k-1}^2-D_k^2}$	$\Delta\lambda/\mathrm{nm}$
α 线	$X_k=$						
	$X_{-k}=$						
	$X_{k-1}=$						
	$X_{-k+1}=$						
	$X_{k-2}=$						
	$X_{-k+2}=$						
β 线	$X_k=$						
	$X_{-k}=$						
	$X_{k-1}=$						
	$X_{-k+1}=$						
	$X_{k-2}=$						
	$X_{-k+2}=$						
γ 线	$X_k=$						
	$X_{-k}=$						
	$X_{k-1}=$						
	$X_{-k+1}=$						
	$X_{k-2}=$						
	$X_{-k+2}=$						

【注意事项】

1. F-P 标准具是很精密的仪器,一般不建议学生调节两平板平行的三个螺丝(厂家在出厂时已校准)。

2. 各镜面应与光轴垂直,使干涉条纹在整个观察视场中清晰、对称。

3. 测量数据时动作要平稳、缓慢,装置要保持稳定。

【思考题】

1. 由实验测量的数据,验证 $D_k^2-D_{k-2}^2$ 是常数。

2. 对光谱进行精细结构分析时,应根据什么条件选择 F-P 标准具?本实验为何选用 $h=5$ mm 的 F-P 标准具,试分析原因。

3. 用本实验装置能否测定钠双线?为什么?

4. 在实验中,干涉滤光片的作用是什么?

3.10　马赫-曾德尔干涉实验

马赫-曾德尔干涉仪(Mach-Zehnder interference,M-Z 干涉仪)是利用分振幅法产生双光束实现干涉的仪器,可用来观测从单独光源发射的光束分裂成两束光之后,经过不同路径与介质所产生的相对相移变化。曾德尔首先于 1891 年提出该仪器的构想,后来物理学家恩斯特·马赫和儿子路德维希·马赫为捕捉冲击波的影踪,由路德维希·马赫发明该干涉仪,

并成功观测到更清晰的图像。为纪念奥地利物理学家路德维希·马赫和路德维·曾德尔做
出的贡献,该仪器被命名为马赫-曾德尔干涉仪。如今,它已广泛应用于干涉计量、光通信、
传感和调制等领域。

【实验目的】

1. 掌握马赫-曾德尔干涉仪的原理和结构。
2. 学会调节两束相干光的干涉。
3. 学会组装并调节马赫-曾德尔干涉仪,观察干涉条纹。

【实验仪器】

He-Ne 激光器,平面反射镜 1 和 2,分束器,合束器,扩束滤波准直系统,可变光阑,光强
衰减片,白屏。

【实验原理】

马赫-曾德尔干涉仪是用分振幅法产生双光以束实现干涉的仪器,具体光路如图 3.33
所示。

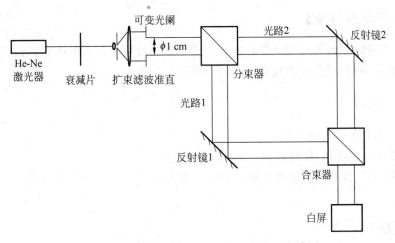

图 3.33　马赫-曾德尔干涉仪实验装置及光路图

由 He-Ne 激光器发出的激光由扩束镜(显微物镜)、针孔滤波和透镜准直后形成宽口径
平面波,经可变光阑后,光斑直径变为 1 cm 后,再经分束器分成两路:透射光和反射光。透
射光(物光)被反射镜 2 反射后,经过合束器垂直入射到距离 20 cm 处的白屏上;经过分束
器后的反射光作为参考光,被反射镜 1、合束器反射后到达白屏与物光发生干涉产生干涉条
纹,可将白屏换成 CCD 记录下来传输到计算机中。

【实验内容与步骤】

(1) 等高共轴调整。调节激光器水平,调整各器件的高度和俯仰,使其等高共轴,在调
节透镜时要注意使反射光点重合。

(2) 参照图 3.33 搭建马赫-曾德尔干涉仪。先不对激光光束进行扩束准直,而是在激

光束的传播方向上放置分束器,将 He-Ne 激光器的主光束平分得到两个分光束。调整分束器角度,得到两条严格垂直的分光束。在光路 1 中放置反射镜 1,将分光束 1 的传播方向改变,该反射镜与分束器位于同一列螺纹孔。反复调节反射镜的位置和反射角度,直到得到严格平行且等高共轴的两束光线。

(3) 在光路 2 中放置反射镜 2,并调整它的方向,使两分光束可以刚好在空间相交且刚好满足严格的等光程,两束光汇合在白屏上。

注意:确定光斑是否落在各镜面中心,可用擦镜纸轻轻挡在镜面前观察光斑的位置。

(4) 固定激光,测量记录一路光路的长度,调整另一路光路,使这路光路的长度与刚刚记录的光路长度一致,固定光路。

(5) 观察白屏上的两个激光斑是否重合,若不重合,微调分束镜的控制钮,使两个光斑完全重合。

(6) 准直调节。在激光器后加入针孔滤波和透镜准直,调节扩束准直系统,得到平行光(可用剪切法)。加入可变光阑,使平行光中心通过光阑的中心。

(7) 将白屏后移 10～20 cm,在原白屏的位置加上合束器,细调分束镜的控制钮并观察白屏上的激光干涉现象,直到现象最明显为止,此时得到清晰的竖直干涉条纹。

(8) 调节一路光路的长度,直至白屏上的干涉条纹消失,记录此时的光路长度。

【实验记录及结论】

记录出现清晰干涉条纹时两光路的长度和干涉条纹刚好消失时的光路长度,表格自拟。同时,进行实验分析,总结实验规律,分析实验误差。

【注意事项】

1. 遵守光学实验的操作规定。

2. 避免人为的震动,保持肃静。

3. 注意安全,谨防眼睛被激光束直射或反射到。激光器内有高压电路,不要随便触摸其电源。

【思考题】

1. 如果经分束器后两路光光强不同,应该使用什么光学元件改善?

2. 马赫-曾德尔干涉仪和迈克耳孙干涉仪的区别是什么?各有什么特点?

3.11　单缝和圆孔的夫琅禾费衍射实验

光的衍射现象也是光的波动性的重要特征之一。衍射现象是指光在传播过程中遇到障碍物时,会偏离直线传播规律进入几何阴影区,并在几何阴影区附近出现光强度分布不均匀的现象。衍射现象分两大类:夫琅禾费衍射(远场衍射)和菲涅耳衍射(近场衍射),本实验研究单缝和圆孔的夫琅禾费衍射。研究光的衍射,不仅有助于加深对光的本质的理解,同时也有助于进一步学习近代光学实验技术,如光谱分析、光信息处理等。

【实验目的】

1. 观察单缝和圆孔的夫琅禾费衍射现象。
2. 学习利用光电元件测量相对光强的实验方法。
3. 观察夫琅禾费衍射中相对光强的分布规律,并测出单缝宽度或圆孔直径。

【实验仪器】

He-Ne 激光器,扩束镜,光衰减器(起偏/检偏器),狭缝组,光阑,光屏(带孔,可装光强测定仪的探头),硅光电池,数字万用表,示波器或计算机。

【实验原理】

1. 产生夫琅禾费衍射的条件

产生夫琅禾费衍射的条件是要求光源和接收屏都距离衍射屏(如单缝)无限远,即入射光和衍射光都是平行光。在实际中,距离无限远是办不到的,下面介绍两种实验室中接收夫琅禾费衍射常采用的装置。

(1)"焦面接收"装置

将光源 S 放在凸透镜 L_2 的前焦面上,把接收屏放在凸透镜 L_2 的后焦面上,如图 3.34 所示,则由几何光学可知,S、P 与狭缝 D 的距离相当于无限远。

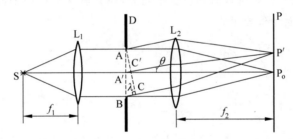

图 3.34　夫琅禾费衍射原理

(2)"远场接收"装置

在满足一定条件时,也可以不用上述两块透镜,而获得夫琅禾费衍射图样。这个一定的条件有以下两种情况:

① 衍射屏透光部分线度很小而且离光源很远,即满足

$$\frac{2\pi}{\lambda} \cdot \frac{a^2}{8R} \ll 1 \tag{3.56}$$

其中,R 为光源到衍射屏(单缝)D 的距离,a 为缝隙 D 透光部分的线度(缝宽)。

② 若接收屏离衍射屏足够远,即满足:

$$\frac{2\pi}{\lambda} \cdot \frac{a^2}{8Z} \ll 1$$

其中,Z 为 D 与接收屏 P 的距离。以上所说的两个条件称为夫琅禾费衍射的"远场条件"。

夫琅禾费衍射不仅表现在单缝衍射中,也表现在各种小孔中,图 3.35 所示是单缝、圆孔和矩形孔的夫琅禾费衍射花样。

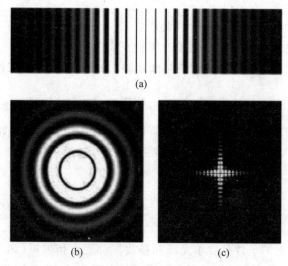

$$(a)$$

$$(b) \qquad\qquad (c)$$

图 3.35　单缝、圆孔、矩形孔夫琅禾费衍射花样

(a) 单缝；(b) 圆孔；(c) 矩形孔

2. 夫琅禾费单缝衍射图样规律及单缝宽度测量

当一束单色平面光波垂直入射到单缝平面上，在其后的透镜焦平面上得到单缝的夫琅禾弗衍射花样，其光强分布规律如下：

$$I_\theta = I_0 \cdot \frac{\sin^2 u}{u^2} \tag{3.57}$$

其中，

$$u = \frac{2\pi a \sin\theta}{\lambda} \tag{3.58}$$

式中，λ 为单色光波长；a 为单缝宽度；θ 为考察点相应的衍射角；I_0 为衍射场中心点的光强。由式(3.57)可见，当 $\theta = 0$ 时，光强具有极大值 $I_\theta = I_0$，称为中央主极大(中央亮条纹)。随着 θ 的增大，I 有一系列极大值和极小值，极小值条件为

$$a \sin\theta = k\lambda, \quad k = \pm 1, \pm 2, \cdots \tag{3.59}$$

可见，如果测得某一级极小值的位置，即可求得单缝的宽度。

实际上，θ 很小，因此式(3.59)可写成

$$\theta = k\lambda/a, \quad k = \pm 1, \pm 2, \pm 3, \cdots \tag{3.60}$$

除中央主极大以外，两相邻暗纹之间有一个次极大，这些次极大位置分别在：

$$\theta = \pm 1.43\lambda/a, \pm 2.46\lambda/a, \cdots \tag{3.61}$$

其相对光强分别为

$$I_\theta/I_0 = 0.047, 0.017, \cdots \tag{3.62}$$

如图 3.36 所示。若以远场接收光路，当衍射角 $\theta \ll 1$ 时，接收屏 P 上坐标与衍射角近似满足

$$\sin\theta_k \approx \theta_k \approx X/Z \tag{3.63}$$

比较式(3.60)和式(3.63)可得

$$k\lambda/a = X_k/Z \tag{3.64}$$

由以上讨论可知：

(1) 中央亮条纹的宽度由 $k = \pm 1$ 的两个暗条纹的衍射角所确定,即中央亮条纹的角宽度为

$$\Delta\theta = 2\lambda/a \tag{3.65}$$

(2) 其余亮条纹(次极大)的角宽度为(两个相邻暗条纹之间的角距离)为 λ/a,故中央亮条纹的角宽度为其余各亮纹角宽度的两倍。

(3) 衍射斑角宽与缝宽成反比,即 a 小,$\Delta\theta$ 大,衍射条纹铺展宽；缝宽增加,各级条纹向中央收缩；当缝宽 a 足够大($a \gg \lambda$)时,衍射现象不明显,可忽略不计,此时将光看成沿直线传播。

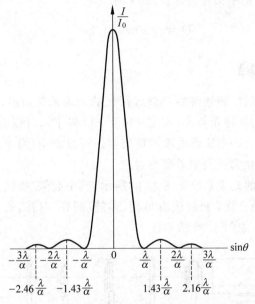

图 3.36　夫琅禾费单缝衍射及相对光强分布图

3. 圆孔的夫琅禾费衍射及圆孔的直径测量

夫琅禾费衍射不仅表现在单缝衍射中,也表现在圆孔的衍射中,如图 3.37 所示。平行的激光束垂直地入射于圆孔光阑 1 上,衍射光束被透镜 2 会聚在它的角平面 3 上,若在此焦平面上放置一个接收屏,将呈现出衍射条纹。衍射条纹为同心圆,它集中了 84% 以上的光能量,P 点的光强分布为

$$I_\theta = I_0 \cdot \left(\frac{2J_1(x)}{x}\right)^2 \tag{3.66}$$

其中,x 用衍射角 θ 及小孔半径 a 表示：

$$x = \frac{2\pi a \sin\theta}{\lambda} \tag{3.67}$$

$J_1(x)$ 为一阶贝塞尔函数,它可以展开成 x 的级数：

$$J_1(x) = \sum_{k=0}^{\infty} \frac{(-1)^k}{k!(k+1)!} \cdot \left(\frac{x}{2}\right)^{2k+1} \tag{3.68}$$

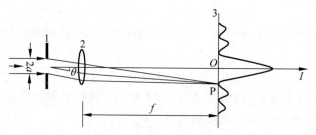

图 3.37　夫琅禾费圆孔衍射及相对光强分布图

中央光斑(第一暗环)的直径为 D，P 点的位置由衍射角 θ 来确定，若屏上 P 点离中心 O 的距离为 $r(r=f\sin\theta)$，则中央光斑的直径 D 为

$$D = 2f\sin\theta = 1.22\frac{\lambda f}{a} \tag{3.69}$$

【实验内容与步骤】

本实验采用"远场接收"装置观察单缝或圆孔的夫琅禾费衍射，具体地说，用 He-Ne 激光器做光源，一般激光的发散角很小(在 2×10^{-3} rad 以下)，可以看成平行光，将接收屏放在单缝或圆孔后面足够远处来实现夫琅禾费衍射。可以证明，当单缝与接收屏距离满足条件 $Z \gg a^2/(8\lambda)$ 时，可以认为是夫琅禾费衍射。

衍射光强分布测定的光学系统如图 3.38 所示，其中起偏/检偏器是利用两片偏振片组合成光衰减器，用于减弱光强；狭缝组有单缝、多缝、圆孔、双孔、长方形孔、楔缝等图形，用于产生相应的衍射花样，如图 3.39 所示。

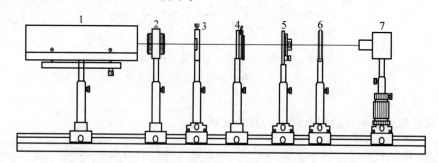

图 3.38　光强分布测定仪装置示意图

1-He-Ne 激光器；2-起偏/检偏器；3-扩束镜；4-光闸；5-狭缝组；6-透镜；7-光屏/光电池(或数码相机)

1. 调整实验系统，观察单缝衍射现象

(1) 参照图 3.38 在导轨上放置好各光学元件。

(2) 开启激光器电源，调整光学元件等高同轴，并使得光斑均匀、亮度合适，一般应在激光器点燃半小时后测量，以保证光强稳定性。

(3) 选择衍射板中的任一图形，调节单缝与观察屏之间的位置，使产生的衍射图案在光

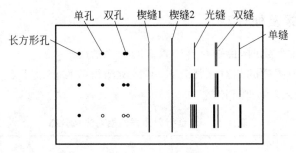

图 3.39　狭缝组件图示

屏上清晰显示；先可不用加偏振片衰减器 2 和光阑 4，使激光通过扩束镜照射到狭缝上，用光屏接收衍射条纹。调整透镜和光屏之间的距离，找到清晰、明显的衍射图样，固定光屏的位置。

（4）调整单缝宽度使它先由宽变窄，再由窄变宽，重复数次，观察屏上呈现光场的变化情况。调整缝宽，使屏上呈现一个清晰的衍射图样，比较各级亮条纹的宽度以及它们的亮度分布情况（可在观察屏上贴有标尺或毫米方格的纸）。

2. 测量单缝衍图样的相对光强分布

（1）调节缝宽，使光屏上呈现出清晰的衍射图样。用安装在测微螺旋装置上的硅光电池代替光屏，接收衍射光，并使硅光电池沿衍射图的展开方向作匀速直线运动。于是硅光电池将由于不同光强照射而产生不同的光电流，将它输入慢扫描示波器（如 SB-14 型）或数字示波器上观察衍射光的强度。当硅光电池在屏的位置上连续运动时，就在示波器荧光屏上出现图 3.35 的图样。

注意：由于光电池受光面积大，可在它前面加一个宽度也可调的微分狭缝作为光阑，以满足逐点测量的要求。

（2）固定缝宽，将硅光电池输出接到数字万用表上，测量不同位置上的等效光强。先测中央主极大 I_0 所对应的读数，再依次测量从 $k=2$ 级暗纹到 $k=-2$ 级暗纹之间各点的光强对应的读数，共取 20 个点。在取点时，应在光强变化率大处密集取点，不必均匀。

（3）将所测得数据归一化，即将所测量数据对其中的最大值（即中央主极大）取相对比值（即相对光强）。在坐标纸上作 I/I_0-x 曲线，即得单缝衍射的相对光强分布曲线，并与理论结果进行比较。

（4）从分布曲线可测得当 $k=-2,-1,1,2$ 时的各衍射暗纹间距 x_k，测出单缝到光电池的距离 z，将 x_k 和 z 代入式（3.64），计算相应的单缝宽度 a，并求平均值。

3. 测量圆孔的衍射图样的光强分布

测量步骤如 2。将测得的光斑直径 D 和透镜焦距 f 代入式（3.69），计算圆孔的半径 a。

4. 观察衍射图样并绘制曲线

观察单缝、双缝、三缝、四缝、无缝、各种光栅以及各种矩孔、方孔、双圆孔、三角孔的衍射图案并绘制相对光强分布曲线，说明衍射图中极大、极小的数目，分析其变化趋势。

【实验数据记录及处理】

1. 记录单缝宽度变化时,衍射花样中条纹的变化情况。

2. 测量单缝衍射图样的相对光强分布,并将所测得数据记录于表 3.12,绘制出相对光强分布曲线,并与理论结果进行比较。

表 3.12　单缝衍射图样的相对光强分布

次数 i	1	2	...	19	20
x/mm					
相对光强 I/I_0					

3. 测量单缝到光电池的距离 z,记录 $k=\pm2$、±1 的各衍射暗纹间距 x_k,将测量数据记录于表 3.13,并计算单缝宽度 a。

表 3.13　单缝宽度测量

参量　　　k	z/mm	X_k/mm	a/mm	$\bar{a}$/mm

4. 根据单圆孔衍射将测得的光斑直径 D 和透镜焦距 f,计算圆孔的半径 a,表格自拟。

5. 观察单缝、双缝、三缝、四缝、光栅以及单圆孔、双圆孔、矩孔、方孔、三角孔的衍射图案并绘制相对光强分布曲线,并说明衍射图中极大、极小的数目,分析其变化趋势。

6. 分析实验结果,总结实验规律,分析实验误差。

【注意事项】

1. 光学元件易损易碎,必须轻拿轻放,严禁用手触摸拿捏光学面,只能接触支架或非光学面,以免弄脏或损坏。

2. 光路要严格等高共轴。

3. 运用光强测定仪探测光强之前先保证探头已固定好,测量过程中其不能偏转,探测之前要先调零,并对其探头进行测试。

【思考题】

1. 实现夫琅禾费衍射的条件是什么?

2. 在该实验图像中,中央亮纹的角宽度与各次极大(亮纹)的角宽度间有何关系?

3. 入射光束不垂直单缝平面时,对衍射光强分布有何影响?

4. 为什么应尽可能使衍射狭缝与 CCD 平行? 在实验中如何判断是否平行?

5. 能否用单缝衍射图样的极大值位置测量单缝宽度? 为什么?

6. 如果激光器输出的单色光照射在一根头发丝上,将会产生怎样的衍射花样? 可用本实验的哪种方法测量头发丝的直径？

7. 本实验采用了激光衍射测径法测量细丝直径，它与普通物理实验中的其他测量细丝直径方法相比有何优点？试举例说明。

8. 通过本实验，谈一谈你对艾里斑的理解。

3.12　用双光源衍射法测量狭缝宽度

通过研究单缝的夫琅禾费衍射的衍射花样可判断出狭缝的宽度，只要测得某一级条纹的位置及对应于该条纹的衍射角，即可求得单缝的宽度。然而这种测量方法要测出衍射条纹位置，而衍射角很小，条纹位置往往要借助于示波器或计算机来进行观察和测量。而本实验换一个思路，采用双光源衍射法，只需根据条纹数和它们之间的距离便可确定出狭缝宽度。

【实验目的】

1. 掌握双光源衍射法的基本原理，加深对夫琅禾费衍射规律的理解。
2. 利用双光源衍射法测定光谱仪的狭缝宽度及两刀口的平行性。

【实验仪器】

钠光灯，长焦距聚光镜，双狭缝，被测狭缝，光阑板，光具座，光屏（带孔，可装光强测定仪的探头）。

【实验原理】

如 3.11 节所述，夫琅禾费衍射的规律是在衍射角

$$\theta = k\lambda/a, \quad k = \pm 1, \pm 2, \pm 3, \cdots \tag{3.70}$$

的位置出现极小值（暗纹），根据这个规律便可确定单缝宽度 a。而本实验是采用双光源衍射法确定狭缝宽度，其实验光路如图 3.40(a)所示，作为衍射光源的双狭缝如图 3.40(b)所示。

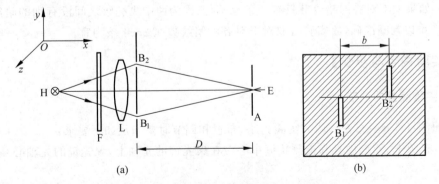

图 3.40　双光源衍射法实验光路和双狭缝形状

(a) 实验光路；(b) 双狭缝形状

H-汞灯；F-滤光片；L-聚光镜；B_1、B_2-双狭缝；A-被测狭缝

由汞灯 H 发出的光经过干涉滤光片 F 或普通的绿色滤光片后成为准单色光。聚光镜 L 把光会聚在被测狭缝 A 上，双缝 B_1、B_2 把光分为两个方向不同的光束照明狭缝 A，产生两组同样的衍射条纹，由于双缝 B_1 和 B_2 上下错开，所以两组衍射条纹上下错开，如图 3.41 所示。

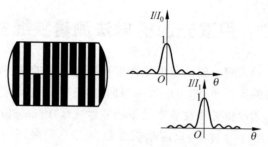

图 3.41   上下错开的两组衍射条纹

两个中央亮纹对狭缝的张角 ω 等于双缝 B_1、B_2 对狭缝 A 的张角，即

$$\omega = \frac{b}{D} \tag{3.71}$$

式中，b 是双缝 B_1、B_2 之间的距离；D 是双缝与被测狭缝之间的距离。前后移动被测狭缝，设在某一位置，两中央亮纹之间有一条暗纹上下对齐，说明 ω 角恰为 θ' 角的两倍。继续让被测狭缝靠近双缝，ω 角逐渐增大，当两中央亮纹之间有两条暗纹上下对齐时，ω 角就是 θ' 角的 3 倍。一般情况下，当两中央亮纹之间有 m 条暗纹上下对齐时，则 ω 角由下式确定

$$\omega = (m+1)\theta' \tag{3.72}$$

将式(3.70)和式(3.71)代入式(3.72)中得

$$a = (m+1)D\frac{\lambda}{b} \tag{3.73}$$

上式表明，实验时只要记下对齐的暗纹数 m，测出距离 D，由给定的 λ 和 b 值就可计算出缝宽 a。

从式(3.73)看出，似乎两中央亮纹之间上下对齐的暗纹数 m 可以是任意的，其实不然。如果暗纹数过多，容易使眼睛疲劳，不易把许多暗纹同时上下对齐，而且式(3.70)也不再严格成立；如果上下对齐的暗纹数只有一条也不行，因为两中央亮纹之间没有别的暗纹参考，是否对齐难以判断准确，故实验时取对下对齐的暗纹数在 2～4 条为宜。

【实验内容与步骤】

1. 实验装置的调节

参照图 3.40(a)布置和调节实验光路，布置和调节时要满足如下要求：

（1）光源 H，双缝中心和被测狭缝中心应在聚光镜的光轴上，聚光镜的光轴必须与导轨平行。

（2）被测狭缝与双缝的长边方向互相平行，它们所在平面应与导轨垂直。

（3）光源被聚光镜成像在被测狭缝上。

2. 测量狭缝的宽度

（1）开启纳光灯电源等待片刻至纳光灯发光稳定。

（2）将被测狭缝安装在滑动底座上，使狭缝长边方向沿垂直方向，开启狭缝使鼓轮示值为 100 μm。

（3）前后移动滑座，使两条中央亮纹之间有两条暗纹上下对齐。

（4）前后移动光源，使光源经聚光镜成像在被测狭缝上。

（5）利用齿轮、齿条机构前后微动狭缝，使上下暗纹准确对齐，记下滑动底座在导轨上的坐标 D_1 和狭缝在滑动底座上的坐标 D_2，重复 4 次，记下 4 组（D_1、D_2）值。

（6）改变狭缝与双缝之间的距离，使两条中央亮纹之间分别有 3 条和 4 条暗纹上下对齐，重复（4）～（5），求出缝宽的平均值。

【实验数据记录及处理】

将所测得数据记录于表 3.14，并求出缝宽的平均值。

表 3.14　用双光源衍射法测量狭缝宽度

参量 次数 i	滑动底座坐标 D_1/mm	狭缝坐标 D_2/mm	狭缝与双缝的 间距 D/mm	对齐的暗 纹数 m	a/mm	$\bar{a}$/mm
1						
2						
3						
4						

【注意事项】

1. 光谱仪的狭缝是精密部件，在旋转狭缝时，用力要轻而均匀。

2. 在任何情况下，都不能让狭缝的两刀口闭合，以免碰损刀口。

【思考题】

1. 在本实验中，还可以采用另一种方法计算狭缝宽度，其公式为

$$a = (m_1 + 1)(m_2 + 1)\frac{\lambda}{b} \cdot \frac{\Delta D}{\Delta m}$$

式中，m_1 为第一次对齐的暗纹数，m_2 为第二次对齐的暗纹数（$m_1 = m_2$），ΔD 为两次对齐暗纹时狭缝移动的距离，Δm 为两次对齐的暗纹数之差。试证明这一公式，并用其计算缝宽，与前面的结果进行比较。

2. 实验中的聚光镜有何作用？（提示：从衍射性质考虑）

3. 在实验中，如果不将两条中央亮纹之间的暗纹上下对齐，而将两条中央亮纹之间的次级亮纹对齐行吗？

3.13　单缝和圆孔菲涅耳衍射现象的研究

菲涅耳衍射(Fresnel diffraction)也叫近场衍射,是指光波在近场区域的衍射,即光源或接收衍射图样的光屏与衍射孔(障碍物)的距离是有限的,夫琅禾费衍射的线性公式不再适用。菲涅耳衍射积分式可以用来计算光波在近场区域的传播,是由法国物理学者奥古斯丁·菲涅耳在惠更斯原理的基础上提出的。经典的标量衍射理论最初是由惠更斯在1678年提出的,1818年菲涅耳引入干涉的概念补充了惠更斯原理,1882年基尔霍夫利用格林定理,采用球面波作为求解波动方程的格林函数,导出了严格的标量衍射公式。由此可见,菲涅耳衍射积分式是基尔霍夫衍射公式的近似。

【实验目的】

1. 加深对菲涅耳衍射半波带的理解。
2. 掌握菲涅耳衍射和夫琅禾费衍射的产生条件。

【实验仪器】

He-Ne激光器,起偏/检偏器,扩束器,透镜($f=150$ mm),光阑,狭缝组,光屏(带孔,可装光强测定仪的探头),光电池(或数码相机),计算机。

【实验原理】

菲涅耳衍射是指光源和观察屏离衍射孔(障碍物)的距离都是有限远的衍射。当光源或观察屏与障碍物(或孔)之间的距离有限时,这时产生的衍射就不再是夫琅禾费衍射了,因为这时衍射积分公式中的相因子不再像夫琅禾费衍射那样是波阵面次波坐标的线性函数,这种衍射的数学分析就复杂多了。根据惠更斯-菲涅耳原理,用简化的半波带和细致的矢量图解法,可以求得圆孔和圆屏在轴上的衍射光强。

菲涅耳单缝衍射的原理如图3.42所示。若以单色点光源照射圆孔,在有限远处设置观察屏,在屏上将观察不到圆孔的清晰几何影,而是一组明暗交替的同心圆环状衍射条纹。以不透光的圆屏代替圆孔,在原几何阴影处可观察到中心为亮斑、外围为明暗交替的圆环条纹。这是菲涅耳衍射的典型例子。

根据惠更斯-菲涅耳原理计算菲涅耳衍射的强度分布时,必须先对波前作无限分割,然后用积分求次波的合振幅,计算过程比较复杂。在处理圆孔或圆屏衍射时常用菲涅耳半波带法,它是用较粗糙的分割来代替对波前的无限分割,相应地,次波叠加时的积分可简化成多项式求和。该方法虽然不够精确,但可较方便地得出菲涅耳衍射的主要特征。

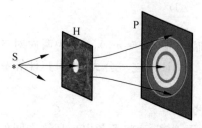

图 3.42　菲涅耳单缝衍射的原理图

如图3.43所示,S是波长为λ的点光源,P为观察点,O是衍射光屏上的圆孔中心点,设圆孔半径为ρ,取光源到衍射圆孔的距离为R,圆孔到观察场点P的距离为b,以P为球心,分别以$b+\lambda/2,b+3\lambda/2,b+5\lambda/2\cdots$为半径作球面,将透过小孔的波面（或波前）分割成若干以 O 为圆心的圆环带，使得相邻两个波带的边缘点到 P 点的光程差等于半个波长，这就是菲涅耳半波带。

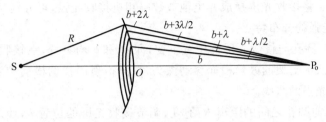

图 3.43　菲涅耳圆孔衍射波带分割原则示意图

为探究观察点 P 的光强，可将所有半波带的波进行叠加，相邻的两个半波带所贡献的波近似相消，因此要判断 P 点的亮暗，关键在于求出圆孔露出波面对 P 点所包含的半波带数目 k，可以证明圆孔半径 ρ 与 k 的关系如下：

$$\rho^2 = \frac{kRb\lambda}{R + b} \tag{3.74}$$

若入射光线为平行光，即 $R \to \infty$，可得：

$$k = \frac{\rho^2}{b\lambda} \tag{3.75}$$

可见，对于给定的圆孔半径 ρ，随着 b 的逐渐增大，k 逐渐减小，圆孔包含的半波带数 k 与菲涅耳圆孔衍射的中心圆环光强有着如下的密切联系：

(1) 当 $k = 2n + 1$，中心圆环呈现亮环，光强较强。

(2) 当 $k = 2n$，中心圆环呈现暗环，光强较弱。

【实验内容与步骤】

1. 参照图 3.44 布置好光路，打开 He-Ne 激光器，调节俯仰，保证出射光线水平，同时调节光路等高共轴。

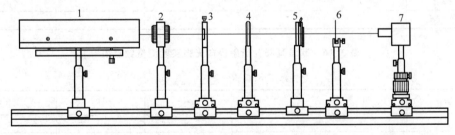

图 3.44　光强分布测定仪实验装置图

1-He-Ne 激光器；2-偏振衰减器；3-扩束镜；4-透镜；5-光阑；6-狭缝组；7-光电池（或数码相机）

2. 先不加偏振衰减器 2、透镜 4 和光阑 5，使激光通过扩束镜照射到狭缝上，并用白屏接收衍射条纹。调整狭缝和接收光屏之间的距离，直到找到清晰、明显的衍射图样，固定狭缝的位置（参见图 3.47）。

3. 改变缝宽，观察衍射结果。缓慢、连续地将狭缝由窄调至宽，观察接收屏上的衍射图样变化，找出规律。在观察时，注意整个过程中由夫琅禾费单缝衍射到菲涅耳单缝衍射的转化,并与理论分析结果进行比较。

4. 将狭缝换成半径 $\rho=0.5$ mm 的圆孔,找到清晰的圆孔衍射图样后,加上偏振衰减器和光阑以减弱光强,将接收光屏换成光电池或数码相机接收光强,再分别从横向和径向分析菲涅耳圆孔衍射光强的分布特点:

(1) 保证光源、圆孔与接收光屏的位置不变,即 R 和 b 均不变,在接收光屏的小孔上装上探头,通过调节探头支架的鼓轮横向移动探头,探测衍射图样的横向位置各点光强,记录数据,描绘出横向光强的曲线。

(2) 保证光源与圆孔之间的距离 R 不变,调节接收光屏的位置 b,使之逐渐远离圆孔,会看到衍射图样中心发生亮—暗—亮的变化。将接收光屏取下换成探头并调至光轴中心位置,将探头沿轴线(径向)移动,每次距离改变 2 cm,测量出径向光强,记录数据,描绘出径向光强的曲线,并找出中心的亮暗与 R 和 b 的关系。

5. 在扩束镜后面放置一个凸透镜 4,将发散的光线变为平行光,让光经过圆孔衍射,调节接收光屏与圆孔之间的距离,观察接收光屏上的衍射花样,并与前面观察到的衍射花样对比,分析和总结实验结果。

【实验数据记录及处理】

1. 记录狭缝由窄变宽过程中衍射花样的变化,研究从夫琅禾费衍射到菲涅耳衍射的转化,总结两个衍射的产生条件。

2. 记录圆孔衍射花样的规律。保持 R 不变,改变 b(即移动接收光屏),记录衍射图样中心的亮暗变化与 b 的关系,验证菲涅耳圆孔衍射波带理论。

3. 在表 3.15 和表 3.16 中记录菲涅耳圆孔衍射横向和径向的光强,并描绘出变化曲线。

表 3.15 菲涅耳圆孔衍射横向光强实验测量数据表

$\rho=0.5$ mm; $R=$ _____ cm; $b=$ _____ cm

次数 i	1	2	$\cdots$	19	20
x/mm					
光强/cd					

表 3.16 菲涅耳圆孔衍射径向光强实验测量数据表

$\rho=0.5$ mm; $R=$ _____ cm

次数 i	1	2	$\cdots$	19	20
b/cm					
光强/cd					

4. 对实验结果进行分析讨论。

【注意事项】

1. 要认真、耐心地进行光路的等高共轴调节。

2. 运用光强测定仪探测光强之前要先固定好探头,测量过程中不能偏转,探测之前要先调零,并对其探头进行测试。

【思考题】

1. 菲涅耳衍射和夫琅禾费衍射的产生条件有什么不同？衍射花样有什么异同？
2. 在什么条件下会发生从夫琅禾费衍射到菲涅耳衍射的转变？
3. 半波带的数目与衍射图样中心的亮暗有什么关系？

3.14 直边菲涅耳衍射实验

一个光波垂直通过不透明的直边(刀片的直边)后,将观察到衍射图样,在日常生活中经常看到此类衍射现象。

【实验目的】

1. 了解直边菲涅耳衍射的基本原理。
2. 观察直边菲涅耳衍射光强分布的基本规律。
3. 测量直边菲涅耳衍射光强分布。

【实验仪器】

激光器,扩束器($f=6.2$ mm),刀片,光屏(带孔,可装光强测定仪的探头),导轨或平台。

【实验原理】

当点光源发出球面波,经直边(半无穷不透明屏)衍射时,会在观察屏上形成衍射场,这种衍射现象称为菲涅耳直边衍射。菲涅耳直边衍射可以证明边界波衍射的存在。半面屏衍射装置的衍射即为菲涅耳直边衍射,其产生原理如图 3.45 所示。

对于这种衍射,其光波的表达式为

$$E(x,y) = \frac{E_\infty}{1+i}\left[F\left(x\sqrt{\frac{2}{\lambda z_1}}\right) - F(-\infty)\right] \tag{3.76}$$

其中,

$$E_\infty = \frac{\exp(ikz_1)}{2i}(1+i)^2 \tag{3.77}$$

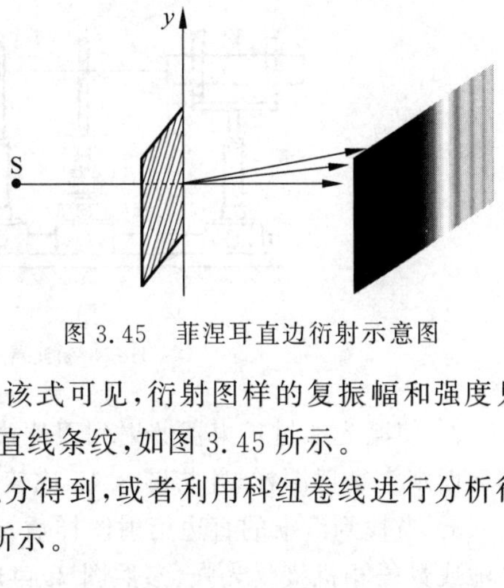

z_1 表示接受屏到半面屏的距离。

图 3.45 菲涅耳直边衍射示意图

式(3.76)就是半平面屏的菲涅耳衍射公式。由该式可见,衍射图样的复振幅和强度只随 x 坐标变化有关,因此衍射图样是平行于 y 轴的直线条纹,如图 3.45 所示。

衍射条纹的强度分布也可以通过求解菲涅耳积分得到,或者利用科纽卷线进行分析得到。其能量分布图和半边屏的位置关系如图 3.46 所示。

通过求解可知,当 $\omega = x\sqrt{\frac{2}{\lambda z_1}} \approx 1.25$ 时,菲涅耳直边衍射的光强最大,光强值约为 $1.37 I_\infty$,此时对应的是几何影区边缘旁最亮的亮条纹。其衍射条纹的光强分布规律如下:

(1) 在几何阴影区域内,光强迅速下降,但并不为零,仍有较弱的能量分布;距几何阴影区域一定距离后,光强才逐渐减弱到接近于零。

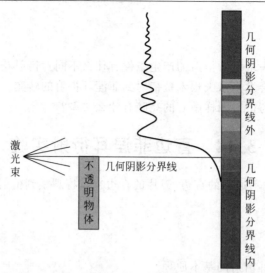

图 3.46　直边菲涅耳衍射能量分布图和直边衍射屏的位置关系

（2）几何阴影分界线处的光强既不是最大，也不是最小，其光强约为无直边衍射时的 1/4。

（3）在几何阴影分界线外产生明暗相间的条纹，但明暗条纹仅限于离几何阴影分界线很近的范围内。也就是说，在几何阴影分界线外光强重新分布，产生振荡起伏，并随着与几何阴影边缘距离的增大，条纹变密，振荡幅度逐渐减小；当距几何阴影分界线的边缘较远时，光强趋于均匀，保持不变，这与无直边衍射屏时相似。

【实验内容与步骤】

1. 参照图 3.47 布置好光路，打开 He-Ne 激光器，调节俯仰，保证出射光线水平，并调节光路等高共轴。

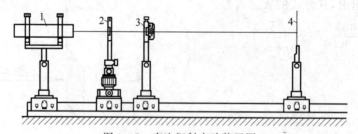

图 3.47　直边衍射实验装置图

1-He-Ne 激光器；2-扩束镜；3-刀片；4-接收光屏

2. 使激光通过扩束器照射到刀片边缘上，用毛玻璃屏（或白屏）接收衍射条纹。从毛玻璃后面观察衍射图样，并与图 3.45 比较。

3. 当找到清晰的直边衍射图样后，加上偏振衰减器和光阑以减弱光强，将光屏换成光电池或数码相机接受光强（参照图 3.44）分析菲涅耳直边衍射光强的分布特点。

【实验数据记录及处理】

1. 记录直边菲涅耳直边衍射花样的规律。

2. 记录直边菲涅耳直边衍射光强的变化，描绘出光强分布曲线。

3. 试用科纽卷线对光强分布的测量结果进行分析讨论。

【注意事项】

1. 耐心进行光路的等高共轴调节。

2. 运用光强测定仪探测光强之前先固定好探头,测量过程中不能偏转,探测之前要先调零,并对其探头进行测试。

【思考题】

1. 菲涅耳直边衍射花样的规律是什么?

2. 谈谈你对科纽卷线的理解。

3. 科纽卷线与光强分布曲线有什么对应关系?

3.15　透射光栅的光栅常量及角色散率测量

光栅(又称衍射光栅)是一种利用多缝衍射使光发生色散的光学元件,由大量相互平行、等宽、等间距的狭缝或刻痕所组成。由于光栅具有较大的色散率和较高的分辨本领,故被广泛地装配在各种光谱仪器中,不仅可应用于光谱学(如光栅光谱仪),还可应用于计量(如直线光栅尺)、光通信(光栅传感器)、信息处理(VCD、DVD)等领域。传统制作光栅的方法是在精密的刻线机上用金刚石在玻璃表面刻出许多平行等距刻痕作为原刻光栅,再由原刻光栅批量复制而成实验室用的光栅;后来随着激光技术的发展又制作出了全息光栅;利用现代高科技技术可制成每厘米上万条狭缝的光栅,它不仅适用于分析可见光成分,还能用于红外和紫外光波。按结构划分,光栅可分为平面光栅和凹面光栅,同时光栅也可分为透射式光栅和反射式光栅两大类。本实验所用光栅是透射式光栅。

【实验目的】

1. 加深对光栅分光原理的理解。

2. 用透射光栅测定光栅常量和角色散率。

3. 进一步熟悉分光计的调节和使用方法。

【实验仪器】

分光计,平面透射光栅,低压汞灯。

【实验原理】

光栅是一组数目极多的等宽、等间距的平行狭缝。用刻线机在透明玻璃片上刻出痕宽为 b(不透光部分)、缝宽为 a(透光部分)的平行狭缝,就构成了一个透射光栅。而每相邻狭缝间的距离 d 就是光栅常量, $d=a+b$,如图 3.48(a)所示。

由衍射理论可知,在多缝夫琅禾费衍射条件下,光栅方程的普遍形式为

$$d(\sin i \pm \sin\theta)=m\lambda, \quad |m|=0,1,2,\cdots \tag{3.78}$$

式中, d 为光栅常量; i 为入射角; θ 为衍射角; λ 为入射光波长; m 为光谱级次;"+"号对应于入射光与衍射光处在光栅法线的同侧;"−"号对应于入射光与衍射光分别处在光栅法

线的两侧。

由式(3.78)看出,当用多色光照明时,不同波长的同一级谱线,除零级外,均不重合,即发生"色散"。这就是光栅的分光原理。利用光栅方程式可以导出光栅分光特性的表示式。

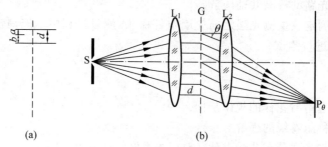

图 3.48　光栅衍射
(a) 光栅常量 d;(b) 垂直入射时的光栅衍射

当平行光垂直入射时,狭缝 S 位于透镜 L_1 的物方焦平面上,狭缝光源经透镜 L_1 形成平行光,自 L_1 射出的平行光垂直照射在光栅 G 上,在光栅狭缝的作用下发生衍射,如同形成一列平行光源,这些光源有着极好的同源性(来自同一个光源),因而互相发生干涉,形成一组干涉条纹。透镜 L_2 将与光栅法线成 θ 角的衍射光会聚于其像方焦面上的 P_θ 点,如图 3.48(b)所示。

产生衍射亮条纹(衍射光的主极大位置)的条件由如下正入射时的光栅方程决定:
$$d\sin\theta = k\lambda, \quad k = 0, \pm 1, \pm 2, \cdots \tag{3.79}$$

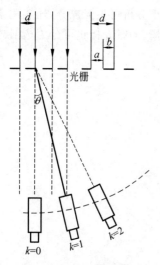

图 3.49　光栅衍射级次

其中,缝宽 d 称为光栅常量;λ 为入射光波波长;θ 为衍射角;k 为衍射光谱级数,如图 3.49 所示。

衍射亮条纹实际上是光栅狭缝的衍射像,是一条细锐的亮线。当 $k=0$ 时,在 $\theta=0$ 的方向上,各种波长的亮线重叠在一起,形成明亮的零级像。当 k 为其他数值时,不同波长的亮线出现在不同的方向上形成光谱,对称地分布在零级条纹的两侧。因此,若光栅常量 d 已知,测出某谱线的衍射角 θ 和光谱级 k,则可由式(3.74)求出该谱线的波长 λ;反之如果波长 λ 是已知的,则可求出光栅常量 d。

由此可知,当一束复色光照射到光栅上时,便可观察到不同波长的光谱图。因此光栅和棱镜一样是重要的分光元件,已广泛应用在单色仪、摄谱仪等光学仪器中。下面介绍光栅的几个重要参数。

(1) 角色散率

它是指单位波长间隔两单色谱线之间的角距离,用 $D = \dfrac{\mathrm{d}\theta}{\mathrm{d}\lambda}$ 表示。根据光栅方程 $d\sin\theta = k\lambda$,则光栅的角色散率表示为
$$D = k/d\cos\theta \tag{3.80}$$

(2) 色分辨本领

由于谱线有一定的宽度,当两条谱线靠得近到一定程度时将不能被分辨。通常把波长

λ 与该波长附近刚能分辨的最小波长差 $(\Delta\lambda)_{\min}$ 之比作为光栅的分辨本领,即 $R=\dfrac{\lambda}{\Delta\lambda}$。可以证明,光栅的分辨本领 R 的理论值为

$$R=kN=\frac{kL}{d} \tag{3.81}$$

式中,L 为光栅的有效宽度;N 为参与光栅衍射的狭缝总条数。

(3) 自由光谱范围

在光栅光谱中,不发生光谱级次重叠的最大光谱范围称为光栅的自由光谱范围,其表达式为

$$\Delta\lambda_{\mathrm{S,R}}=\frac{\lambda}{k} \tag{3.82}$$

由上述各式可以看出,光栅的色散本领、色分辨本领、自由光谱范围是互相制约的。小的光栅常量、高的光谱级次固然可以提高色散本领和色分辨本领,但会缩小自由光谱范围。另外从式(3.78)可以看出,当其他条件不变时,采用斜入射照明,可以进一步提高光栅的色散本领与色分辨本领。在实际应用中,如何选择光栅,应根据具体要求综合进行考虑。

【实验内容与步骤】

1. 分光计的调整

将望远镜调焦于无穷远,使平行光管与望镜光轴均垂直于仪器主轴,使得平行光管产生平行光,并将狭缝宽度调至约 1 mm。具体调节方法参考 2.10 节。

2. 光栅位置的调节

将光栅放在载物台上,调节光栅平面与入射光垂直,以满足平行光垂直入射的条件;同时,调节平行光管狭缝与光栅刻痕平行,转动望远镜,观察光谱。

(1) 根据实验原理的要求,光栅平面应与平行光管垂直。首先,使望远镜对准平行光管,从望远镜中观察被照亮的平行光管狭缝的像,使其和叉丝的竖直线重合,固定望远镜,然后参照图 3.50 放置光栅,点亮目镜叉丝照明灯(移开或关闭狭缝照明灯),左右转动载物平台,直到看到反射的"绿十字",调节平台螺钉 b_2 或 b_3,使绿十字和目镜中的调整叉丝重合,这时光栅面已垂直于入射光。

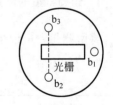

图 3.50　光栅的放置方法

(2) 根据衍射角测量的要求,光栅衍射面应调节到和观测面度盘平面一致。

用汞灯照亮平行光管的狭缝,转动望远镜,观察光谱,如果左右两侧的光谱线相对于目镜中叉丝的水平线高低不等,说明光栅的衍射面和观察面不一致,这时可调节平台上的螺钉 b_1 使它们一致。

3. 测光栅常量 d

只要测出第 k 级光谱线中波长已知的谱线的衍射角 θ,就可求出 d 值。

(1) 转动望远镜分别观察 ±1、±2 级条纹。

(2) 转动望远镜到光栅的左侧,使叉丝的竖直线分别对准 -1、-2 级绿色谱线中心,分别记录度盘上两个角游标的读数 Φ_1、Φ_2。

(3) 将望远镜转向光栅的右侧,使叉丝的竖直线分别对准 $+1$、$+2$ 级绿色谱线中心,分别记录度盘上两个角游标的读数 Φ_1、Φ_2。

(4) 同一游标的两次读数之差即为衍射角 θ 的两倍,根据实验得到的绿线的衍射角 θ 及汞灯光谱中绿线的波长 $\lambda = 546.07\ \mathrm{nm}$,求 d 值,并计算 d 的不确定度。

4. 测量波长未知的谱线

由于光栅常量 d 已测出(或由实验室提供),因此只要测出未知波长的第 k 级谱线的衍射角 θ,就可求出其波长值 λ,并计算不确定度。可以选取汞灯光谱中的几条强谱线(如蓝紫线、紫线)作为测量目标(即波长未知的谱线),衍射角的测量方法同 3。

5. 测光栅的角色散率 D

测出 $k = \pm 1$ 时汞灯的两条黄线 λ_1 及 λ_2 的衍射角,求出 λ_1 及 λ_2 并计算 $\Delta\lambda$,再求出光栅的角色散率 D。也可用钠灯光谱中双黄线($\lambda_1 = 589.59\ \mathrm{nm}$,$\lambda_2 = 588.99\ \mathrm{nm}$)进行测量。衍射角的测量方法同 3。

6. 测分辨本领

(1) 估计此光栅的分辨率 R 并估计能分辨的最小波长差。已知,分光计准直管的通光孔径 L 为 $2.20\ \mathrm{cm}$,可以用汞灯光谱中的绿线($\lambda = 546.0\ \mathrm{nm}$)作为测试谱线。

(2) 观察刻痕数目 N 和分辨本领的关系。设法挡住光栅的一部分,减少刻痕数目 N,观察钠光两条黄色谱线随 N 的减少发生了什么变化。

【实验数据记录及处理】

1. 光栅常量的测量

将所测得数据记录于表 3.17,并计算光栅常量的平均值 $\bar{d}$。其中,绿线的标准波长为 $\lambda = 546.07\ \mathrm{nm}$。

表 3.17　光栅常量 d 的测量

谱线	级数 k	角坐标		衍射角		平均衍射角	光栅常量 d/nm	$\bar{d}/\mathrm{nm}$
		Φ_1	Φ_2	θ_1	θ_2			
绿色线	$+1$							
	-1							
	$+2$							
	-2							
白色光	0							

2. 未知波长的测量

将所测得数据记录于表 3.18,并计算蓝紫线和紫线的平均波长。

表 3.18　光波波长的测量 d 的标准值为_____

谱线	级数 k	角坐标		衍射角		平均偏角	波长/mm	平均波长 $\bar{\lambda}$/nm
		Φ_1	Φ_2	θ_1	θ_2			
蓝紫光	+1							
	−1							
	+2							
	−2							
紫色光	+1							
	−1							

3. 角色散率的测量

将所测得数据记录于表 3.19，并利用式(3.80)测量光栅的角色散率 D。

表 3.19　光栅的角色散率 D

谱线		级数 k	角坐标		衍射角		平均衍射角	平均波长 $\bar{\lambda}$/nm
			Φ_1	Φ_2	θ_1	θ_2		
双黄线	λ_1	+1						
		−1						
	λ_2	+1						
		−1						

4. 分辨本领的测量

利用计算所得的数据和已知的数据，根据下式计算光栅的分辨本领和能分辨的最小波长差：

$$R = kN = \frac{kL}{d}$$

$$\Delta\lambda = \frac{\lambda}{R} \quad (以一级黄线为例)$$

其中，k 为光谱级数，L 为分光计准直管的通光孔径，d 为光栅常量。

当用黑色纸板逐步挡住光栅时，随着参与衍射的刻痕数目 N 的减少，两条一级黄色谱线将逐步模糊到不能分辨。

【思考题】

1. 比较棱镜和光栅分光的主要区别。

2. 应用公式 $d\sin\theta = k\lambda$ 测量时应保证什么条件？实验时是如何保证这些条件得到满足？

3. 如果用钠光灯作光源，观察钠黄光的谱线时，为什么每一级都可以看到两条谱线？

4. 如果光栅与入射光不严格垂直对实验有何影响？

5. 设计一种不用分光计，只用米尺和光栅测 d 和 λ 的方案。

3.16　超声光栅测声速实验

声光效应是指光通过某一受到超声波扰动的介质时发生的衍射现象,这种现象是光波与介质中声波相互作用的结果。超声波通过介质时会引起介质局部压缩和伸长而产生弹性应变,使介质变成一个疏密相间的相位光栅,当光通过这一超声光栅时会发生衍射现象。1922 年,布里渊(Brillouin. L)曾预言液体中的高频声波能使可见光产生衍射效应;在 10 年后的 1932 年,德拜(Debge)和席尔斯(Sears)在美国与陆卡(Hucas)和毕瓜(Biguand)在法国,分别独立地首次观察光在液体中的超声波衍射现象,并提出超声光栅测液体中的声速的方法;1935 年拉曼(Raman. C. V)和奈斯(Nath)发现,在一定条件下,声光效应的衍射光强分布类似于普通光栅的衍射光强分布,这种声光效应称为拉曼-奈斯声光衍射。本实验利用该物理现象,测量液体介质中的声速。

【实验目的】

1. 了解超声光栅产生的原理。
2. 了解声波如何对光信号进行调制。
3. 通过对液体(非电解质溶液)中的声速的测定,加深对其中声学和光学中的物理概念的理解。

【实验原理】

超声波在液体中传播时,设超声行波以平面纵波的形式沿 x 轴正方向传播,其波动方程可描述为

$$y(x,t) = A\cos 2\pi(t/T_S - x/\Lambda) \tag{3.83}$$

式中,y 代表各质点沿 x 轴方向偏离平衡位置的位移;A 表示质点的最大位移(振幅);T_S 为超声波的周期;Λ 为超声波波长。

超声波的声压使液体分子产生周期性的变化,促使液体的折射率也发生相应的周期性的变化,形成疏密波。此时,如有平行单色光沿垂直于超声波传播方向通过这疏密相间的液体时,就会被衍射,这一作用与光栅类似,所以称为超声相位光栅。

这一超声行波形成的超声相位光栅,栅面空间是随时间移动的,其折射率的周期性变化是以声速 u_S 向前推进的,可表示为

$$n(x,t) = n_0 + \Delta n\cos 2\pi(t/T_S - x/\Lambda) \tag{3.84}$$

折射率的增量 $\Delta n(x,t) = \Delta n\cos 2\pi(t/T_S - x/\Lambda)$ 是按余弦规律变化的。

然而,超声波在传播时,如前进波被一个平面反射,会反向传播。若反射平面与波源的距离恰好为 $\Lambda/4$ 倍时,前进波与反射波叠加而形成超声频率的纵向振动驻波。前进波和反射波的表达式分别为

$$y_1(x,t) = A\cos 2\pi(t/T_S - x/\Lambda) \tag{3.85}$$

$$y_2(x,t) = A\cos 2\pi(t/T_S + x/\Lambda) \tag{3.86}$$

两者叠加后得

$$y(x,t) = y_1 + y_2 = 2A\cos(2\pi x/\Lambda)\cos(2\pi t/T_S) \tag{3.87}$$

上式说明叠加的结果为一驻波。

由此可见,驻波的振幅项 $2A\cos(2\pi x/\Lambda)$,液体的疏密变化程度随 x 呈周期性变化,但不随时间变化。在 $x=n\Lambda/2(n=0,1,2,3,\cdots)$ 各点的振幅为极大,等于 $2A$,是单一行波的两倍,这加剧了波源和反射面之间液体的疏密变化程度。因此超声驻波形成的超声相位光栅是固定在空间内的。驻波相位为 $2\pi t/T_S$,是时间 t 的函数,但不随空间变化。某一时刻,驻波的任一波节两边的质点都涌向这个节点,使该节点附近形成质点密集区,而相邻的波节处成为质点稀疏区。半个周期后,这个节点附近的质点又向两边散开变为稀疏区,相邻波节处则为密集区。液槽中传播的超声驻波一个周期内几个特殊时刻的波形、液体密度、折射率变化曲线如图 3.51 所示。由图可见,液槽内距离等于声波波长 Λ 的任何两点处,液体的密度、折射率相同。因此,有超声波传播的液体相当于一个相位光栅,光栅常量就是超声波的波长 Λ。

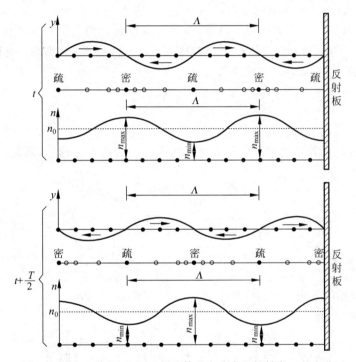

图 3.51 在 t 和 $t+T/2$ 时刻液体疏密分布和折射率 n 的变化

若单色平行光 λ 垂直照射到超声相位光栅上,会出现衍射条纹。由于光速远大于液体中声速,可以认为在光波通过液体的过程中,液体的疏密及折射率的周期性变化情况没有明显改变,相对稳定。因此超声光栅衍射与平行光通过透射光栅的情形相似。因为超声波的波长很短,只要盛装液体的液体槽的宽度(宽度为 l)能够维持一定数量的完整平面波,槽中的液体就相当于一个衍射光栅。

在调好的分光计上,由单色光源和平行光管中的会聚透镜 L_1 与可调狭缝 S 组成平行光系统,如图 3.52 所示。让光束垂直通过装有锆钛酸铅陶瓷片(或称 PZT 晶片)的液槽,在玻璃槽的另一侧,用自准直望远镜中的物镜 L_2 和测微目镜组成测微望远系统。若振荡器使 PZT 晶片发生超声振动,形成稳定的驻波,从测微目镜即可观察到衍射光谱。

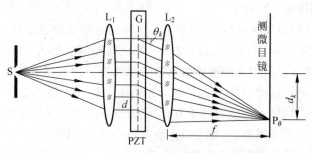

图 3.52　WSG-Ⅰ型超声光栅仪衍射光路图

当满足声光拉曼-奈斯衍射条件 $2\pi\lambda l \ll \Lambda^2$ 时,这种衍射相似于平面光栅衍射,可得如下光栅方程:

$$\Lambda\sin\theta_k = k\lambda, \quad k = 0, \pm 1, \pm 2, \pm 3, \cdots \tag{3.88}$$

式中,k 为衍射级次;θ_k 为 k 级的衍射角;λ 为光波波长。当 θ_k 角很小时,近似有 $\sin\theta_k = d_k/f$。其中,d_k 为衍射光谱 0 级至 k 级的距离;f 为透镜 L_2 的焦距。此时,可认为各级条纹是等间距分布的,所以超声波波长为

$$\Lambda = \frac{k\lambda}{\sin\theta_k} = \frac{k\lambda f}{d_k} = \frac{\lambda f}{\Delta d} \tag{3.89}$$

式中,Δd 为同一色光相邻衍射条纹的间距。

液槽中传播的超声波的频率 ν 可由超声光栅仪上的频率计读出,则超声波在液体中传播的速度为

$$\upsilon = \Lambda\nu = \frac{\lambda f\nu}{\Delta d} \tag{3.90}$$

因此,利用超声光栅衍射可以测量液体中的声速。

【实验装置】

WSG-Ⅰ型超声光栅声速仪实验装置的结构如图 3.53 所示。

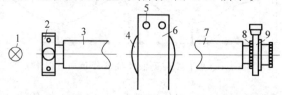

图 3.53　WSG-Ⅰ型超声光栅声速仪实验装置的结构

1-汞灯;2-狭缝;3-平行光管;4-载物台;5-液体槽的接线柱;6-液体槽及超声片;7-望远镜;8、9-测微目镜

【实验内容与步骤】

1. 分光计的调节

(1) 用自准法调节望远镜聚焦于无穷远。

(2) 调节望远镜主轴垂直于载物台转轴。

(3) 采用低压汞灯作光源,调节准直管发出平行光且准直管主轴与转轴垂直。

（4）具体的调节方法参考 2.10 节。

2. 超声光栅的安装

（1）将待测液体（如蒸馏水、乙醇或其他液体）注入液体槽内，液面高度以液体槽侧面的液体高度刻线为准；

（2）将此液体槽（可称其为超声池）放置于分光计的载物台上，放置时，使超声池两侧表面基本垂直于望远镜和平行光管的光轴；

（3）将两支高频连接线的一端插入液体槽盖板上的接线柱，另一端接入超声光栅仪电源箱的高频输出端，然后将液体槽盖板盖在液体槽上。

3. 衍射条纹的观察

（1）开启超声信号源电源，从望远镜目镜观察衍射条纹，细微调节频率旋钮，使电振荡频率与锆钛酸铅陶瓷片固有频率共振，此时，衍射光谱的级次会显著增多且更为明亮。

（2）左右转动超声池（可转动分光计载物台或游标盘），使入射于超声池的平行光束完全垂直于超声束，同时观察视场内的衍射光谱左右级次的亮度及对称性，直到从目镜中观察到稳定而清晰的左右各 3～4 级的衍射条纹为止。

（3）将望远镜目镜换成测微目镜，前后移动测微目镜使衍射条纹最清晰；旋转测微目镜，使目镜视场中分划板标尺与衍射条纹平行，固定测微目镜。

4. 相邻条纹间距的测量

（1）将测微目镜分划板标尺移至 -3 级紫光衍射条纹的左侧，单向移动标尺，逐次测出 -3、-2、-1、0、$+1$、$+2$、$+3$ 级条纹的位置，再反向进行测量，重复测量 3 次。

（2）重复（1）的操作，分别对绿光、黄光进行测量。

（3）利用逐差法，计算出相邻条纹间距 Δd。

5. 声速计算

声速的计算公式为

$$v = \Lambda\nu = \frac{\lambda f\nu}{\Delta d}$$

式中，λ 为光波波长，汞灯波长 λ 分别为：汞蓝光 435.8 nm，汞绿光 546.1 nm，汞黄光 578.0 nm（双黄线平均波长）；ν 为共振时频率计的读数；f 为望远镜物镜焦距（JJY 型分光计 $f = 170$ mm）；Δd 为同一种颜色的衍射条纹间距。

【实验数据记录与处理】

将所测得数据记录于表 3.20，并计算相邻条纹间距 Δd 和声速 v。其中，相邻条纹间距的计算公式为

$$\Delta d = \frac{\sum\limits_{k=1}^{3}(d_k - d_{k-4})}{12}$$

注：在对测微目镜中衍射条纹位置读数时，小数点后第三位为估读值。

表 3.20　超声速测量数据表

透镜焦距 $f=170$ mm；频率 $\nu=$　　　　Hz；环境温度为　　　　℃

条纹位置 d/mm 级次 k	紫光 $\lambda=435.8$ nm		绿光 $\lambda=546.1$ nm		黄光 $\lambda=578.0$ nm	
−3						
−2						
−1						
1						
2						
3						
相邻条纹间距 $\Delta d/\mathrm{mm}$						
Δd 平均值/mm						
声速 $v/\mathrm{m\cdot s^{-1}}$						
百分误差 δ						

【注意事项】

1. 超声池置于载物台上必须稳定，避免震动，以使超声在液槽内形成稳定的驻波；不能触碰连接超声池和高频信号源的两条导线。

2. 保持锆钛酸铅陶瓷片表面与对应面的玻璃槽壁表面平行，实验时应将超声池的上盖盖平。上盖与玻璃槽留有较小的空隙，实验时微微扭动一下上盖，有时也会使衍射效果有所改善。

3. WSG-Ⅰ型超声光栅仪可调频率范围为 $10\sim12$ MHz，一般共振频率在 11.3 MHz 左右，在稳定共振时，数字频率计显示的频率值应是稳定的，最多只有末尾有 $1\sim2$ 个数字变动。

4. 实验时间不宜过长，影响测量精度，长时间工作在高频状态下可能会使电路过热而损坏；仪器不宜长时间工作在 12 MHz 以上，以免振荡线路过热。

5. 提取液槽时应持两端面，不要触摸两侧表面的通光部位，以免污染，如已有污染应用酒精清洗干净，或用镜头纸擦净。

6. 液槽中会有一定的热量产生导致介质挥发，槽壁会见挥发气体凝露，一般不影响实验结果，但当液面下降太多致锆钛酸铅陶瓷片外露时，应及时补充液体至正常液面线处。

7. 实验完毕后应将超声池内被测液体倒出，不要将锆钛酸铅陶瓷片长时间浸泡在液槽内。

8. 温度不同对测量结果有一定的影响，可对不同温度下的测量结果进行修正，修正系数及不同物质中的声波在 20℃纯净介质中的传播速度见附表 1。

【思考题】

1. 用逐差法处理数据的优点是什么？

2. 误差产生的原因是什么?

3. 能否用钠光灯作光源?

4. 在实验中观察到蓝线会晃动,这是由什么原因产生?

【附录】

附表 1　声波在不同液体中传播速度

20℃ 纯净介质

液体种类	$t_0/℃$	$v_0/(m \cdot s^{-1})$	$A/(m \cdot s^{-1} \cdot k^{-1})$
苯胺	20	1 656	−4.6
丙酮	20	1 192	−5.5
苯	20	1 326	−5.2
海水	17	1 510~1 550	/
普通水	25	1 497	2.5
甘油	20	1 923	−1.8
煤油	34	1 295	/
甲醇	20	1 123	−3.3
乙醇	20	1 180	−3.6

附表 1 中,A 为温度修正系数,对于其他温度 t 的速度可近似按公式 $v_t = v_0 + A(t - t_0)$ 计算。

3.17　光栅单色仪的搭建与定标

单色仪的构思萌芽可追溯到 1666 年,牛顿在研究三棱镜时发现将太阳光通过三棱镜,太阳光会分解为七色光。1814 年,夫琅禾费设计了包括狭缝、棱镜和视窗的光学系统并发现了太阳光谱中的吸收谱线(夫琅禾费谱线)。1860 年,克希霍夫和本生为研究金属光谱设计了一套较完善的现代光谱仪,从此光谱学诞生。由于棱镜光谱是非线性的,不方便定标,而衍射角与波长的关系是近似线性的,所以光谱仪更多地采用光栅光谱仪。

【实验目的】

1. 理解利特罗型和 C-T 型两种光栅单色仪的基本工作原理。

2. 搭建利特罗型和 C-T 型两种光栅单色仪。

3. 学会光谱仪的定标方法。

【实验仪器】

汞灯,透镜($f = 50$ mm),测微狭缝 2 个,球面镜($f = 300$ mm),光学转角台,平面闪跃光栅,毛玻璃(或白屏),光电池。

【实验原理】

光栅单色仪是用光栅衍射的方法获得单色光的仪器。它可以从复色光光源发出的复色光中得到单色光,因衍射角与波长的对应关系,可通过偏转光栅至合适的角度得到某波长的光;并且可通过测定某复色光源所包含的所有光波的波长和强度对该光源进行光谱分析,从而判断光源的原子结构。

1. 利特罗(Littrow)型光栅单色仪

利特罗型光栅单色仪的结构如图 3.54 所示,其工作原理为:光源或照明系统发出的光束均匀地照亮在入射狭缝 S_1 上,S_1 位于离轴凹面反射镜的焦平面上,光通过 M_1 变成平行光照射到光栅 G 上,再经过光栅衍射返回到 M_1,经过 M_2 反射到出射狭缝 S_2,由于光栅的分光作用,从 S_2 出射的光为单色光。当光栅 G 转动时,从 S_2 出射的光由短波到长波依次出现。这类单色仪又称为自准式光栅单色仪,优点是结构紧凑、易于调整,但因为它的入射狭缝与出射狭缝靠得很近,所以干扰较大,出现的杂散光较多。

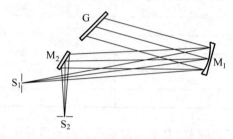

图 3.54　利特罗型单色仪的结构

S_1-入射狭缝;S_2-出射狭缝;M_1-凹面反射镜;M_2-反光镜;G-闪耀光栅

2. Czerny-Turner(简称 C-T)型光栅单色仪

C-T 型单色仪的结构如图 3.55 所示,其工作原理为:光源或照明系统发出的光束均匀地照亮在入射狭缝 S_1 上,S_1 位于凹面反射镜的焦平面上,光通过 M_1 变成平行光照射到光栅 G 上,经过光栅衍射后向 M_2 方向出射,经过 M_2 会聚到出射狭缝 S_2,由于光栅的分光作用,从 S_2 出射的光为单色光。当光栅转动时,从 S_2 出射的光由短波到长波依次出现。这类光栅单色仪是采用两块球面镜作为准直镜和成像物镜的光学系统,入射狭缝与出射狭缝常采用水平排列方式,两块球面镜可以相互补偿彗差,因此具有较好的成像质量。且入射狭缝与出射狭缝相隔较远,增加入射狭缝的高度,不会严重影响仪器的分辨率,所以该系统被广泛采用。

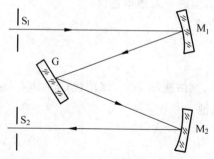

图 3.55　C-T 型单色仪的结构

S_1-入射狭缝;S_2-出射狭缝;M_1、M_2-凹面反射镜;G-闪耀光栅

3. 闪耀光栅

光栅单色仪的核心部件是闪耀光栅。闪耀光栅是以磨光的金属板或镀上金属膜的玻璃板为坯子,用劈形钻石尖刀在其上面刻画出一系列锯齿状的槽面形成的光栅,如图 3.56 所示(由于光栅的机械加工要求很高,所以一般我们使用的光栅是由该光栅复制出来的光栅),它可以将单缝衍射因子的中央主极大移至多缝干涉因子的较高级位置上去。因为多缝干涉因子的高级项是有色散的,而单缝衍射因子的中央主极大集中了光的大部分能量,这样做可以大大提高光栅的衍射效率,从而提高测量的信噪比。

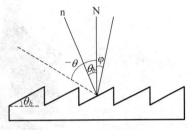

图 3.56　闪耀光栅

当入射光与光栅面法线 N 的方向的夹角为 φ(见图 3.56)时,光栅的闪耀角为 θ_b,取一级衍射项时,对于入射角为 φ,而衍射角为 θ 时,光栅方程式为

$$d(\sin\varphi + \sin\theta) = \lambda \tag{3.91}$$

因此,当光栅位于某一个角度时(φ、θ 一定),波长 λ 与 d 成正比。

【实验内容与步骤】

1. 利特罗自准型单色仪的搭建

自组利特罗自准型单色仪的结构示意图和实物图分别如图 3.57、图 3.58 所示。它的搭建步骤如下:

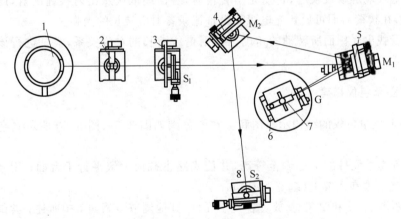

图 3.57　自组利特罗自准型单色仪的结构示意图

1-汞灯；2-透镜($f=50\,\mathrm{mm}$)；3-入射狭缝 S_1；4-平面镜 M_2；5-自准球面镜 M_1($f=300\,\mathrm{mm}$)；6-光学转角台；

7-平面闪耀光栅 G；8-光屏/出射狭缝 S_2

(1) 先将各光学元件的中心调至同一高度,并使光的行进方向平行于导轨平面;用 $f=50\,\mathrm{mm}$ 透镜将汞灯光会聚在入射缝上(缝宽$>0.5\,\mathrm{mm}$)。

(2) 参照图 3.57 和图 3.58 放置各光学元件,安装光栅时应使箭头记号朝上,以保证闪耀效果;用白纸检查 M_1、G 和 M_2 上的投射光,要求光投射到各面时丰满不漏,进程不

图 3.58　自组利特罗自准型单色仪的实物图

挡光。

（3）将入射狭缝 S_1 与 M_1 之间的距离调至等于 M_1 的焦距，M_1 上的入射光束和出射光束应尽量调成一个较小的夹角，如图 3.57 所示，光屏的位置应放置在会聚的狭缝像的位置，这样可近似认为光路是利特罗自准的。

（4）用光屏接收光谱，找到最佳狭缝像位置；减小入射狭缝的宽度，得到锐利明亮的谱线。

（5）转动光学转台并调节光栅水平面的方向，观察从 579.1 nm（黄）到 404.7 nm（紫）的各谱线依次在毛玻璃屏上移动。

（6）将毛玻璃屏换成狭缝，转动光学转台时，各谱线依次从出射狭缝出射，此时单色仪便搭建成功，在狭缝后面可放置光电探测设备记录各对应波长的光强。

（7）定量找出光栅面所转动的角度与出射谱线波长的对应关系，尝试进行该光谱仪的定标。

2. C-T 型单色仪搭建

自组 C-T 型单色仪的结构示意图和实物图分别如图 3.59、图 3.60 所示。它的搭建步骤如下：

（1）将各光学元件的中心调至等高，并使光路主截面大致平行于台面；用 $f=50$ mm 透镜将汞灯光会聚在入缝上（缝宽 > 0.5 mm）。

（2）参照图 3.59 和图 3.60 放置各光学元件，其他调节步骤如 1 中所述；尝试定量找出光栅转动的角度与出射谱线波长的对应关系，并进行该光谱仪的定标。

【实验数据记录及处理】

1. 记录搭建的利特罗型单色仪光栅旋转角度与出射谱线波长的对应关系的数据，表格自拟，找出它们之间的对应关系，并进行简单的定标。

2. 记录搭建的 C-T 型单色仪光栅旋转角度与波长的对应关系的数据，表格自拟，找出它们之间的对应关系，并进行简单的定标。

3. 比较上述两种单色仪的性能。

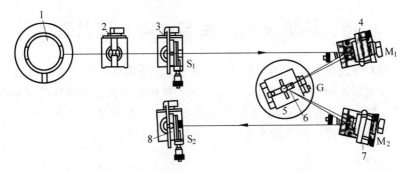

图 3.59　自组 C-T 型单色仪的结构示意图

1-汞灯；2-透镜($f=50\,\mathrm{mm}$)；3-入射狭缝 S_1；4-球面镜 M_1($f=300\,\mathrm{mm}$)；5-光学转角台；6-平面闪跃光栅 G；7-球面镜 M_2($f=300\,\mathrm{mm}$)；8-光屏/出射狭缝 S_2

图 3.60　自组 C-T 型单色仪的实物图

【注意事项】

1. 在搭建利特罗型单色仪时，M_1 上的入射光束和出射光束之间的夹角应尽量小，以保持自准条件。

2. 光栅面不能用手直接接触，光栅旋转时要尽量缓慢。

3. 出射狭缝后可用光电池等光电探测设备获取各个波长对应的光强，从而分析发光原子的光谱结构。

【思考题】

1. 搭建利特罗型单色仪时，为什么要求 M_1 上的入射光束和出射光束之间的夹角应尽量小？

2. 为什么接受光谱的光屏或狭缝位置一定要放置在入射狭缝经整个系统后清晰成像的位置？

3. 如果将光栅安装在一个可转动的马达上，出射狭缝安装了光电探测器，那应该如何获得发光原子的光谱结构呢？试设计一下该系统。

3.18 偏振光的产生与检验及波片实验

振动方向相对于传播方向的不对称性称为偏振,它是横波区别于其他纵波的一个最明显的标志。光波电矢量振动的空间分布相对于光的传播方向失去对称性的现象称为光的偏振。只有横波才能产生偏振现象,故光的偏振是光的波动性的又一例证。凡是振动失去这种对称性的光统称偏振光。马吕斯于 1809 年在实验中发现了光的偏振现象。

【实验目的】

1. 通过观察光的偏振现象,加深对光波传播规律的认识。
2. 掌握偏振光的产生和检验方法,验证马吕斯定律。
3. 了解线偏振光、圆偏振光和椭圆偏振光的特点。

【实验仪器】

激光器,碘钨灯光源,硅光电池(光功率计),起偏器,检偏器,1/4 波片,1/2 波片(半波片),带小孔光屏,光具座,等等。

【实验原理】

1. 偏振光的概念

光的偏振态通常分为自然光、部分偏振光、线偏振光、圆偏振光和椭圆偏振光 5 种,如图 3.61 所示。自然光源(如日光,各种照明灯等)发射的光是由构成这个光源的大量分子或原子发出的光波合成的,这些分子或原子的热运动和辐射是随机的,它们所发射的光振动在各个方向的概率相等,这样的光便是自然光;而自然光经过介质的反射、折射或者吸收后,在各方向上的振幅不再相等,而是在某一方向上的振动比另外方向上强,这种光称为部分偏振光;在光的传播过程中,其空间各点的光矢量振动方向始终保持在同一平面内,这种光称为线偏振光(或平面偏振光、完全偏振光);空间各点的光矢量均以光线为轴作旋转运动,形成椭圆轨迹,这种光称为椭圆偏振光;空间各点的光矢量端点以圆轨迹旋转的光称为圆偏

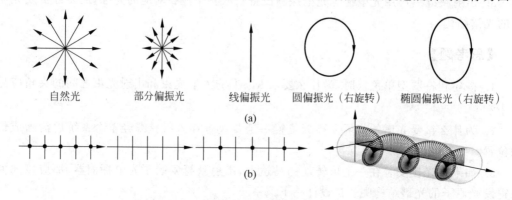

| 自然光 | 部分偏振光 | 线偏振光 | 圆偏振光(右旋转) | 椭圆偏振光(右旋转) |

(a)

(b)

图 3.61 光的偏振态

(a) 迎着光线看;(b) 光路中的表示

振光,它是椭圆偏振光的特殊情形。

　　光的波动形式在空间传播属于电磁波,它的电矢量 E 与磁矢量 H 相互垂直,且 E 和 H 均垂直于光的传播方向 c,故光波是横波,如图 3.62 所示。实验证明,光作用效应主要是由电场引起,所以在光学中也把电场强度称为光矢量,电矢量 E 的方向定为光的振动方向。

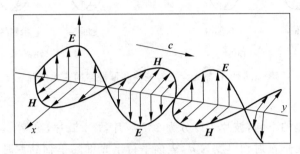

图 3.62　光传播与振动示意图

2. 线偏振光的获得

　　(1) 反射式起偏器(布儒斯特定律,在 3.19 节介绍)

　　(2) 晶体偏振器

　　利用某些晶体的双折射现象,也可获得线偏振光,如尼科耳棱镜等。

　　(3) 偏振片

　　偏振片是利用介质的二向色性制成的光学元件。这种介质只允许某个振动方向的光通过,而吸收振动方向与之垂直的光,所以利用这种介质可获得线偏振光。这种偏振片可使自然光变成偏振光,即为常用的"起偏器",也可用于鉴别光的偏振状态,即为"检偏器"。实际上,起偏器和检偏器是通用的,用于起偏的偏振片称为起偏器,把它用于检偏,就成为检偏器了。

3. 马吕斯定律

　　按照马吕斯定律,光的强度为 I_0 的线偏振光垂直通过检偏器后.透射光的强度(不考虑吸收)I 为

$$I = I_0 \cos^2\theta \tag{3.92}$$

式中,θ 为入射光偏振方向与检偏器偏振轴之间的夹角。显然,当以光线传播方向为轴转动检偏器时,透射光强度将会发生周期性变化。当 $\theta = 0°$ 时,透射光强度最大,如图 3.63(a)所示;当 $\theta = 90°$ 时,透射光强度为极小,即为消光状态,如图 3.63(b)所示;当 $0° < \theta < 90°$ 时,透射光强度介于最大和最小之间。因此,根据透射光强度变化情况,可以区别线偏振光、自然光和部分偏振光。

4. 波片的作用

　　波片也称波晶片,是由晶体制成的厚度均匀的薄片,其光轴与薄片表面平行,用于改变或检验光的偏振情况。它能使晶片内的 o 光和 e 光通过晶片后产生附加相位差。根据薄片

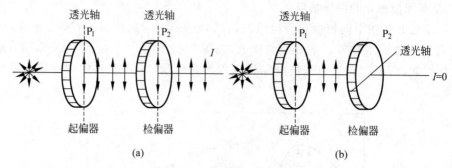

图 3.63 自然光经过起偏器和偏振器的变化情况

(a) $\theta = 0°$; (b) $\theta = 90°$

的厚度引起的光程差的不同,波片可以分为 1/2 波片,1/4 波片,等等。

当一束线偏振光垂直射到厚度为 d,表面平行于光轴的单轴晶片时,则寻常光(o 光)和非常光(e 光)将沿同一方向前进,但传播的速度不同,这两束偏振光通过晶片后,它们的相位差 φ 为

$$\varphi = \frac{2\pi}{\lambda}(n_o - n_e)d \tag{3.93}$$

其中,λ 为入射偏振光在真空中的波长;n_o 和 n_e 分别为晶片对 o 光 e 光的折射率;d 为晶片的厚度。

它们(通过晶片后 o 光和 e 光)的振动方程可表示为:

$$\begin{cases} E_x = A_o \cos(\omega t) \\ E_y = A_e \cos(\omega t + \varphi) \end{cases} \tag{3.94}$$

从两式中消去 t,经三角运算后得到全振动的方程式为

$$\frac{E_x^2}{A_e^2} + \frac{E_y^2}{A_o^2} + 2\frac{E_x E_y}{A_e A_o}\cos\varphi = \sin^2\varphi \tag{3.95}$$

设某一线偏振光垂直入射于晶片,振动方向与晶片光轴夹角为 α,晶片厚度对应的相位差为 φ,由式(3.95)可知

(1) 当 $\varphi = 2k\pi(k = 0, \pm1, \pm2, \cdots)$ 时,$E_y = (A_e/A_o)E_x$,出射光仍为线偏振光,且振动方向不发生变化,这种晶片叫全波片。

(2) 当 $\varphi = (2k+1)\pi(k = 0, \pm1, \pm2, \cdots)$ 时,$E_y = -(A_e/A_o)E_x$,出射光仍为线偏振光,若入射光振动方向与晶轴夹角为 α,出射光振动面旋转 2α,这种晶片叫半波片。

(3) 当 $\varphi = (2k+1)\frac{\pi}{2}(k = 0, \pm1, \pm2, \cdots)$ 时,$\frac{E_x^2}{A_e^2} + \frac{E_y^2}{A_o^2} = 1$,这种晶片叫 1/4 波片。由于 o 光和 e 光的振幅是振动方向与晶轴夹角 α 的函数,所以合成偏振状态与 α 有关:①$\alpha = 0°$,出射光为振动方向平行于光轴的线偏振光;②$\alpha = 90°$,出射光为振动方向垂直于光轴的线偏振光;③$\alpha = 45°$,出射光为圆偏振光;④α 取其他值时,为椭圆偏振光。线偏振光经过 1/4 波片后的情况如图 3.64 所示。

(4) 当 φ 为其他值时,出射光为椭圆偏振光。

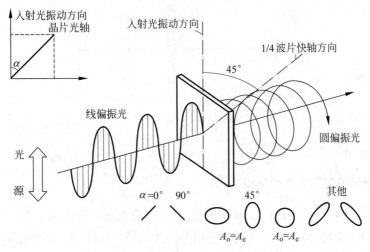

图 3.64　线偏振光经过 1/4 波片的情况

5. 椭圆偏振光的测量

椭圆偏振光的测量包括长、短轴之比及长、短轴方位的测定,如图 3.65 所示,当检偏器方位与椭圆长轴的夹角为 θ 时,则透射光强为

$$I = A_1^2 \cos^2\theta + A_2^2 \sin^2\theta \qquad (3.96)$$

当 $\theta = k\pi$ 时

$$I = I_{\max} = A_1^2 \qquad (3.97)$$

当 $\theta = (2k+1)\dfrac{\pi}{2}$ 时

$$I = I_{\min} = A_2^2 \qquad (3.98)$$

则椭圆长短轴之比为

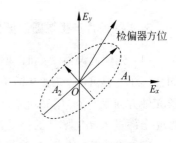

图 3.65　椭圆偏振光的测量

$$\frac{A_1}{A_2} = \sqrt{\frac{I_{\max}}{I_{\min}}} \qquad (3.99)$$

椭圆长轴的方位即为 $I_{\max}$ 的方位。

【实验内容与步骤】

1. 验证马吕斯定律

(1) 参照图 3.66 布置好光路(先不加波片),在光源至光屏的光路上插入起偏器 P_1,旋转 P_1,观察光屏上光斑强度的变化情况。

(2) 在起偏器 P_1 后面再插入检偏器 P_2,固定 P_1 方位,旋转 P_2,旋转 $360°$,观察光屏上光斑强度的变化情况,并记录光屏上光强最强和最弱时的对应旋转角度。

(3) 以光功率计代替光屏接收 P_2 出射的光束,旋转 P_2,每转过 $10°$ 记录一次相应的光功率值,共旋转 $180°$,记录相应的实验数据并在坐标纸上作出 I-$\cos^2\theta$ 关系曲线,验证其是

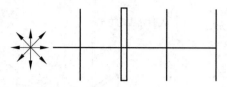

单色自然光源　起偏器P₁　波片Q　检偏器P₂　光屏

图 3.66　实验装置图

否与马吕斯定律相一致。

2. 线偏振光通过 1/2 波片的现象

（1）使起偏器 P_1 和检偏器 P_2 偏振轴垂直（即消光状态），在起偏器 P_1 和检偏器 P_2 之间插入 1/2 波片，旋转检偏器 P_2，观察光屏上光斑强度的变化情况，判断经 1/2 波片后的出射光的偏振状态；

（2）调节波片至消光状态，并以此为初始角度。从初始角度旋转 1/2 波片破坏消光，再转动检偏器 P_2 至消光位置，每转过 $10°$ 记录一次检偏器 P_2 转过的角度，共旋转 $90°$，记录相应的实验数据。

3. 1/4 波片产生椭圆偏振光和圆偏振光

（1）先使起偏器 P_1 和检偏器 P_2 偏振轴垂直（消光状态），在起偏器 P_1 和检偏器 P_2 之间插入 1/4 波片，转动波片使 P_2 后的光屏上仍处于消光状态（使 1/4 波片光轴与起偏器 P_1 透光轴方向平行）。用光功率计取代光屏，调节光功率计的位置尽可能使得 P_2 透射出的偏振光全部进入光功率计的接受范围。

（2）转动 P_1，使 P_1 的光轴与 1/4 波片光轴的夹角依次为 $0°$、$30°$、$45°$、$60°$、$90°$，并在取上述每一个角度时，都将检偏器 P_2 转动一周，观察从 P_2 透射出光的强度变化，并且每转过 $10°$ 记录一次相应的光功率值。

【实验数据记录及处理】

1. 线偏振光光强的最大值与最小值

将所测得数据记录于表 3.21，找出光斑最强和最弱时检偏器的方位角。

表 3.21　光斑强弱与检偏器夹角的关系（不加波片）

光斑强弱	最强	最弱	最强	最弱
检偏器的方位角				

2. 马吕斯定律的验证

将所测得数据记录于表 3.22，并作出 $I\text{-}\cos^2\theta$ 关系曲线，验证马吕斯定律。

表 3.22　光强与检偏器夹角的关系（不加波片）

P_2 旋转角度 θ	$\cos^2\theta$	光强
0°		
10°		
20°		
30°		
⋮		
180°		

3. 1/2 波片对线偏光的作用

将所测得数据记录于表 3.23，并分析线偏振光通过 1/2 波片后的偏振方向与波片光轴夹角的关系。

表 3.23　线偏振光通过 1/2 波片后的偏振方向与波片光轴夹角的关系

1/2 波片旋转角度 α	0°	10°	20°	⋯	90°
检偏器 P_2 旋转角度					

4. 验证线偏光经 1/4 波片产生线偏、圆偏和椭偏光的条件

转动 1/4 波片和检偏器 P_2，在表 3.24 中记录相应位置的光功率计功率，并分析说明 1/4 波片光轴角度对偏振态的影响。

表 3.24　1/4 波片光轴对偏振态的影响

α ＼ θ	0°	30°	45°	60°	90°
	P/mW	P/mW	P/mW	P/mW	P/mW
0°					
10°					
20°					
30°					
40°					
⋮					
360°					

注：α 为起偏器 P_1 透光轴与 1/4 波片光轴夹角；θ 为检偏器 P_2 旋转角度；P 为光功率计显示的功率。

【注意事项】

1. 实验的起偏器、检偏器及波片光学面都不能直接用手触摸。
2. 光功率计不能长时间被光照，注意平常保持消光状态。

【思考题】

1. 如何应用光的偏振现象说明光的横波特性？怎样区分自然光和偏振光？

2. 玻璃平板放置布儒斯特角的位置上时,反射光束是什么偏振光? 它的振动是在平行于入射面内还是在垂直于入射面内?

3. 1/4 波片与 P_1 的夹角为何值时产生圆偏振光? 为什么?

4. 两片偏振片用支架安置于光具座上,正交后消光,一片不动,另一片旋转 $180°$,会有什么现象? 如有出射光,是什么原因?

5. 两片正交偏振片中间再插入一偏振片会产生什么现象? 怎样解释?

3.19　用布儒斯特定律测玻璃折射率

3.18 节已经提到,自然光在两种介质的界面上反射或折射时,反射光和折射光都成部分偏振光。英国物理学家布儒斯特从实验中确定,当入射角达到某一个特定值,反射光将是完全偏振光,此特定值后被称为布儒斯特角。本实验将在分光仪上测定布儒斯特角,并利用布儒斯特角与介质折射率间的测量关系式,来确定介质的折射率。

【实验目的】

1. 利用反射起偏的方法获取偏振光。
2. 正确判断布儒斯特角的反射位置。
3. 应用布儒斯特定律测量平面玻璃对钠光的折射率。

【实验仪器】

分光仪,平面反射镜(或棱镜),检偏器,钠光灯。

【实验原理】

当自然光在两种介质的界面上反射或折射时,反射光和折射光都将成为部分偏振光。逐渐增大入射角,当达到某一特定值时,反射光成为完全偏振光,其振动面垂直于入射面,如图 3.67 所示,此时的起偏角也称为布儒斯特角。

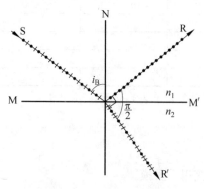

图 3.67　反射起偏光路图

由布儒斯特定律可得

$$\tan i_B = \frac{n_2}{n_1} \tag{3.100}$$

也就是说,当入射光由折射率为 n_1 的空气射向折射率为 n_2 的玻璃时,当入射角 $i_0 = i_B \approx 57°$,即光以起偏角 i_B 入射到玻璃面时,则反射光为全偏振光,而折射光不是全偏振光,但这时它的偏振化程度最高。如使自然光以起偏角 i_B 入射并透过多层玻璃(称玻璃片堆)时,则经玻璃片堆透射出来的光也将接近于全偏振光,它的振动面与入射面平行。这一实验事实可用菲涅耳公式加以证知。

本实验采用分光仪测量布儒斯特角。当分光仪的望远镜上套上一个可以旋转的检偏器时,即可对反射光 R 进行偏振度的判别;当 R 是部分偏振光时,旋转检偏器可观察到部分消光现象；当入射角 $i_0 = i_B \approx 57°$ 时，旋转检偏器至某一位置将出现全消光现象。依据这一实验现象，可以确定布儒斯特角位置，它与入射光位置间构成角 θ，由图 3.68 可知

$$i_B = \frac{180° - \theta}{2} \tag{3.101}$$

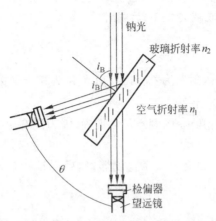

图 3.68　布儒斯特定律测量玻璃折射率实验装置示意图

【实验内容及步骤】

(1) 对分光仪进行调整，具体调节步骤参考 2.10 节。

(2) 将待测玻璃片（即平面镜）置于载物台上，并使其垂直于望远镜。将检偏器装在望远镜的物镜前，用望远镜对准反射光，观察到平行光管的狭缝像。转动检偏器，观察实验现象。

(3) 寻找反射光最暗的位置（即消光位置）。具体做法：转动平台，改变钠光对平面镜的入射角，同时将望远镜跟随反射光一起转动，直至从望远镜中观察到的反射光几乎消失（消光现象）；固定载物台，并使望远镜中垂直叉丝对准狭缝像的中央，记录读数。由于本实验对布儒斯特角 i_B 的位置判断不会太准确，所以测量数据可能比较分散，因此建议进行多次测量，每次测量时应重新判断消光位置。

(4) 转动望远镜确定入射光的位置并记录读数。

【实验数据记录及处理】

将所测得的数据记录于表 3.25，并计算 θ、布儒斯特角 i_B 和玻璃的折射率 n。

表 3.25　利用布儒斯特定律测玻璃折射率

i	读数窗	反射光角位置 ϕ_1	入射光角位置 ϕ_2	位置差 $\theta = \|\phi_1 - \phi_2\|$	无偏心差 θ	$\bar{\theta}$
1	A					
	B					
2	A					
	B					

【注意事项】

1. 玻璃镜要轻拿轻放,要注意保护光学表面,不要用手触摸折射面。

2. 在计算望远镜转角时,要注意望远镜在转动过程中是否经过刻度盘零点,若过零点,则应在相应读数加上 360°(或减去 360°)后再计算。

【思考题】

1. 由理论分析可知,当入射角为 i_B 时,反射光 R 为完全偏振光,实验应有全消光现象,但实际情况是消光不完全,为什么?

2. 该实验对于布儒斯特角 i_B 的判断不太准确,因为没有出现一个突变现象,能否采取措施使得测量尽量准确些?

3. 若在平行光管的出射口套上一个检偏器,然后进行一系列的观察,可观察到一些什么现象?

3.20　用旋光仪测旋光溶液的旋光率和浓度

1811 年,阿拉果发现,当线偏振光通过某些透明物质时,其振动面将旋转一定的角度,这种现象称为旋光现象。能产生旋光现象的物质称为旋光物质。旋光仪是测定旋光物质旋光度的仪器。通过对旋光度的测定,可确定物质的浓度、含量及纯度等,可供一般的成分分析之用,并被石油、化工、制药、药检、香料、制糖及食品、酿造等工业生产、科研教学部门用于化验分析或过程质量控制。

【实验目的】

1. 了解旋光仪的原理、构造及使用。
2. 观察旋光物质的旋光现象。
3. 学会使用旋光仪测糖溶液的旋光率和浓度。

【实验仪器】

旋光仪,测试管,电子天平,烧杯,量筒,糖溶液,等等。

【实验原理】

如图 3.69 所示,线偏振光通过某些物质的溶液(特别是含有不对称碳原子物质的溶液,如葡萄糖溶液)后,其振动面将旋转一定的角度 $\Delta\Phi$,这种现象称为旋光现象。旋转的角度 $\Delta\Phi$ 称为旋转角或旋光度。它与偏振光通过的溶液长度 L 和溶液中旋光性物质的浓度 c 成正比,即

$$\Delta\Phi = \alpha c L \tag{3.102}$$

式中,$\Delta\Phi$ 为用波长为 λ 的偏振光时测得的旋转角度,称为旋光度,单位为度(°);α 为比例系数,称为物质的旋光率,若溶液浓度 c 的单位为 kg/m^3,溶液厚度 L 的单位为 m,则 α 的单位为 $(°)m^3/(kg \cdot m)$,数值上等于偏振光通过浓度为 $1\ kg/m^3$,厚度为 1 m 的溶液后,振动

面旋转的角度。工业上给出的 α 单位为 $(°)\text{cm}^3/(\text{g} \cdot \text{dm})$。

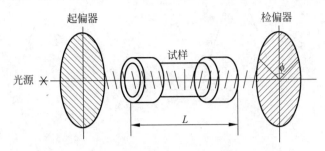

图 3.69　观测偏振光的振动面旋转的实验原理图

旋光率 α 标志着溶质的特性,它与偏振光的波长和温度都有关,并且当溶剂改变时,它也随之发生复杂的变化。通常给出的某物质的 α 值,是指它在 20℃时对钠光($\lambda = 5.893 \times 10^{-7}$ m)的旋光率。

【实验装置】

因为人的眼睛难以准确地判断视场是否最暗,故多采用半荫法,用比较视场中相邻两光束的强度是否相同来确定旋光度。旋光仪的结构如图 3.70 所示。

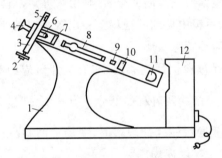

图 3.70　旋光仪结构示意图

1-底座;2-度盘调节手轮;3-刻度盘;4-目镜;5-度盘游标;6-物镜;7-检偏片;8-测试管;9-石英片;10-起偏片;11-会聚透镜;12-钠光灯光源

钠光灯发出的光经起偏片后成为平面偏振光,在起偏片后再加一个石英片(劳伦特石英片),此石英片和起偏片的一部分在视场中重叠。随着石英片安放位置的不同,在石英片处产生两分视场(图 3.71(a))或三分视场(图 3.71(b))。

检偏片与刻度盘连在一起,转动度盘调节手轮即转动检偏片,可以看到两分视场或三分视场各部分的亮度变化情况,如图 3.72 所示。其中图 3.72(a)和(c)为大于或小于零度视场,图 3.72(b)为零度视场,图 3.72(d)为全亮视场。

在图 3.72 中,OP 和 OA 分别表示起偏镜和检偏镜的偏振轴,OP' 表示透过石英片后偏振光的振动方向,β 表示 OP 与 OA 的夹角,β' 表示 OP' 与 OA 的夹角,再以 A_P 和 A'_P 分别表示通过起偏镜和起偏镜

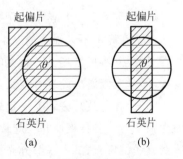

图 3.71　石英片的两种安装方式

(a) 两分视场;(b) 三分视场

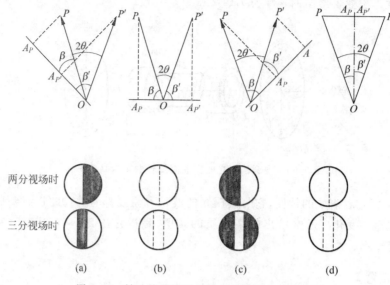

两分视场时

三分视场时

(a)   (b)   (c)   (d)

图 3.72　转动检偏镜时目镜中视场的亮暗变化图

(a) 大于或小于零度视场；(b) 零度视场；(c) 小于或大于零度视场；(d) 全亮视场

加石英片的偏振光在检偏镜偏振轴方向的分量,则由图可知,当转动检偏镜时,A_P 和 A_P' 的大小将发生变化,反映在从目镜中见到的视场上将出现亮暗的交替变化(见图 3.72 的下半部分)。图 3.72 中列出了四种特殊情形:

(a) $\beta' > \beta$,$A_P > A_P'$,通过检偏片观察时,与石英片对应的部分为暗区,与起偏片对应的部分为亮区,视场被分为清晰的两(或三)部分。当 $\beta' = \dfrac{\pi}{2}$ 时,亮暗的反差最大。

(b) $\beta = \beta'$,$A_P = A_P'$,故通过检偏片观察时,视场中两(或三)部分界线消失,亮度相等且较暗,常常把这个视场称为零度视场。

(c) $\beta > \beta'$,$A_P' > A_P$,视场又被分为两(或三)部分,与石英片对应的部分为亮区,与起偏片对应的部分为暗区。当 $\beta = \dfrac{\pi}{2}$ 时,亮暗的反差最大。

(d) $\beta = \beta'$,$A_P = A_P'$,视场中两(或三)部分界线消失,亮度相等且较亮。

由于在亮度不太强的情况下人眼辨别能力较强,所以常取如图 3.72(b)所示的视场作为参考视场(零度视场),并将此时检偏片的偏振轴所指的位置取作刻度盘的零点。找到零度视场,从度盘游标处装有放大镜的视窗读数(见图 3.73)。

同时,在石英片旁装上一定厚度的玻璃片,以补偿由石英片产生的光强变化,取石英片的光轴平行于自身表面并与起偏片的偏振轴成一角度(仅几度)。由光源发出的光经起偏片后变成线偏振光,其中一部分光再经过石英片(其厚度恰使在石英片内分成的 e 光和 o 光的相位差为 π 的奇数倍,出射的合成光仍为线偏振光),其振动面相对于入射光的偏振面转过了 2θ,所以进入测试管的光是振动面间的夹角为 2θ 的两束线偏振光。

将装有一定浓度的某种溶液的试管放入旋光仪后,由于溶液具有旋光性,因此会使平面偏振光旋转了一个角度,零度视场便会发生变化。转动度盘调节手轮,使得再次出现亮度一致的零度视场,这时检偏片转过的角度就是溶液的旋光度,从视窗中即可读出其数值。迎着光看去,若检偏片向右(顺时针方向)转动,表示旋光性溶液使偏振光的偏振面向右(顺时针方向)旋转,该溶液称为右旋溶液,如蔗糖的水溶液;反之,为左旋溶液。

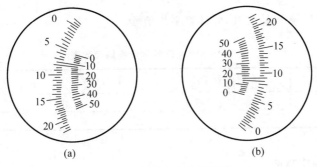

图 3.73　旋光仪读数示意图
(a) 左游标;(b) 右游标

读数装置由刻度盘和游标盘组成,其中刻度盘与检偏片连为一体,并可在度盘调节手轮的驱动下转动。刻度盘分为 720 个小格,每小格为 0.5°,小于 0.5°由游标读数,游标上有 25 个格,每小格为 0.02°。为了避免刻度盘的偏心差,在游标盘上相隔 180°对称地装有两个游标,测量时两个游标都读数,取其平均值。具体读数方法如图 3.73 所示,当游标与度盘有两条线重合时,读数应在两线之间,如左面读数为 5.61°,右面读数为 5.65°,该角度应取二者平均值,即读数值=(5.65°+5.61°)/2=5.63°。该旋光仪测量范围为±180°,钠光灯波长 $\lambda = 5.893 \times 10^{-7}$ m。

【实验内容与步骤】

1. 接通电源,开启开关,预热约 5 min,待钠光灯发光正常可开始工作。

2. 转动手轮,当出现中间明或暗的三分视场时,调节目镜使中间明纹或暗纹边缘清晰;再转动手轮,观察视场亮度变化情况,从中辨别半明半暗位置即零度视场。

3. 在仪器中放入空试管或充满蒸馏水的试管后,调节手轮找到零度视场,从左右两个读数视窗分别读数,求二者的平均值作为一个测量值;再转动手轮使离开零度视场后再重新回到零度视场,进行读数。两次测量取平均值,则旋光仪的真正零点在其平均值 $\bar{\Phi}_0$ 处。

4. 将装有已知浓度糖溶液的试管放入旋光仪,放入时注意让气泡留在试管中间的凸起部分。转动手轮找到零度视场位置,记下左右视窗中的读数 $\Phi_左$ 和 $\Phi_右$,各测 2 次求其平均值 $\bar{\Phi}$,则糖溶液的旋光度为 $\Delta\Phi = \bar{\Phi} - \bar{\Phi}_0$。

5. 重复 4,对三种以上已知浓度的糖溶液进行测量,求出糖溶液的旋光率。

6. 将装有未知浓度的糖溶液的试管放入旋光仪,重复 4,测出其偏光旋转角度。

7. 依据式(3.102)求糖溶液的旋光率 α 和未知溶液的浓度;也可以 $\Delta\Phi/L$ 为纵坐标,以 c 为横坐标作图,先求出斜率 α,再求出未知浓度 c。

8. 测试完毕后,关闭开关,切断电源。

【实验数据记录及处理】

1. 零度视场读数

将所测得数据记录于表 3.26,并计算平均值 $\bar{\Phi}_0$。

表 3.26　旋光仪的零度视场读数表　　　　　　　　　　(°)

测量次数 i	左窗读数 $\Phi_{0左}$	右窗读数 $\Phi_{0右}$	$\bar{\Phi}_0$
1			
2			

2. 糖溶液旋光度测量

将所测得数据记录于表 3.27,并计算平均值 $\bar{\Phi}$ 和旋光度 $\Delta\Phi$。其中旋光度计算公式为 $\Delta\Phi = \bar{\Phi} - \bar{\Phi}_0$。

表 3.27　测量糖溶液旋光度数据表

项　目	浓度 c /(kg·m^{-3})	实测 Φ/(°)				$\bar{\Phi}$/(°)	管长 L/m	旋光度 $\Delta\Phi$/(°)
		左	右	左	右			
空管								
c_1								
c_2								
c_3								
c_4								
$c_未$								

3. 葡萄糖溶液旋光率和未知溶液的浓度计算

利用 Origin 软件(或毫米方格纸)绘制 c-$\Delta\Phi/L$ 函数关系图线,求出旋光率 α;再根据拟合的直线求出未知溶液的糖浓度 c。

【注意事项】

1. 测量前首先调节对光环,使视场清晰。

2. 注入溶液后,试管和试管两端透光窗均擦净后,才可装入旋光仪。测量时,要将溶液管内气泡赶到突起部分。

3. 所谓"界线出现"是指只要眼睛刚能分辨出分界线,不要调节至清楚了才读数。

4. 准确判断视场分界线出现的位置:在分界线消失的位置,特别是对高灵敏度的同暗视场,度盘稍有转动分界线立即出现,稍不留意就会被调过头,故调节度盘旋钮时应缓慢、耐心、细致地观察视场变化,直到刚能分辨出亮度明暗不均的视场。

5. 在计算结果时,注意单位统一。

【思考题】

1. 半影板检偏装置的基本原理是什么？

2. 溶液浓度的大小与哪些物理量有关系？

3. 读数时为什么要读出左右两游标读数再取平均值？

4. 放溶液管时为什么要保证观察孔中没有气泡？

5. 钠黄光的波长 $\lambda = 589.3\,\text{nm}$，石英的折射率 $n_o = 1.5442$，$n_e = 1.5533$。如果要使垂直入射的线偏振光（设其振动方向与石英片光轴的夹角为 θ）通过石英片后变为振动方向转过 2θ 角的线偏振光，试问石英片的最小厚度应为多少？

6. 为什么说用半荫法测定旋光度比单用两个尼科耳棱镜（或两块偏振片）时测量更方便、更准确？

3.21　椭圆偏振法测量薄膜厚度和折射率

椭圆偏振测量技术是一种测量纳米级薄膜厚度和薄膜折射率的先进技术，是研究固体表面特性的重要工具。传统的薄膜参数测定有多种方法，如布儒斯特角法、干涉法等，但椭圆偏振法具有独特的优点：灵敏度高（可探测小于 0.1 nm 的薄膜厚度变化，比一般的干涉法高 1～2 个数量级）、非损测量等，且能同时测定膜的厚度和折射率。因于它独特的优势，因而在光学、半导体、生物、医学等诸多领域得到较为广泛的应用。

【实验目的】

1. 了解椭圆偏振法测量薄膜参数的基本原理。

2. 学会使用椭圆偏振仪测量薄膜厚度和折射率。

【实验仪器】

椭圆偏振检测仪（含 He-Ne 激光器，起偏器，检偏器，1/4 波片，接收器），样品。

【实验原理】

图 3.74 所示为一光学均匀和各向同性的单层介质膜，上层是折射率为 n_1 的空气，中间是一层厚度为 d 折射率为 n_2 的介质薄膜，下层是折射率为 n_3 的衬底，介质薄膜均匀地附在衬底上，当一束光射到膜面上时，在界面 1 和界面 2 上形成多次反射和折射，并且各反射光和折射光分别产生多光束干涉。

1. 薄膜反射及菲涅耳反射系数

设 φ_1 表示光的入射角，φ_2 和 φ_3 分别为在界面 1 和界面 2 上的折射角，根据折射定律有

$$n_1 \sin\varphi_1 = n_2 \sin\varphi_2 = n_3 \sin\varphi_3 \tag{3.103}$$

光波的电矢量可以分解成在入射面内振动的 p 方向分量和垂直于入射面振动的 s 方向分量。若用 E_{ip} 和 E_{is} 分别代表入射光的 p 方向分量和 s 方向分量，用 E_{rp} 及 E_{rs} 分别代

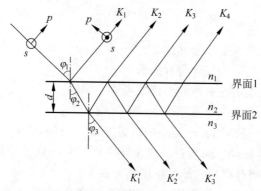

图 3.74　薄膜反射和透射

表各束反射光 $K_0,K_1,K_2,\cdots$ 中电矢量的 p 方向分量之和及 s 方向分量之和,则膜对两个分量的总反射系数 R_p 和 R_s 定义为

$$R_p = E_{rp}/E_{ip}, \quad R_s = E_{rs}/E_{is} \tag{3.104}$$

经计算可得

$$E_{rs} = \frac{r_{1s} + r_{2s}\,\mathrm{e}^{-i2\delta}}{1 + r_{1s}r_{2s}\,\mathrm{e}^{-i2\delta}}E_{is}, \quad E_{rp} = \frac{r_{1p} + r_{2p}\,\mathrm{e}^{-i2\delta}}{1 + r_{1p}r_{2p}\,\mathrm{e}^{-i2\delta}}E_{ip} \tag{3.105}$$

式中,r_{1p} 或 r_{1s} 和 r_{2p} 或 r_{2s} 分别为 p 方向分量或 s 方向分量在界面 1 和界面 2 上一次反射的反射系数;2δ 为任意相邻两束反射光之间的相位差。根据电磁场的麦克斯韦方程和边界条件,可以证明:

$$\begin{cases} r_{1p} = \tan(\varphi_1 - \varphi_2)/\tan(\varphi_1 + \varphi_2), & r_{1s} = -\sin(\varphi_1 - \varphi_2)/\sin(\varphi_1 + \varphi_2) \\ r_{2p} = \tan(\varphi_2 - \varphi_3)/\tan(\varphi_2 + \varphi_3), & r_{2s} = -\sin(\varphi_2 - \varphi_3)/\sin(\varphi_2 + \varphi_3) \end{cases} \tag{3.106}$$

式(3.106)即为著名的菲涅耳反射公式。

由相邻两反射光束间的光程差,不难算出:

$$2\delta = \frac{4\pi d}{\lambda}n_2, \quad \varphi_2 = \frac{4\pi d}{\lambda}\sqrt{n_2^2 - n_1^2\sin^2\varphi_1} \tag{3.107}$$

式中,λ 为光在真空中的波长;d 和 n_2 分别为介质膜的厚度和折射率。

2. 椭偏方程与椭偏参数

为了简便,通常引入另外两个物理量 ψ 和 Δ 来描述反射光偏振态的变化。它们与总反射系数的关系定义为:

$$\tan\psi \cdot \mathrm{e}^{i\Delta} = \frac{R_p}{R_s} = \frac{(r_{1s} + r_{2s}\,\mathrm{e}^{-i2\delta})(r_{1p} + r_{2p}\,\mathrm{e}^{-i2\delta})}{(1 + r_{1s}r_{2s}\,\mathrm{e}^{-i2\delta})(1 + r_{1p}r_{2p}\,\mathrm{e}^{-i2\delta})} \tag{3.108}$$

上式简称为椭偏方程,其中的 ψ 和 Δ 称为椭偏参数(由于具有角度量纲也称椭偏角)。

由式(3.103),式(3.106)~式(3.108)可以看出,参数 ψ 和 Δ 是 n_1、n_2、n_3、λ 和 d 的函数。其中 n_1、n_3、λ 和 φ_1 可以是已知量,如果能从实验中测出 ψ 和 Δ 的值,原则上就可以算出薄膜的折射率 n_2 和厚度 d。

然而,从上述各式中却无法解析出 $d(\psi,\Delta)$ 和 $n_2(\psi,\Delta)$ 的具体形式。因此,只能用计算机绘制出在入射波波长 λ、入射角 φ_1、环境介质 n_1 和衬底折射率 n_3 一定的条件下(ψ,Δ)~

(d,n)的关系曲线,等测出待测薄膜的 ψ 和 Δ 后,再从关系曲线上求出相应的 d 和 n。这就是椭圆偏振法测量薄膜厚度和折射率的基本原理。

用复数形式表示入射光和反射光的 p 分量和 s 分量,则

$$E_{ip} = \mid E_{ip} \mid \exp(i\theta_{ip}), \quad E_{is} = \mid E_{is} \mid \exp(i\theta_{is});$$
$$E_{rp} = \mid E_{rp} \mid \exp(i\theta_{rp}), \quad E_{rs} = \mid E_{rs} \mid \exp(i\theta_{rs}) \tag{3.109}$$

式中,各绝对值为相应电矢量的振幅,各 θ 值为相应界面处的相位。

由式(3.104),式(3.108)和式(3.109)可以得到

$$\psi \cdot e^{i\Delta} = \frac{\mid E_{rp} \mid \mid E_{is} \mid}{\mid E_{rs} \mid \mid E_{ip} \mid}\{i[(\theta_{rp} - \theta_{rs}) - (\theta_{ip} - \theta_{is})]\} \tag{3.110}$$

比较等式两端即可得

$$\tan\psi = \mid E_{rp} \mid \mid E_{is} \mid / \mid E_{rs} \mid \mid E_{ip} \mid \tag{3.111}$$
$$\Delta = (\theta_{rp} - \theta_{rs}) - (\theta_{ip} - \theta_{is}) \tag{3.112}$$

式(3.111)表明,参量 ψ 与反射前后 p 方向和 s 方向分量的振幅比有关。而式(3.112)表明,参量 Δ 与反射前后 p 方向和 s 方向分量的相位差有关,从式(3.111)、式(3.112)两式可以看出 ψ 和 Δ 的测量都有四个相关量。

3. ψ 和Δ 的测量

为了使 ψ 和 Δ 成为比较容易测量的物理量,如图 3.75(a)所示,应该设法简化相关量,让入射光和反射光满足下面的两个条件:

(1) 使入射光束满足 $\mid E_{ip} \mid = \mid E_{is} \mid$,则式(3.111)简化为

$$\tan\psi = \mid E_{rp} \mid / \mid E_{rs} \mid \tag{3.113}$$

(2) 使反射光为线偏振光,也就是要求反射光两分量的相位差 $(\theta_{rp} - \theta_{rs}) = 0$(或 π),则式(3.112)简化为

$$\Delta = -(\theta_{ip} - \theta_{is}) \tag{3.114}$$

要满足第一个条件只需让 1/4 波片的快轴 f 与 x 轴的夹角为 $\pi/4$ 即可。此时,$\tan\psi$ 恰好是反射光的 p 方向分量和 s 方向分量的幅值比,ψ 是反射光线偏振方向与 s 方向间的夹角,如图 3.75(b)所示。

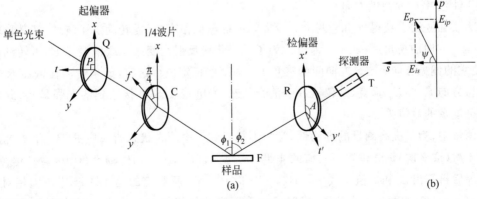

图 3.75　椭偏仪工作原理图

而满足第二个条件也并不困难,Δ 只与反射光的 p 方向分量和 s 方向分量的相位差有关。对于特定的膜 Δ 是定值,只要改变入射光两分量的相位差$(\theta_{ip}-\theta_{is})$,肯定会找到使反射光成线偏振光的特定值。

椭偏法测量的基本思路就是:让起偏器产生的线偏振光经晶轴取向为 $\pi/4$ 的 1/4 波片后变成椭圆偏振光,得到所需的满足条件$|E_{ip}|=|E_{is}|$的特殊椭圆偏振入射光束。把它投射到待测样品表面时,只要起偏器取适当的透光方向,被待测样品表面反射出来的将是线偏振光。根据偏振光在反射前后的偏振状态变化,包括振幅和相位的变化,便可以确定样品表面的许多光学特性。

椭圆偏振仪(简称椭偏仪)的工作原理如图 3.75 所示。在如图 3.75 所示的坐标系中,x 轴和 x' 轴均在入射面内且分别与入射光束或反射光束的传播方向垂直,而 y 和 y' 轴则垂直于入射面。起偏器透光轴 t 与 x 轴和检偏器透光轴 t' 与 x' 轴的夹角分别为 P 和 A。

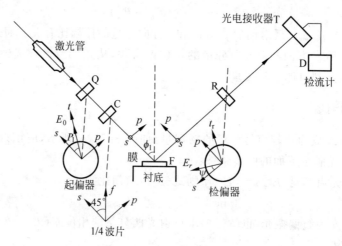

图 3.76　椭偏仪的光路图(Q,C 和 R 对应虚线下的插图都是迎着光的方向看的)

椭偏仪的光路如图 3.76 所示。He-Ne 激光管发出的光,先后通过起偏器 Q 和 1/4 波片 C,入射在待测薄膜 F 上,反射光通过检偏器 R 射入光电接收器 T。如前所述,p 和 s 分别代表平行和垂直于入射面的两个方向。t 代表 Q 的偏振方向,t_r 代表 R 的偏振方向,f 代表 1/4 波片 C 的快轴方向。

为了在膜面上获得 p 和 s 两个分量等幅的椭圆偏振光,只需转动 1/4 波片,使其快轴方向 f 与 s 方向的夹角 $\alpha=\pm\pi/4$ 即可。为了进一步使反射光变成一线偏振光 E,可转动起偏器,使它的偏振方向 t 与 s 方向间的夹角 P_1 为某些特定值。这时,如果转动检偏器 R 使它的偏振方向 t_r 与 E_r 垂直,则仪器处于消光状态,光电接收器 T 接收到的光强最小,此刻检偏器刻度盘的数值为 ψ_1。

测量中,为了提高测量的准确性,常常不是只测一次消光状态所对应的 P_1 和 ψ_1 值,而是将 4 次(或 2 次)消光位置所对应的 4 组(P_1,ψ_1),(P_2,ψ_2),(P_3,ψ_3)和(P_4,ψ_4)值测出,经处理后再算出 Δ 和 ψ 值。其中,(P_1,ψ_1)和(P_2,ψ_2)所对应的是 1/4 波片快轴相对于 s 方向置$+\pi/4$时的两个消光位置(反射后 p 和 s 光的位相差为 0 或为 π 时均能合成线偏振光),而(P_3,ψ_3)和(P_4,ψ_4)对应的是 1/4 波片快轴相对于 s 方向置$-\pi/4$的两个消光位置。

可以证明，$|P_1-P_2|=90°$，$\psi_2=-\psi_1$，$|P_3-P_4|=90°$，$\psi_4=-\psi_3$。

求 Δ 和 ψ 的方法如下所述：改变起偏角 P 的数值，使得 $\theta_{ip}-\theta_{is}$ 等于 π 或等于 0，反射光也就成为线偏振光了，用检偏器检验，当检偏器透光方向 t 与线偏振光垂直时就消光。现在先引入一个消光时读出的检偏方位角 A，讨论反射线偏振光在两种不同情况下的 Δ 和 ψ 值。

(1) $\theta_{ip}-\theta_{is}=\pi$

此时，反射光的偏振方向在第 Ⅱ，Ⅳ 象限，因此 A 的数值在第 Ⅰ，Ⅲ 象限。通常仪器中 A 取 Ⅰ，Ⅱ 象限的数值，我们把第 Ⅰ 象限的 A 记作 A_1，把相应的起偏角记为 P_1，把取值在第 Ⅱ 象限的 A 记为 A_2，与它相应的起偏角记为 P_2。

(2) $\theta_{ip}-\theta_{is}=0$

此时，反射光的偏振方向在第 Ⅰ，Ⅲ 象限，因此 A 的数值在第 Ⅱ，Ⅳ 象限，把取值在第 Ⅱ 象限的 A 记为 A_2。

我们把上面两种情形所得结果归纳如下：

$$\begin{cases} 0<A_1<\dfrac{\pi}{2}:\psi=A_1, \qquad \Delta=\dfrac{3\pi}{2}-2P_1 \\[2mm] \dfrac{\pi}{2}<A_2<\pi:\psi=\pi-A_2, \quad \Delta=\dfrac{\pi}{2}-2P_2 \end{cases} \tag{3.115}$$

这正是我们所要导出的 ψ,Δ 测量公式。

显然，对于确定的体系和确定的测量条件，ψ,Δ 的值应该是确定的。当 A 和 P 的取值范围限制在 $0°\sim180°$ 时，有如下关系：

$$\begin{cases} A_1=\pi-A_2 \\[2mm] P_1=\begin{cases} P_2+\pi/2, & P_1>P_2 \\[1mm] P_2-\pi/2, & P_1<P_2 \end{cases} \end{cases} \tag{3.116}$$

4. 折射率 n_2 和膜厚 d 的计算

尽管在原则上由 ψ 和 Δ 能算出 n_2 和 d，但实际上要直接解出 (n_2,d) 和 (Δ,ψ) 的函数关系式是很困难的。一般在 n_1 和 n_2 均为实数(即为透明介质)，并且已知衬底折射率 n_3(可以为复数)的情况下，将 (n_2,d) 和 (Δ,ψ) 的关系绘制成数值表或曲线图而求得 n_2 和 d 值。绘制的方法是：先测量(或已知)衬底的折射率 n_2，取定一个入射角 φ_1，设一个 n_2 的初始值，令 δ 从 0 变到 $180°$，利用式(3.106)~式(3.108)，便可分别算出 d,Δ 和 ψ 值；然后将 n_2 增加一个小量进行类似计算，如此继续下去便可得到 $(n_2,d)\sim(\Delta,\psi)$ 的数值表(或曲线图)。

另外，在求厚度 d 时还需要说明一点：当 n_1 和 n_2 为实数时，式(3.106)中的 φ_2 为实数，两相邻反射光线间的相位差亦为实数，其周期为 2π。2δ 可能随着 d 的变化而处于不同的周期中。若令 $2\delta=2\pi$ 时对应的膜层厚度为第一个周期厚度 d_0，由式(3.106)可以得到

$$d_0=\dfrac{\lambda}{2\sqrt{n_2^2-n_1^2\sin^2\varphi_1}} \tag{3.117}$$

由数值表、曲线图或计算机算出的 d 值均为一周期以内的厚度。若膜厚大于 d_0，可用其他方法(如干涉法)确定存在的周期数 j，则总膜厚为

$$D=(j-1)d_0+d \tag{3.118}$$

要测量膜厚超过一个周期的薄膜真实厚度,常采用改变入射角的方法得到多组(d_0,d),再由多组数据联立方程解得真实膜厚 D。

【实验内容与步骤】

1. 将入射光管和反射光管都调至水平位置,调节 He-Ne 激光器使激光完全进入反射光管。将起偏器 Q 调至与水平方向成 45°,并调节检偏器 R 使之消光,同时检查 R 的方向(与水平方向成 135°,偏离不超过 2°),否则需要调节 1/4 波片 C 的角度。

2. 调节样品台水平。将样品放在样品台上,卸下装有检波片的反射光管,将样品放置在样品台上使反射光斑达到远处,调节样品台的两个平行旋钮,使反射光斑的位置在样品台旋转时保持不变。这样可以确保:从样品上反射的光在观察窗中呈现为完整的圆形亮斑;当转动样品台时,亮斑不会转动或出现残缺;当转动 Q 和 R 两个角度调度旋钮时,对应于消光状态和非消光状态,圆斑亮度会有非常明显的变化。

3. 装好反射光管,调节入射光管和反射光管,使入射角和反射角均等于 70°。调节样品台高度使反射光恰好入射到反射光管,此时,观察窗中的光强最强,观察到的消光现象明显。

4. 调节起偏器角度 P,检偏器角度 A,使出现消光现象。记录消光时的 P 值和 A 值。根据理论可知存在两个消光位置,其 P 值相差 $\pi/2$,A 值之和为 π。为了消除因 1/4 波片不精确造成的偏差,应在(A_1,P_1)与(A_2,P_2)两个不同的消光位置分别测量,并根据结果并参考式(3.115)求出 ψ 和 Δ。

5. 将(n_2,d)和(Δ,φ)的关系绘制成数值表或曲线图求出样品的厚度和折射率。

【实验数据记录及处理】

1. 将消光时测得的 P 值和 A 值记录于表 3.28,并参考式(3.115)求出 ψ 和 Δ。

表 3.28　椭圆偏振仪测量薄膜厚度及折射率数据表

入射角 φ_1/(°)	项目	次数 i			平均值
		1	2	3	
	P_1				
	A_1				
	P_2				
	A_2				

2. 计算样品厚度和折射率。

【注意事项】

1. 在使用椭偏仪前要仔细查阅仪器说明书,熟悉椭偏仪的具体结构和使用方法后再进行操作。

2. 实验时为了减小测量误差,不仅应将样品台调水平,还应尽量保证入射角 φ_1 放置的准确性,从而保证能够灵敏地判别消光状态。

【思考题】

1. 写出椭偏方程及各参数的物理意义。

2．入射光为什么需等幅偏振光,实验中如何获得?

3．反射光为什么要调成线偏振光,实验中如何获得?

4．用椭偏仪测薄膜的厚度和折射率时,对薄膜有何要求?

5．在测量时,如何保证入射角准确?

6．试证明:$|P_1-P_2|=\pi/2$,$\psi_2=-\psi_1$,$|P_3-P_4|=\pi/2$,$\psi_4=-\psi_3$。

3.22　光电效应及普朗克常量的测定

光电效应实验对于认识光的本质及早期量子理论的发展,具有里程碑式的意义。1887年,赫兹发现光电效应,但光电效应的基本规律无法用麦克斯韦的经典电磁理论完美地解释。1905 年爱因斯坦提出"光量子"假说,圆满地解释了光电效应,并给出了光电效应方程。正是对光电效应的解释,催生了光量子理论,使人们认识到光的波粒二象性。密立根用了十年的时间对光电效应进行定量的实验研究,证实了爱因斯坦光电效应方程的正确性,并精确测出了普朗克常量。爱因斯坦和密立根因光电效应等方面的杰出贡献,分别于 1921 年和1923 年获得诺贝尔物理学奖。

【实验目的】

1．了解经典物理学在解释光电效应实验时所遇到的困难。

2．了解光电效应的规律,加深对光的量子性的理解。

3．比较不同频率的伏安特性曲线与遏止电压,计算普朗克常量。

4．研究同一频率不同光强下光电管的伏安特性,理解饱和电压与光强的关系。

5．验证爱因斯坦光电效应方程,解释光电效应。

【实验仪器】

光电效应测定仪,滤光片。

【实验原理】

当一定频率的光照射到某些金属表面上时,会有电子从金属表面逸出,这种现象称为光电效应,从金属表面逸出的电子称为光电子。光电效应实验的原理图如图 3.77 所示。图中A,K 分别为抽成真空的光电管的阳极和阴极。当一定频率 ν 的光射到金属材料做成的阴极 K 上,就有光电子逸出金属。若在 A,K 两端加上电压 U后,光电子将由 K 定向地运动到 A,在回路中形成光电流 I。

当金属中的电子吸收一个频率为 ν 的光子时,便会获得这个光子的全部能量,如果这些能量大于电子摆脱金属表面的溢出功 W,电子就会从金属中溢出。按照能量守恒定律,可得

$$h\nu=\frac{1}{2}mv_{\mathrm{m}}^2+W \qquad (3.119)$$

上式称为爱因斯坦光电效应方程。式中 h 为普朗克常量,公认值为 $6.626\,07\times10^{-34}$ J・s;ν 为入射光频率,$\frac{1}{2}mv_{\mathrm{m}}^2$ 是光

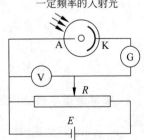

图 3.77　光电效应实验原理图

电子逸出金属表面后所具有的最大动能；W 是电子从金属内部逸出表面所需的逸出功。

由式(3.119)可知，ν 存在截止频率 ν_0，使 $h\nu_0 - W = 0$，此时吸收的光子能量 $h\nu_0$ 恰好用于抵消电子逸出功而没有多余的动能，即 $\frac{1}{2}mv_m^2 = 0$。因而，只有当入射光的频率 $\nu \geqslant \nu_0$ 时，才能产生光电流。不同金属的逸出功不同，所以它有不同的截止频率。

1. 光电效应的基本实验规律

(1) 伏安特性

当光强一定时，光电流随着极间电压的增大而增大，并趋于一个饱和值 I_s；对于不同的光强，饱和光电流 I_s 与入射光强成正比，如图 3.78 所示。图中曲线称为光电管伏安特性曲线。

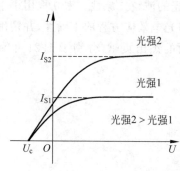

图 3.78　光电管的伏安特性

(2) 遏止电压及普朗克常量

当极间电压等于零时，光电流并不等于零，这是因为电子从阴极逸出时还具有初动能，只有加上适当的反向电压时，光电流才等于零，这一电压称为反向遏止电压 U_c。此时静电场力对光电子所做的功等于光电子的初动能，即

$$\frac{1}{2}mv_m^2 = eU_c \tag{3.120}$$

实验证明，同一频率不同光强的遏止电压相同，即光电子的初动能与只与光的频率有关，与光强无关。以不同频率的光照射时，光电子从金属表面逸出时的最大初动能与入射光的频率成线性关系，即

$$\frac{1}{2}mv_m^2 = eU_c = h\nu - W \tag{3.121}$$

图 3.79 中的几条直线表示不同材料的入射光频率 ν 与最大初动能 eU_c 的关系，它们的斜率相等，可根据任一直线对应的斜率计算 h。

(3) 截止频率

光电效应存在一个频率阈值 ν_0，称为截止频率(或红限频率)。当入射光频率 $\nu < \nu_0$ 时，无论光强如何，均不能产生光电效应。

(4) 瞬时性

光电效应是瞬时效应，只要入射光频率大于截止频率，光电管一经光线照射，几乎同时就有光电子产生，延迟时间为 10^{-9} s 的数量级，即弛豫时间小于 10^{-9} s。

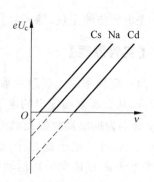

图 3.79　普朗克常量 h 的计算方法

2. 实际测量中截止电压的确定

实际上，由实验测出的光电管的伏安特性曲线并不与理论曲线完全吻合，这是因为存在以下附加电流：

（1）存在暗电流和本底电流。暗盒中的光电管即使没有光照射、在外加电压下也会有微弱电流,称暗电流。造成这个现象的主要原因是极间绝缘电阻漏电和阴极在常温下的热电子发射等。暗电流与外加电压近似成线性关系。本底电流则是因为外界各种漫反射光入射到光电管上所导致的。这两种电流给实验带来系统误差。

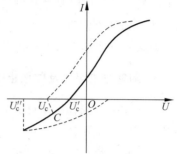

（2）存在反向电流。阳板上沉积有吸附材料,遇到由阴极散射的光或其他杂散光的照射,也会发射光电子,反向电压对阳极发射的光电子起加速作用,形成反向饱和电流。

由于上述原因,致使实测曲线在光电流为零时所对应的电压 U_c' 并不是截止电压,但若用反向电流刚开始饱和时的拐点 U_c'' 作为截止电压也有误差。真正的截止电压 U_c 在该曲线的直线部分与曲线部分相接的点 C,如图 3.80 所示。

图 3.80　实际测量的光电管的伏安特性曲线

【实验装置】

FB807 型光电效应测定仪的结构如图 3.81 所示,图 3.81(a)是控制箱,图 3.81(b)是光学系统部分。

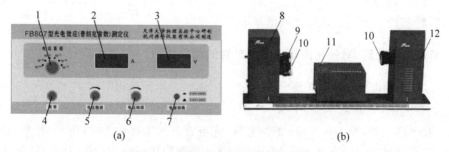

图 3.81　FB807 型光电效应测定仪

(a) 控制箱；(b) 光学系统部分

1-电流量程调节旋钮及其量程指示；2-光电管输出微电流指示表；3-光电管工作电压指示表；4-微电流指示表调零旋钮；5-光电管工作电压调节(粗调)；6-光电管工作电压调节(细调)；7-光电管工作电压转换按钮；8-光电管暗箱；9-滤色片,光阑(可调节)；10-挡光罩；11-汞灯电源箱；12-汞灯灯箱

【实验内容及步骤】

1. 测试前准备

（1）认真阅读仪器的使用说明书。

（2）检查仪器,接好仪器电源及汞灯电源(光电管暗箱调节到遮光位置),按下光源按钮,预热约 20 min。

（3）调整光电管与汞灯的距离约为 40 cm 并保持不变。

2. 光电管的暗电流调零

将"电流量程"选择开关置于合适挡位。测量截止电位时"电流量程"应调到 10^{-13} A 挡；测量伏安特性时则将其调到 10^{-10} A(或 10^{-11} A)挡。将出光口的光用遮光罩挡住，旋转调零旋钮使电流指示为 000.0。

注意：在开机或改变电流量程时，都需要进行调零。

3. 测量光电管的反向截止电压并计算普朗克常量

由于本实验仪器灵敏度高，稳定性好，故可采用零电流法测反向截止电压，即直接测出电流为零时的电压值。

(1) 取去遮光罩，换上 365 nm 的滤光片。电压调节范围选择"-2 V~$+2$ V"，先将电压调至 -2 V，此时电流表显示的电流值应为负值。利用电压粗调和细调旋钮，逐步升高电压，当电压到达某一数值时，光电管输出电流为零，记录此时的工作电压 U_c，即为 365 nm 单色光的反向截止电压。

(2) 依次换上 405 nm、436 nm、546 nm、577 nm 的滤色片，重复以上测量步骤，并记录工作电压 U_c 值。

(3) 画出各波长对应的频率 ν 与工作电压 U_c 的关系曲线，如果光电效应遵从爱因斯坦光电效应方程，则关系曲线应该是一条直线。求出直线的斜率 k，代入公式 $h = ek$ 求出普朗克常量，并计算所测值与公认值之间的误差。

4. 测量同一距离、同一光阑条件下光电管的伏安特性

(1) 将工作电压调节范围转换为"-2 V~$+30$ V"，"电流量程"开关应转换至"$\times 10^{-10}$ A"挡，并盖上遮光罩，重新调零。

(2) 取下遮光罩，换上 365 nm 的滤光片，光电管前加上直径为 4 mm 的光阑，并保持光电管与汞灯的距离为 40 cm 不变。用电压粗调和细调旋钮，逐步升高工作电压，依次记录电流随电压变化的数据。

注意：工作电压每升高 1 V，便记录一次对应的电流值，以便画出饱和伏安特性曲线。

(3) 依次换上 405 nm、436 nm、546 nm、577 nm 的滤色片，重复以上测量步骤，并记录电压和电流。

(4) 在同一坐标纸上分别作出这 5 个波长光照下的伏安特性曲线。

5. 测量同一距离、不同光阑条件下某条谱线对应的饱和光电流值

保持光电管和汞灯的距离不变，而换上直径分别为 2 mm，4 mm，8 mm 的光阑，测量某条谱线对应的饱和光电流值，验证光电管的饱和光电流与入射光强的关系。

6. 测量同一光阑、不同距离条件下某条谱线对应的饱和光电流值

保持同一光阑不变，将光电管与汞灯之间的距离分别改变为 30 cm、35 cm、40 cm，测量某条谱线对应的饱和光电流值，同样可以验证光电管的饱和光电流与入射光强的关系。

【实验数据记录及处理】

1. 测量截止电压并计算普朗克常量

将所测得数据记录于表 3.29 中,并根据数据画出 U_c-ν 图像,求出直线的斜率 k,用 $h = ek$ 计算普朗克常量 h,把它与公认值 h_0 比较,求出实验结果的相对误差 $E = \dfrac{|h - h_0|}{h_0}$。其中,常量 $e = 1.602 \times 10^{-19}$ C,$h_0 = 6.626 \times 10^{-34}$ J·s。

表 3.29　截止电压测量数据

波长 λ/nm	365.0	404.7	435.8	546.1	577.0
频率 ν/$\times 10^{14}$ Hz					
截止电压 U_c/V					

2. 测量不同波长谱线下光电管的伏安特性

将所测得数据记录于表 3.30 中,并根据数据绘制伏安特性曲线,解释曲线的意义。

表 3.30　不同波长谱线的伏安特征测量数据

光阑 $\phi = 4$ mm

波长 电压 U/V	365.0 nm I/$\times 10^{-10}$ A	404.7 nm I/$\times 10^{-10}$ A	435.8 nm I/$\times 10^{-10}$ A	546.1 nm I/$\times 10^{-10}$ A	577.0 nm I/$\times 10^{-10}$ A
-2					
-1					
0					
$\vdots$					
30					

3. 测量饱和光电流与光强的关系

将所测得的数据分别记录于表 3.31 和表 3.32 中,说明波长为 577 nm 的钠黄光在不同光强的饱和光电流的差异,并进行解释,同时验证光电管的饱和光电流与入射光强的关系;综合上述图线和结果说明光的量子性。

表 3.31　同一距离、不同光阑下某条谱线对应的饱和光电流值

$d = 40$ cm,$\lambda = 577.0$ nm,$U = 30$ V

ϕ/mm	2	4	8
ϕ^2/mm^2			
I/$\times 10^{-10}$ A			

表 3.32　同一光阑、不同距离下某条谱线对应的饱和光电流值

$\phi = 4$ mm,$\lambda = 577.0$ nm,$U = 30$ V

d/cm	30	35	40
I/$\times 10^{-10}$ A			

【思考题】

1. 试讨论光电管伏安特性曲线形成的原因。
2. 测定普朗克常量的实验中有哪些误差来源？实验中如何减少误差？
3. 说明光电效应在建立量子概念和光的波粒二象性方面的意义。

第 4 章　信息光学实验

从 1935 年泽尼克(F. Zernike)提出相衬原理及后来相衬显微镜被成功制造,到 1948 年盖伯(D. Gabor)提出全息原理并成功实现全息照相,再到 1955 年谢德等学者完善光学传递函数并用于光学系统设计、光学设计评价和光学镜头质量检测等方面,最后到 1960 年梅曼(H. Maiman)发明激光器,这一发展历程使光学和信息科学结合在一起,形成了信息光学这一分支——信息光学。傅里叶变换被引入光学,成为信息光学发展的起点。本章主要介绍全息术、光信息处理、光学传递函数运用等内容,所介绍的实验大部分都是与光学全息术、光学信息处理和光学传递函数相关的一些经典实验,也是对信息光学中重要的理论知识点的实验验证。通过对本章的学习,学生不仅可以巩固信息光学的理论知识,还能进一步提高实验技能,从而对信息光学的实际应用有更深的认识。

本章安排了 12 个实验,分别是:全息照相;全息光栅的制作与性能测试;全息透镜的制作;阿贝成像原理和空间滤波;θ 调制实现图像假彩色编码;光栅滤波法实现图像相加减;全息存储片的制作;匹配滤波与图像识别;卷积定理的实验验证;分辨率板直读法测光学系统的分辨率;利用朗奇光栅测光学系统的调制传递函数;利用狭缝测光学系统的调制传递函数。

4.1　全　息　照　相

1948 年,英籍匈牙利裔科学家盖伯(D. Gabor)发明全息术,他也因此贡献获得 1971 年诺贝尔物理学奖,并被称为"全息学之父"。20 世纪 60 年代初激光器的问世,解决了相干光源的问题,使几乎沉沦的全息技术得以复兴,并在随后的发展中出现了一个飞跃,成为一个崭新的科学技术领域。全息照相也称全息摄影,是指一种记录被摄物体反射波的振幅和相位等全部信息的新型摄影技术。普通摄影只能记录物体表面的光强分布,不能记录物体反射光的相位信息,因而没有立体感。全息照相的本质可归结为 8 个字:干涉记录,衍射再现。由于全息照相记录方式独特,因而相较于普通照相来,它具有更多的特点,使用也更为广泛,在精密测量、无损检测、信息存储及处理、地质遥感、生物医学和国防军工等领域获得广泛的应用。

【实验目的】

1. 掌握全息照相的基本原理和主要特点。
2. 学习拍摄漫反射物体的三维全息图。
3. 掌握全息照相的再现性质和观察方法。

【实验仪器】

全息实验装置一套（防震台、反射镜、分束镜、扩束镜、一些光学支架及磁性座等），He-Ne 激光器，定时快门，全息感光胶片（干板），暗室冲洗器材，等等。

【实验原理】

盖伯提出了"干涉记录、衍射再现"的两步记录光波信息的方法，不仅记录物体反射光的振幅信息，也记录它的相位信息，这使得拍摄的照片具有了立体感。但由于当时难以获得良好的相干光源，这种技术并未发展起来。在盖伯之前，还没有人能够提出有效的方法对相位进行记录，即使是在盖伯发明全息术之后的二十多年里，他的方法也没有获得过验证。为什么呢？因为没有合适的可以记录重现的光源，直到 1960 年第一台红宝石激光器的诞生之后，解决了相干光源的问题，盖伯发明的全息术才获得了验证。

全息照相采用激光作为照明光源，并将光源发出的光分为两束，一束直接射向感光片，另一束经被摄物反射后再射向感光片，两束光在感光片上叠加产生干涉条纹而成，感光底片上各点的感光程度不仅随强度也随两束光的相位关系而不同。可见，全息摄影不仅记录了物体上的反光强度，也记录了相位信息。人眼直接去看这种感光的底片，只能看到像指纹一样的干涉条纹，但如果用激光去照射它，人眼透过底片就能看到原来被拍摄物体完全相同的三维立体像。一张全息摄影图片即使只剩下一小部分，依然可以重现全部景物。全息摄影可应用于工业上进行无损探伤、超声全息、全息显微镜、全息摄影存储器、全息电影和电视等许多方面。

1. 全息照相记录

照相记录就是使感光材料对来自拍摄目标（物体）的光进行感光记录。

我们知道，光是电磁波，平面单色光波用电场 E 表示如下：

$$E = E_0 \cos 2\pi \left(\frac{t}{T} - \frac{x}{\lambda} \right) \tag{4.1}$$

式中，E_0 为振幅，$2\pi \left(\frac{t}{T} - \frac{x}{\lambda} \right)$ 为相位，是光波中两个主要特征或信息，任何光波也同样包含着振幅、相位这两个信息。物体的明暗、形状及远近就是靠物光中的振幅 E_0 相位 $2\pi \left(\frac{t}{T} - \frac{x}{\lambda} \right)$ 来区别的。

普通照相通常是凸透镜成像，在底片平面上将物光的光强分布（光波的振幅）记录下来，但丢失了反应视差的重要信息——相位。因此，普通照相所记录的只是物体的二维平面像，没有立体感。

全息照相则完全不同，它在平面上记录了物光的全部信息——振幅和相位。根据波动光学理论，当再现这样一张相片时，原物光的一切效应（物体的明暗、形状、远近等）都将反应出来，完全与物体存在时一样。所以，全息照相的物像是一个逼真的三维立体像。

2. 全息照相的基本过程

通常全息照相有两个过程。首先，利用光波干涉把物光的全部信息记录在感光板上。

由于两束相干光波的振幅、相位差以及两束光间的夹角等决定了感光板上干涉条纹的反差、形状以及疏密程度,因此,干涉条纹中包含了物光波的振幅信息和相位信息。典型的全息记录装置如图 4.1(a)所示。激光器发出的光,一部分照明物体,经物体散射而至感光板,这部分光称为物光(O 光);另一部分激光照明感光板,称为参考光(R 光)。在感光板上物光和参考光叠加产生干涉,形成条纹,经适当的曝光与冲洗,就得到一张有干涉条纹的"全息照片"——全息图。显然,由于感光板上所记录的是物光和参考光的干涉图样,它与原始物体没有任何相像之处。所以要观察物体像,还须一个再现过程。其次,利用光波的衍射对全息图进行物光波的再现。

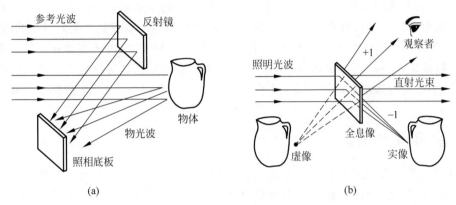

图 4.1　全息记录与再现

(a) 全息记录;(b) 全息再现

全息再现过程如图 4.1(b)所示。用一束与全息记录时的参考光相同的光波照明全息图,并通过它的复杂条纹,就像通过一块复杂光栅一样会产生衍射。由理论分析可知,衍射光波包含有三种成分。从衍射角度来看,它们是 0 级和 ±1 级衍射光;从再现光波的角度来看,它们是零级光波、物光波以及共轭物光波。当迎着物光波方向,即衍射光的 +1 级方向观察,可以看到物体的再现立体像,这是一个虚像,它与原始物体有一样的特征。另外还有一个由 -1 级会聚衍射光波形成的实像,称为共轭像,观察时可以用屏找到。在三维结构中,这个像是赝像。

3. 拍摄系统的技术要求

全息拍摄是要在全息干板上记录物光(O 光)与参考光(R 光)的干涉条纹。为了得到合乎要求的全息图,对拍摄系统有一定的技术要求。

(1) 全息拍摄的光学系统应具有很高的机械稳定性。在全息干板上的干涉条纹可达 10^3 条/mm 数量级,而曝光期间干涉条纹相对于全息干板的位移若大于 1/2 条纹间距时,拍摄则完全失败。所以拍摄所用的光学元件必须用磁钢牢固地吸在具有防震性能的平台上;曝光时,不宜走动或大声说话,也不要碰及防震台。

(2) 要采用良好的相干光源。全息拍摄是干涉记录,光源的相干性直接影响着物光和参考光的干涉效果,所以,全息拍摄必须采用良好的相干光源。目前,一般使用 He-Ne 激光器作光源。

(3) 要采用高分辨率的感光板。分辨率是指每毫米长度能记录的条纹数。在全息拍摄中,干涉条纹很细密,每毫米的干涉条纹数大于 1 000 条,而普通照相底片每毫米只能记录几十至几百条。所以,必须采用高分辨率的全息感光板(干板)作为记录介质。

(4) 布置合理的光路。在上述条件都满足的情况下,布置合理的光路也是获得优质全息图的关键。因此,在安排光路时应注意:①受光源的相干长度限制,光路中应尽量减小物光与参考光的光程差,将光程差控制在光源的相干长度(几厘米)之内,最好是等光程拍摄。②物光和参考光投射到干板上的夹角 θ 要适当,一般在 $30°\sim40°$ 为宜。这是因为干板上条纹的间距可表示为 $d=\lambda/2\sin\dfrac{\theta}{2}$,如果 θ 小,d 就大,对干板的分辨率 $\dfrac{1}{d}$ 要求不高。但是,当用这样拍成的全息图再现时,由于衍射角与条纹间距 d 的关系为 $d\cdot\sin\varphi=k\lambda$,$d$ 大则衍射角 φ 小,从而导致各级衍射光分不开,观察时很不方便。所以,在注意干板分辨率的同时,又要使 ±1 级条纹的衍射角大一些,因此夹角 θ 要适当。③物光、参考光在干板上的光强比要合适,一般是 $1:1\sim1:10$,具体根据物体表面反射情况和拍摄内容确定。光强比可用光强测定仪测量或直接用眼睛估测干板架上白屏的照度。④为减少干扰,光路中尽量减少光学元件。

4. 全息图的主要特点

(1) 体视性。使全息图再现物光时,所看到的物体是一幅完全逼真的三维立体像。当我们从不同的角度观察时,就好像面对原物体一样,可以看到物体的正面和被遮的侧面。图 4.2 就是从三个不同角度观察同一张全息照片的视差特性。

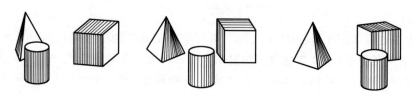

图 4.2　全息照片的视差特性

(2) 可分割性。全息照相曝光时,干板上的任一小区域都记录了整个被拍物体的物光信息,因此,即使它被弄碎(或掩盖、玷污)了一部分,仍可用残片再现出完整的物像。

(3) 多重记录性。全息照相曝光一次后,只要稍微改变干板的方位(如转一小角度),就可在同一干板上进行两次、三次曝光(在分辨率和总曝光量许可的情况下),再现时,就可从不同角度观察各自的拍摄内容,相互不影响。

(4) 物像亮度、大小的可调性。由于再现物光是再现光的一部分,所以再现光强,物像就亮;用不同波长的激光再现,或者沿再现光方向改变全息图的位置,就可看到不同大小的物像。

【实验内容与步骤】

(1) 熟悉实验环境,了解防震台的结构、光源及所用光路元件的性能和调节方法,了解干板的装夹方法和冲洗设备的位置。

(2) 调整光路。根据图 4.3 布置拍摄光路,并作如下调整:调节各光学元件等高共轴,使参考光均匀照亮干板夹上的白屏;调节入射光使之均匀照明被摄物体,且物体反射光的最强部分照射在白屏上；调节屏的方位及光路方向，使物光、参考光的夹角约为 40°；调节物光、参考光的光程大致相等；通过轮换挡住物光、参考光，目测白屏上两束光的强度，调整扩束镜的远近，使白屏上两束光的光强比为 1：4 左右。

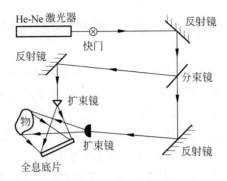

图 4.3　全息拍摄光路

（3）曝光拍摄。根据物光、参考光的总强度，确定曝光时间（通常由实验室给出参考时间），关闭所有光源，将干板的有感光药膜的一面朝向物体，取下夹上的白屏，换成干板，稳定片刻，启动定时器，进行定时曝光。这时，应避免人为的影响，保持肃静。曝光后，取下干板，按照暗室操作规定，在暗室中进行显影、停影、定影、水洗及冷风干燥等过程。在白光下透射观察全息图时，若出现彩虹现象，说明拍摄冲洗成功。

（4）物光的全息再现与观察。按图 4.3 的光路观察再现虚像。干板药膜面向着扩束照射光，转动干板，当照射光与干板的夹角和全息记录时参考光与干板的夹角相同时，眼睛迎着原物光波方向，就可以看到原物处有被拍物体逼真的立体虚像。观察时注意比较再现虚像的大小、位置和原物体的情况，体会全息照相的体视性。用带有小孔的卡片在全息图的不同部分观察再现虚像，体会全息照相的可分割性，记录观察结果。若想观察再现实像只要拿掉扩束镜，用白屏在 -1 级衍射方向即可观看到再现实像。

【实验数据记录及处理】

记录实际拍摄光路和曝光、显影、定影的时间。对所拍干板的再现结果进行记录，分析拍摄成功或失败的原因。

【注意事项】

1. 遵守光学实验的操作规定。
2. 应避免人为因素造成的震动对曝光过程的影响，包括大声说话。
3. 遵守暗房操作规程。
4. 注意安全，不要直视激光束的出射光或反射光。激光器的电源内有高压电路，不要随便触摸。

【思考题】

1. 什么是全息照相？它与普通照相有何不同？
2. 绘出全息拍摄光路，思考调节方法。

3. 如何实现物光的全息再现？画出光路并解释。

4. 全息拍摄的技术要求是什么？

5. 全息照相的主要特点是什么？

4.2　全息光栅的制作与性能测试

全息光栅(holographic grating)是利用全息照相技术制作而成的光栅。根据制作工艺的不同,其可分为透射式衍射光栅和反射式衍射光栅。利用光相干迭加原理,由激光器产生两束相干光束,通过光路产生一系列均匀的干涉条纹,并在涂有光敏涂层的玻璃片上进行曝光,然后用特种溶剂将被感光部分溶蚀掉,即在蚀层上获得干涉条纹的全息像,这样所制成的光栅为透射式衍射光栅;如在玻璃板背面镀上一层铝反射膜,可制成反射式衍射光栅。作为光谱分光元件,全息光栅与传统的刻划光栅相比,具有以下优点:光谱中无鬼线、杂散光少、分辨率高、有效孔径大、制造周期短、成本低等,因此被广泛应用于各种光栅光谱仪。作为光束分束器件,全息光栅在集成光学和光通信领域用作光束分束器、光互连器、耦合器和偏转器等。在光信息处理中,它还可作为滤波器用于图像相减、边沿增强等。

【实验目的】

1. 了解三种以上制作全息光栅的方法,并对它们进行比较。

2. 设计并制作出一种普通全息光栅。

3. 测试所制作光栅的性能。

4. 拍摄一种复合光栅。

【实验仪器】

防震台,He-Ne 激光器,分束镜 2 个,扩束镜 2 个,带三维调节架的针孔滤波器 2 个,透镜若干,反射镜若干,接收屏,底片夹,米尺,光学支架及磁性座若干,功率计,20～40 倍显微物镜 2 个,光束衰减器 2 个,曝光控制器,全息干板若干,显影、定影设备和材料,旋转平台 1 个,分光计 1 台。

【实验原理】

将两束具有特定波面形状的光束进行干涉,在记录平面上形成亮暗相间的干涉条纹,再用全息记录介质记录干涉条纹,经处理后就得到全息光栅。采用不同波面形状的光束可得到不同用途的全息光栅,采用不同的全息记录介质和处理过程可得到不同类型或不同用途的全息光栅(如正余弦光栅、矩形光栅、平面光栅和体光栅等)。下面介绍制作全息光栅的记录光路和复合光栅的设计制作原理。

1. 全息光栅的记录光路

制作全息光栅的方式有很多种,我们只给出其中最常见的几种方法,并根据它们的光路特点,分别称为先分后扩的对称光路法、先扩后分的马赫-曾德光路法、洛埃镜法、杨氏双缝法等。

（1）先分后扩的对称光路法

该方法通过利用先分束再扩束的对称光路（如图 4.4 所示）来制作全息光栅。激光器发出的光先经过分束镜 BS 分束后，一束经反射镜 M₁ 反射、透镜 L₁ 和 L₂ 扩束准直后形成平行光，直接射向全息干板 H；另一束经反射镜 M₂ 反射、透镜 L₃ 和 L₄ 扩束准直后也形成平行光，也射向全息干板 H，两束光在全息干板上叠加，形成平行、等距的直线干涉条纹。在图 4.4 中，S 和 A 分别为电子快门和光强衰减器，电子快门与曝光定时器相连，用于控制曝光时间，干板经曝光、显影、定影、烘干等处理后，就得到一个全息光栅。

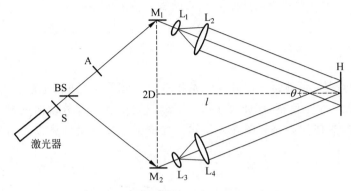

图 4.4　先分束后扩束的对称制作光路

对于这种对称光路，在光路布置时要先根据光栅常量计算两束平行光的夹角 θ。设激光波长为 λ，光栅常量为 d（空间频率为 ν），则 θ 由下式确定：

$$d = \frac{1}{\nu} = \frac{\lambda}{2\sin(\theta/2)} \tag{4.2}$$

由式（4.2）可以看出，通过改变两束光之间的夹角可以得到不同光栅常量（或空间频率）的全息光栅，当 θ 减小时，光栅常量 d 增大。对于低频光栅，θ 很小，$\sin(\theta/2) \approx \theta/2 \approx \tan(\theta/2) = D/l$，则式（4.2）变为

$$d = \frac{1}{\nu} = \frac{\lambda}{\theta} = \frac{l\lambda}{2D} \tag{4.3}$$

实验中可用上式来估算低频光栅的光栅常量和空间频率。

（2）先扩后分的马赫-曾德光路法（M-Z 法）

该方法通过利用先扩束后分束的马赫-曾德光路来制作全息光栅。这种光路在前面的章节中已反复提过，下面只做简单介绍。

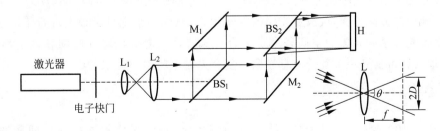

图 4.5　先扩束后分束的 M-Z 法制作光路

马赫-曾德干涉仪的光路如图 4.5 所示。由激光器发出的激光经透镜 L_1 和 L_2 扩束准直后,变成平行光;该平行光束经分束镜 BS_1 后被分为两束,一束经反射镜 M_1 反射,再透过分束镜 BS_2 后射向全息干板 H;另一束经反射镜 M_2 反射,再经分束镜 BS_2 反射后射向全息干板 H。两束平行光在全息干板上交叠干涉,形成平行、等距的直线干涉条纹。干板经曝光、显影、定影、烘干等处理后,就得到一个全息光栅。

光栅的光栅常量 d(空间频率 ν)仍然可用式(4.2)和式(4.3)确定,但 D 和 l 需要利用图 4.5 所示的方法来测量,即在全息干板 H 处放置一个焦距已知的透镜 L,在透镜后焦面上测得两路平行光束会聚点之间的距离 $2D$,则有 $\tan(\theta/2) \approx \theta/2 = D/f$ 成立,因此

$$d = \frac{1}{\nu} = \frac{\lambda}{\theta} = \frac{f\lambda}{2D} \tag{4.4}$$

(3) 洛埃镜法

洛埃镜的特点是:可使得一部分直射光和另一部分反射光进行干涉。如果原始光束是平行光,则可增加一个全反镜,同样可使得一部分直射光和一部分镜面反射光进行干涉,从而制作全息光栅,具体的光路如图 4.6 所示。光栅的光栅常量计算方法与上面类似,在此略去。

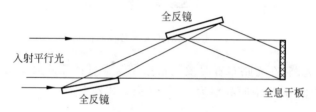

图 4.6　洛埃镜法制作全息光栅的光路

(4) 杨氏双缝干涉法

杨氏双缝干涉法也能非常容易获得干涉条纹,原理也最简单且在中学时就已学习过,故在此就不作详述。其光栅常量与各参量满足的关系为

$$\lambda L = \Delta x d \tag{4.5}$$

其中,λ 为波长;L 为双缝到屏(全息干版)的距离;Δx 为双缝间距;d 为光栅常量。

2. 复合光栅

所谓复合光栅是指在同一个全息干板上记录两个栅线彼此平行但空间频率不同的光栅。复合光栅采用两次曝光的方法来制作。设第一次曝光记录了空间频率为 ν_1 的光栅,然后保持光栅栅线方向不变,仅改变光栅的空间频率,在同一个全息干板上进行第二次曝光,设第二次曝光记录的光栅的空间频率 ν_2;合理选择两次曝光的曝光时间和显定影处理条件,经处理后就可得到一个复合全息光栅。复合光栅上将出现莫尔条纹,莫尔条纹的空间频率 ν_m 是 ν_1 和 ν_2 的差频,即

$$\nu_m = |\nu_1 - \nu_2| \tag{4.6}$$

例如,若 $\nu_1 = 100$ 线/mm,$\nu_2 = 102$ 线/mm 或 98 线/mm,则莫尔条纹的空间频率 ν_m 为 2 线/mm。这种复合光栅可用于光学图像的微分运算。

拍摄复合光栅仍可采用如图 4.4 或图 4.5 所示的光路,为了改变第二次曝光时的光栅

空间频率,只需改变两束平行光的夹角 θ 即可。改变夹角 θ 的方法有两种:一种是在光路中适当平移并在水平方向旋转反射镜 M_1 和 M_2;另一种是以干板竖直中心为轴水平方向适当旋转干板 H(如图 4.7 所示)。第二种方法操作更为简便。

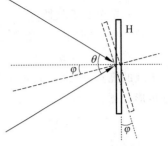

根据计算可得,干板的旋转角度 φ 与叠栅条纹(莫尔条纹)空间频率的关系为

$$\varphi = \arccos\left(\frac{\nu_1 - \nu_m}{\nu_1}\right) \tag{4.7}$$

图 4.7 旋转干板改变夹角

同样地,除了能够拍摄上面这种差频复合光栅,还可以拍摄不同方向组合的复合光栅,如正交光栅、三角形光栅等。

【实验内容与步骤】

1. 调节制作光栅光路

选取三种以上方法制作全息光栅,实验步骤自拟。无论选取哪一种方法,在实验中调节光路都要注意的是:

(1) 打开 He-Ne 激光器,并利用白屏使激光束平行于水平面。

(2) 光路要等高,调节半反半透镜和全反镜上的微调旋钮,使两路光束的光斑等高。

(3) 平行光可通过调节凸透镜和扩束镜的距离使其等于凸透镜的焦距得到,检验是否为平行光可采用剪切干涉法。

(4) 物光和参考光在发生干涉时应尽量保证光强相等,其中保证两条光束光程相等是比较容易保证它们光强相等的方法。因此在调整光路时,必须调整物光和参考光的光程基本相等(无法实现的除外)。

(5) 在测量物光和参考光两束光的夹角时,都需要让平行光会聚成点进行测量。如利用先分后扩的对称光路法时,可以在放入扩束镜之前让两束光的光点在光屏上重合,测出光路参数;利用先扩后分的马赫-曾德光路法时,要在物光和参考光的重合区域内放置透镜,使得在焦平面内形成两个会聚的亮点,再通过测量焦平面上两个亮点的距离,获得两束平行光的夹角。

(6) 调整好光路,开始拍摄。

2. 拍摄全息光栅

拍摄和暗室处理的流程为:拍摄、显影、停显、定影、漂白。具体步骤如下:

(1) 挡住激光束,把干片放在干板架上静置 1 min 等仪器稳定,打开光电门让激光束照射在干片上进行 1～2 s 的曝光;挡住激光束,把干片取下带到暗房中。

(2) 把干片浸泡在显影液中大约 10 s,取出后用清水冲洗,在泡在定影液中约 5 min。取出,漂白冲洗后晾干。

3. 光栅的性能测试

拍摄和暗室处理后就获得了我们所需要的全息光栅,但怎么知道拍摄的全息光栅是否符合要求呢？因此，要对拍摄的全息光栅进行以下三个性能的判断和测量。

(1) 光栅的正弦性

首先要判断拍摄的光栅是否为正弦光栅。如图 4.8 所示，用细激光束照在全息光栅上，若只能看见 0，±1 级 3 个亮点，则说明拍摄的光栅是正弦光栅。若出现 0，±1，±2，±3 等更多级的亮点，则说明此光栅为非正弦光栅；如果出现很多级亮点，则说明所制作的光栅接近矩形光栅。

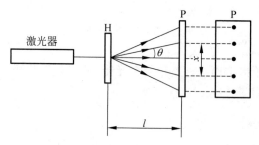

图 4.8 判断正弦光栅的方法

(2) 光栅常量（空间频率）

在测定光栅常量时，要采用分光仪，通过测量一级衍射光谱的位置，并依据光栅方程 $d\sin\theta = k\lambda (k=1)$ 即可进行计算。由于在光栅特性的研究实验（见 3.4 节）中已经对光栅常量的测量方法和步骤做了详细的介绍，这里不再重复，其计算公式如下：

$$d = \frac{1}{\nu} = \frac{2l\lambda}{x} \tag{4.8}$$

(3) 衍射效率

衍射效率是指光栅的分光效率，定义为某级衍射光的能量与总能量之比，计算公式为

$$\eta = \frac{P_i}{P}$$

式中，P_i 是第 i 级的衍射光的功率；P 是入射光的功率。本实验主要是测量 ±1 级衍射光的透过率。

对于上述实验内容，同学们自拟数据记录表格和测量步骤。

4. 拍摄复合光栅

(1) 采用如图 4.5 所示的光路拍摄复合光栅。先按前面的步骤布置好光路，并在第一次曝光时记录下空间频率 = 100 线/mm 的光栅。

(2) 第一次曝光结束后，挡住光，根据差频要求计算干板应旋转的角度 φ，如 ν_m 为 2 线/mm，则 $\varphi = 11.5°$。

(3) 以干板竖直中心为轴旋转角度 φ。

(4) 静置 1 min 以后，进行第二次曝光，曝光时间与第一次曝光的时间一致。

(5) 按暗室处理流程（显影、停显、定影、漂白）处理干板。

(6) 进行复合光栅的性能测试。

同样地，除了可以拍摄这种差频复合光栅，还可以拍摄不同方向组合的光栅，如正交光栅、三角形光栅等。有兴趣的同学们可以自行设计制作。

【实验数据记录及处理】

1. 记录拍摄时的光路参数。
2. 记录光栅的性能测试的数据,表格自拟。
3. 分析拍摄成功或失败的原因。

【注意事项】

1. 注意安全,不得用肉眼观察激光束的直射光或反射光,以免损坏眼睛。
2. 曝光过程中避免人为的震动,并保持肃静。
3. 遵守暗房操作规程。
4. 不要随便触摸激光器和电源。

【思考题】

1. 全息光栅与刻划光栅有什么不同? 试分析影响全息光栅质量的因素。
2. 为什么系统调整时,要使两相干光的光强比为 $1:1$,如何实现? 若不满足应采取哪些方法调节?
3. 全息光栅空间频率的计算公式成立要满足什么前提条件? 在实验中怎样减少这个计算的系统误差?

4.3　全息透镜的制作

1871 年瑞利制成了一块菲涅耳波带板。他采用的方法是:首先绘制一张放大的波带片图形,再用照相技术加以缩小,实际上这相当于是一种简单的计算全息图,但因其衍射效率低以及多级像的存在,没有获得实际应用。20 世纪 60 年代,激光技术和全息技术的极大发展才推动了全息透镜的发展与应用。全息透镜实际上就是点源的全息图,是由一组透光与不透光相同的同心圆环组成的,由于其设计原理与菲涅耳波带片的类似,所以也称为全息波带片。全息光学透镜与普通玻璃透镜的成像机理完全不同,普通玻璃透镜的成像是基于光的折射现象,而全息光学透镜的成像是基于光的衍射现象。全息透镜性能可靠、成本低廉、易于制作,在很多领域可以代替传统的玻璃透镜,特别是在像差校正、信息处理、激光扫描等应用中更是不可缺少的。

【实验目的】

1. 掌握全息透镜的设计与制作原理。
2. 学习全息透镜的制作工艺。
3. 理解全息透镜的成像机理,并学会利用所制作的全息光学透镜对物体进行观测。

【实验仪器】

光学实验平台,He-Ne 激光器,分束镜,扩束镜,带三维调节架的针孔滤波器,透镜若干,反射镜若干,接收屏,底片夹,光学支架及磁性座若干,功率计,曝光控制器,全息干板,显影、定影、漂白设备和材料,电吹风,硬币,等等。

【实验原理】

全息透镜实际上是一张球面波基元全息图(或称点源的全息图)。它相当于一块菲涅耳波带片,具有类似透镜的会聚作用和成像特性。

与制作全息光栅的方法相似,4.2 节是利用两束平行光波获得全息光栅。如果将物光变为球面波,参考光仍为平面波,则平面波与球面波在叠加区域相干得到圆形的干涉条纹,记录下这些圆形的干涉条纹,就得到了全息透镜。根据全息照相的原理,对记录的全息图片用平行光照射,就可以获得点光源(球面波)的虚像和共轭实像,就有类似于透镜的会聚作用和成像特性,所以记录一张点光源的全息图就可以获得全息透镜。

全息透镜一般采用平面波与球面波产生的干涉条纹制作而成,当然也可以用球面波与球面波叠加产生的干涉条纹制作而成。当平面波与球面波的光轴重合时,全息记录材料记录的是一组包括圆心在内的同心条纹,这样得到的全息透镜称为同轴全息透镜;当平面波与球面波的光轴有一定夹角时,全息记录材料记录的是远离圆心的同心条纹的一部分,这样得到的全息透镜称为离轴全息透镜。

1. 球面波和球面波干涉制作同轴全息透镜

如图 4.9 所示,物点 A 点发出的球面波和向参考点源 B 会聚的球面波相干涉,在叠加的干涉场内放置全息干板 H,经曝光等处理后即得到全息透镜。当点物与参考点光源的连线通过全息图中心时,即为同轴全息透镜。

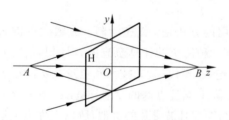

图 4.9　同轴全息透镜的制作原理

设物点 A 坐标为 $A(0,0,z_a)$,参考点源 B 坐标为 $B(0,0,z_b)$,则 A,B 在 H 上的复振幅分布分别为

$$u_a(x,y) = A_0 \exp\left(-\mathrm{j}k\,\frac{x^2+y^2}{2z_a}\right) \quad (4.9)$$

$$u_b(x,y) = A_0 \exp\left(-\mathrm{j}k\,\frac{x^2+y^2}{2z_b}\right) \quad (4.10)$$

H 上的光强分布为

$$I(x,y) = A_0^2 + B_0^2 + A_0 B_0 \exp\left[\mathrm{j}k\,\frac{x^2+y^2}{2}\left(\frac{1}{z_a}-\frac{1}{z_b}\right)\right] + A_0 B_0 \exp\left[-\mathrm{j}k\,\frac{x^2+y^2}{2}\left(\frac{1}{z_a}-\frac{1}{z_b}\right)\right]$$

$$(4.11)$$

在线性记录时,全息图的透过率与光强成正比,即

$$t(x,y) = \beta I$$

$$= t_0 + t_1 \exp\left[-\mathrm{j}k\,\frac{x^2+y^2}{2}\left(\frac{1}{z_a}-\frac{1}{z_b}\right)\right] + t_1 \exp\left[\mathrm{j}k\,\frac{x^2+y^2}{2}\left(\frac{1}{z_a}-\frac{1}{z_b}\right)\right]$$

$$(4.12)$$

式中,t_0、t_1 是与 x 无关的常数。对应于图 4.9 中的情况,$z_a<0,z_b>0$,所以 $\left(\dfrac{1}{z_a}-\dfrac{1}{z_b}\right)<0$。于是式(4.12)中的第二项相当于负透镜,第三项相当于正透镜,第一项相当于一个平板

玻璃。可见,全息透镜与普通透镜不同,它同时具有平板玻璃、负透镜和正透镜的作用。因此,当一束单色平面光照射在这个全息透镜上将产生三束衍射光。除此之外,在全息透镜上衍射还可能出现高级次,因而其具有多重焦距,能产生多重像。

由于全息透镜的焦距与所使用的光波长有关,因而存在明显的色散现象。实验证明,如让白光通过全息透镜,即可观察到不同衍射的光的焦点不同,出现多重焦距;透过全息透镜观看一个发光的白炽灯,会看到灯丝的多重像。

应该指出的是,制作全息透镜也可采用球面波和平面波干涉叠加的方式获得,下面介绍这种制作方式。

2. 球面波和平面波干涉制作同轴全息透镜

图 4.10 所示是一个马赫-曾德干涉仪的光路。在其中一个光臂中加入透镜 L_2,使平面波变为球面波,球面波会聚点稍偏离分光镜 BS_2;另一个光臂是一束平面波,两束光在全息干板(或白屏)H 处形成稳定的同心圆环干涉条纹。对全息干板上的干涉图曝光,经显、定影处理就得到同轴全息透镜。

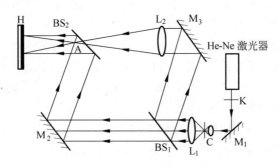

图 4.10   同轴透镜全息记录光路

K-光开关;M_1,M_2,M_3-平面反射镜;C-扩束镜;L_1-单色准直镜;BS_1,BS_2-大孔径分束镜;L_2-聚光镜;H-全息干板(或白屏)

制作全息透镜同样可以采用两束球面波的干涉叠加,一束是发散的,另一束是会聚的(如图 4.9 所示)。当记录介质的法线与两球面波的球心连线重合时,就是同轴全息透镜,否则,就是离轴全息透镜。

3. 离轴全息透镜的制作原理

离轴全息透镜的记录光路如图 4.11 所示。它的光路和图 4.10 所示的光路已有些差异,没有了分光镜 BS_2,取而代之的是与 M_1、M_2 一样的大孔径反射镜。由 L_1 出射的单色平面波经分光镜 BS_1 分成两束,透射的一束经 M_2、M_3 反射后以一定倾角斜射在 H 上;反射的一束经透镜 L_2 将平面波变换成球面波向着 H 正入射去,于是平面波与球面波光轴有一定的倾角。全息材料记录的图样就是远离中心的同心圆环的一部分,这就是离轴全息透镜的干涉图样。

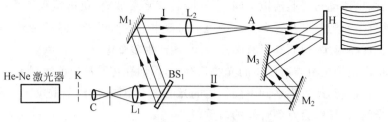

图 4.11　离轴全息透镜的记录光路

【实验内容与步骤】

1. 光路调节

本次实验用马赫-曾德干涉仪的光路制作同轴全息透镜,用分振幅法产生双光束以实现干涉,其光路如图 4.10 所示,具体调节步骤如下:

(1) 参照图 4.10 所示的马赫-曾德干涉仪的光路,选择适当的光学元件及相应的具有调节机构的光具架,有条件的实验室可将扩束镜用针孔滤波器代替。因为反射镜 M_1、M_2 和分束镜 BS_1、BS_2 在宽光束中工作,所以其孔径应至少大于准直透镜孔径。在选择光具架时,应该选择那些具有高度调节机构和方向、俯仰微调机构的光具架,以便光路的调节。

(2) 选择完需要的光学器件后,再调节激光器使其高度合适,应调节到其出射的光束与实验中所用的光学元件的中心高度基本一致。在调节过程中,可借助小孔光阑来帮助调节,使它们与光学实验平台平行且中心同高。

(3) 调节针孔滤波器,这是整个实验的关键,要仔细耐心调节。

首先在激光器前方一定距离处放一光屏 P_2,并在光屏上细光束入射点处用水笔作一定位标记,调整过程中不要触动光屏 P_2。然后在光路中推入已卸下针孔的针孔滤波器,同时在针孔滤波器的扩束镜一侧的光路中放入带有 $3\sim5$ mm 小孔的光屏 P_1,让激光束无阻挡地通过,并入射到扩束镜中,调整针孔滤波器(平移或转动)使得从扩束镜出射到投在光屏 P_2 上的光斑为一个平滑的圆光斑,其中心在光屏 P_2 的定位标记处,同时使出现在光屏 P_1 面上的一组同心圆环与光屏 P_1 上的小孔同心。这组干涉同心环带是入射光束被扩束镜前后表面部分反射后形成的干涉条纹。这部分调整工作非常重要,扩束镜的轴线与系统的光轴不一致有可能得不到理想的结果。接着移去光屏 P_1,装上针孔,利用针孔滤波器上 x,y 方向的两个测微头,改变针孔在 x,y 面上的位置,直到光屏 P_2 上出现从针孔射出的暗淡的衍射光斑,然后通过微调 z 方向的测微头,轴向移动扩束镜,对针孔调焦。正确调焦,使光屏 P_2 上光斑最亮,同时微调 x,y 方向的测微头,最后可在光屏 P_2 上得到以标记点为中心的既大又亮又圆的衍射光斑,这时针孔滤波器处于最佳位置,锁定位置。

(4) 在针孔滤波器前放置准直镜 L_1,放置在大概的焦距位置,用屏接收透过准直镜出射的光,来回移动屏观察屏上的光斑大小是否不变。如果光斑大小在近场和远场均保持不变,则准直镜出射的是平行光(也可用剪切法判断),将准直镜 L_1 的位置锁定。

(5) 调节所有光学元件使其与光束垂直。首先调节各光学元件的镜座高度,使各光学元件的中心高度与光束一致。然后根据图 4.10,在准直镜 L 的前方分别放入各光学元件 M_1、M_2、BS_1、BS_2,调节各光学元件的仰角使反射光束重合,使两束光光程基本一样。最后,把小孔光阑放在两束光中,进一步检查各光束是否与工作台面平行。

(6) 完成上面步骤后,调节 M_1、M_2、BS_1、BS_2 使两光束会聚于 BS_2 的出射面,并投射于屏上。这时屏上的光斑不一定能很好的重合,可将小孔光阑放在准直镜 L 与分束镜 BS_1 之间,调节 M_2,使经过小孔光阑的两束光在 BS_2 的出射面上重合,再调节 BS_2 使两束光在屏上重合。再反复调节一次 M_2 及 BS_2,使两束光在 BS_2 出射面和屏面上都很好的重合为止。这时两束光接近平行,撤去光阑,即可在屏上看到干涉条纹,微调 BS_2 或 M_2 的转角及仰角可改变条纹的宽度及方向。

(7) 在全反镜 M_2 和分束镜 BS_2 之间放置透镜,调节透镜的位置使透过透镜的光会聚在分束镜 BS_2 上,并微调相关光学元件使屏 P 上出现圆环状干涉条纹。

2. 曝光

将屏 P 换成全息干板后开始曝光,一共曝光 2 次,一次曝光时间为 2 s,一次曝光时间为 1 s。曝光应在暗室环境中进行,曝光过程中避免走动和说话,不能发出震动,任何微小的干扰都有可能导致实验失败。

3. 冲洗

在曝光结束后,将底板拿到冲洗房,依次放入显影液(10 s)、停影液、定影液(5 min)。底板在各种液体中的放置时间不同,要严格掌控。完成后,用清水冲洗并烘干。

4. 再现与观察

将冲洗烘干好的干板放置在一束平行光前,并且在干板后放置一个特定形状的透光孔作为该全息透镜的物。在干板前放置一个接收屏,移动物和接收屏的位置,找到全息透镜所成清晰的像,记录成像规律,并与普通透镜进行比较。

5. 离轴全息透镜制作

离轴全息透镜的记录光路调节和同轴全息透镜的记录光路调节基本一致,只是分束镜和全反镜的摆放位置不同。实验时,首先按照图 4.11 所示的光路摆放各光学元件,然后微调各光学元件,使屏上出现干涉条纹。布置好光路后,同样进行拍摄和显影、停显、定影处理,即可得到离轴全息透镜。

【实验数据记录及处理】

1. 同轴全息透镜制作

(1) 记录所用的透镜 L_2 的焦距 f_2。
(2) 记录再现时的焦距和成像规律,表格自拟。
(3) 分析拍摄成功或失败的原因。

2. 离轴全息透镜制作

记录和分析同 1。

【注意事项】

1. 注意安全,不要用肉眼直接观察激光束的出射光或反射光,以免损坏眼睛。
2. 曝光过程中避免人为造成的震动,保持肃静。
3. 遵守暗房操作规程。
4. 激光器的电源内有高压电路,不要随便触摸。

【思考题】

1. 分析全息透镜与普通透镜有什么不同?
2. 记录光波长和工作波长不同对全息透镜所成的像有什么影响,为什么?
3. 线性记录和非线性记录的全息透镜在成像方面有何异同? 为什么?
4. 实验操作时要注意哪些问题? 整个实验完成后你有什么收获?

4.4　阿贝成像原理和空间滤波

早在 1874 年,阿贝在研究如何提高显微镜的分辨本领问题时,就认识到了相干成像的原理并提出了透镜的成像本质是二次衍射成像过程。他认为在相干平行光照明下,显微镜的物镜成像可以分成两步:一是入射光经过物的衍射在物镜的后焦面上形成夫琅禾费衍射图样;二是衍射图样作为新的子波源发出的球面波在像平面上相干叠加成像。他的发现不仅从波动光学的角度解释了显微镜的成像机理,明确了限制显微镜分辨本领的根本原因,而且由于显微镜(物)两步成像的原理本质上就是两次傅里叶变换,还被认为是现代傅里叶光学的开端。阿贝成像原理以及随后的阿-波特实验在傅里叶光学的早期发展历史上具有重要的地位。这些实验简单且漂亮,对相干光成像的机理、频谱的分析和综合的原理做出了深刻的解释。同时,这种用简单模板滤波的方法,在图像处理中得到了广泛的应用。

【实验目的】

1. 熟悉阿贝成像原理,进一步了解透镜孔径对成像的影响。
2. 加深对空间滤波概念的理解。
3. 初步了解空间滤波在光信息处理中的应用。

【实验仪器】

光具座,He-Ne 激光器,薄透镜,扩束镜,狭缝,一维光栅和正交光栅等“物”模板,各种滤波用光阑,金属纱网,方格纸屏,游标卡尺,等等。

【实验原理】

1. 阿贝成像原理

阿贝提出透镜成像的本质是二次衍射成像过程,他认为在相干光照射下,透镜成像分为两个步骤:第一步是通过物的衍射光在透镜的像方焦面上形成一组衍射图样,这些衍射图样称为物的空间频谱,这一步衍射起了"分频"的作用;第二步则是不同空间频率的光束再组合,在像平面空间上相干叠加成原物的像。

经过计算可以证明,这一过程实质上是以复振幅分布描述的物光函数 $U(x,y)$,经傅里叶变换成为焦平面(频谱面)上按空间频谱分布的复振幅——频谱函数 $U'(x',y')$。频谱函数再经傅里叶逆变换即可获得像平面上的复振幅分布——像函数 $U''(x'',y'')$。也就是说,透镜本身就具有实现傅里叶变换的功能。

为便于说明这两步傅里叶变换,先以熟知的一维光栅作为物,考察其刻痕经凸透镜成像的情况,如图 4.12 所示。当单色平行光束透过置于物平面 xOy 上的光栅(刻痕顺着 y 轴,垂直于 x 轴)后,衍射出沿不同方向传播的平行光束,其波阵面垂直于 xOz 面(z 沿透镜光轴),经透镜聚焦,在其焦平面 $x'Oy'$ 上形成沿 x' 轴分布的多个不同强度的衍射斑,继而从各斑点发出的球面光波到达像平面 $x''Oy''$,相干叠加形成的光强分布就是光栅刻痕的放大实像。

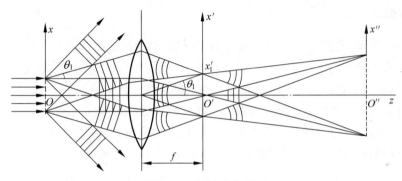

图 4.12　阿贝成像原理

一般情况下,以 $U(x,y)$ 表示物平面上物光的复振幅分布,经过傅里叶变换同样可以分解成以各种振幅不同的向空间各个方向传播的平面波,被透镜会聚于频谱面的不同位置处。不难想象,若物函数不是简单的周期函数,分解后的函数也将变成连续频谱函数 $U'(x', y')$,频谱面上坐标 (x',y') 点对应的空间频率 $f_x = x'/\lambda f$,$f_y = y'/\lambda f$。则傅里叶变换以积分形式表达为:

$$U(x,y) = C \iint U'(f_x, f_y) \exp[j2\pi(f_x x + f_y y)] \mathrm{d}f_x \mathrm{d}f_y \tag{4.13}$$

其中,

$$U'(x,y) = C' \iint U(x,y) \exp[-j2\pi(f_x x + f_y y)] \mathrm{d}x \mathrm{d}y \tag{4.14}$$

式中,C 及 C' 是常数。

把频谱函数 $U'(f_x, f_y)$ 再做一次逆变换即获得像函数 $U''(x'', y'')$,可以证明在理想的变换条件下有

$$U''(x'', y'') = (\lambda f)^2 U(x,y) \tag{4.15}$$

上式表明像场函数与物函数完全相似。

实际上,在透镜成像过程中,受透镜孔径所限,总会有一部分角度较大的衍射光(高频信息)不能进入透镜而丢失。这导致像的边界变得不锐利,细节变得模糊,这是限制显微镜分辨率的根本原因。

2. 空间滤波

根据阿贝成像原理,光学信号经过傅里叶变换透镜,在频谱面上形成信号的频谱。如果在频谱面上设置各种空间滤波器,减弱某些空间频率成分,或者改变某些空间频率成分的相位,从而导致像平面发生相应的变化,这就是空间滤波。最简单的空间滤波就是利用一些特殊形状的光阑使频谱面上的某些频率成分透过而挡住其他频率成分。例如,圆孔光阑可作为低通滤波器,圆屏可作为高通滤波器。

概括地说,上述成像过程分两步:首先是"衍射分频",然后是"干涉合成"。所以如果改变频谱,必然引起像的变化。在频谱面上做的光学处理就是空间滤波。

【实验内容与步骤】

1. 光路调节

如图 4.13 所示,先使 He-Ne 激光束平行于导轨,再通过由凸透镜 L_1 和 L_2 组成的倒装望远镜,形成截面较大的平行于光具座导轨的准直光束(要用带毫米方格纸或坐标轴的光屏在导轨上仔细移动检查),然后加入带栅的透明字模板(物)和透镜 L,仔细调好使它们共轴,移动 L,直到 2 m 以外的像屏上获得清晰像。移开物模板,用一块毛玻璃在透镜 L 的后焦面附近沿导轨移动,寻找激光的最小光点与像屏上反映的毛玻璃透射最大散斑的相关位置,以确定后焦面(频谱面)并测出透镜的焦距 f。调节完毕,移开毛玻璃。

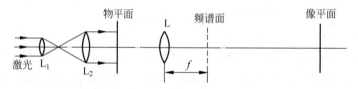

图 4.13　阿贝成像原理实验光路示意

2. 阿贝成像原理的实验验证(一)

(1) 在物平面放置一维光栅(光栅条纹竖直方向放置),观察像平面上的竖直栅格像,此时在频谱面上会看到一系列水平排列的亮点,这些亮点就是光栅的 1、2、3 级衍射斑;分别测量频谱面上对称的 1、2、3 级衍射斑至中心轴的距离 x'_n,并根据式 $f_x = x'_n/\lambda f$ 计算空间频率 f_x 和光栅常量 d。

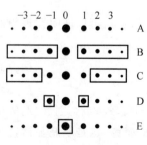

图 4.14　光栅频谱与光阑

(2) 在频谱面上放置可调狭缝或其他光阑,分别按照图 4.14 中 A、B、C、D、E 的方式挡住一部分衍射光点,选择通过部分空间频率成分(如全部、0 级、0 和 ±1 级、除 ±1、除 0 级外其他全部通过),记录像平面上的图像特点及条纹间距,并对图像变换的原因进行分析。

3. 阿贝成像原理实验验证(二)(阿贝-波特实验)

(1) 将图 4.13 成像系统中的物换成正交光栅(如图 4.15(a)

所示),观察并记录频谱和像。移动白屏使正交光栅在白屏上成放大的像,这时在透镜后焦面上观察到二维的分立光点阵,这就是正交光栅的夫琅禾费衍射(即正交光栅的傅里叶频谱),而在像平面上则看到正交光栅的放大像。

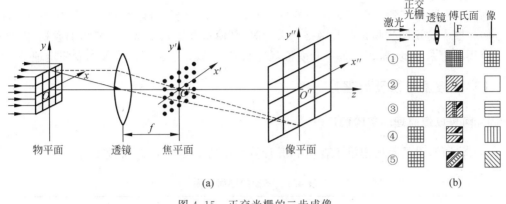

图 4.15　正交光栅的二步成像
(a) 光路图;(b) 不同光阑下的像

(2) 分别用小孔和不同取向的可调狭缝光阑,让频谱的一个或一排(横、竖及 45°斜向)光点通过,记录像的特征,测量像面栅格间距的变化,并加以解释。具体结果如图 4.15(b)所示,下面对该图进行简单说明:

① 不设光阑,则看到正交光栅的完整放大像。

② 在谱面上设一小孔光阑,只让一个中心光点通过,则像屏上只有光斑而无条纹。换句话说,零级相应于直流分量,也可理解为 δ 函数的傅里叶变换为 1。

③ 在 F 面上设竖直方向空间滤波器,则像屏上竖条纹全部被滤去,只剩横条纹。

④ 在 F 面上设水平方向空间滤波器,则像屏上横条纹全部被滤去,只剩竖条纹。

⑤ 再将方向滤波器旋转 45°角,此时观察到像屏上的条纹是与之正交的斜条纹。请注意观察条纹的宽度有什么变化,并进行解释。

(3) 换上一片光栅常量 d 相同、a/d 不同的正交光栅,比较两个正交光栅的滤波效果;当分别挡住其频谱的中央零级时,像的对比度反转是否有所不同,试作简单解释。

4. 空间滤波

(1) 把图 4.13 成像系统中的物换成一个带正交网格的透明字模板,则在像屏上出现清晰的带网格的字放大像(能看清字和网格结构),如图 4.16 所示。

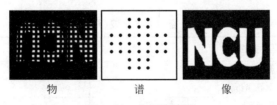

物　　　　谱　　　　像

图 4.16　空间滤波图

(2) 在透镜的后焦面上观察其频谱,并做好记录(由于网格为周期性的空间函数,它们的频谱中有规律排列的分立的点阵;而字是一个非周期性的低频信号,它的频谱就是连续的,笔划较粗,其频率成分集中在光轴附近)。

(3) 将一个可变圆孔光阑放在透镜 L 的第二焦平面上,逐步缩小光阑,直到除了光轴上一个光点,其他分立光点均被挡住,此时像上不再有网格,但字迹仍然保留下来。试从空间滤波的概念上解释上述现象。

(4) 把小圆孔移到中央亮斑以外的亮点上,在像屏上仍能可以看到不带网格的字,只不过会暗一些。这说明当物是字与网格的乘积时,其傅里叶谱是字谱与网格谱的卷积,因此每个亮点周围都是字的谱,再作傅里叶变换就还原成字,验证了傅里叶变换的卷积定理。

【实验数据记录及处理】

1. 阿贝成像原理的实验验证(一)

(1) 将所测得的数据记录于表 4.1,并计算光栅的空间频率 f_x 和光栅常量 d。

表 4.1　光栅的空间频率

衍射级次 k	x'_n/mm	f_x/mm	d/mm
1			
2			
3			

(2) 将在不同光阑方式下所观察到的像面条纹间距变化和图像特点记录于表 4.2,并加以解释。

表 4.2　阿贝成像原理实验验证

光阑方式	通过的衍射	条纹间距	图像情况	简要解释
A	全部通过			
B	只 0 级通过			
C	0 和 ±1 级通过			
D	除 ±1 外全部通过			
E	除 0 级外全部			

2. 阿贝成像原理的实验验证(二)——阿贝-波特实验

将在不同光阑方式下所观察到的图像的特征和所测量得像面栅格间距的变化记录于表 4.3,并加以解释。

表 4.3　正交光栅的方向滤波(阿贝-波特实验)

光阑方式	滤波器	条纹间距	图像情况	简要解释
①	无			
②	小孔光阑			
③	竖狭缝			
④	横狭缝			
⑤	斜 45°狭缝			

3. 空间滤波

将在不同光阑方式下所观察到的图像的特征记录于表 4.4,并加以解释。

表 4.4　带网格字的空间滤波

光阑方式	滤波器	图像情况	简要解释
a	无		
b	小孔光阑置于中心(低频区)		
c	小孔光阑置于中央以外的亮点		

【注意事项】

1. 注意安全,激光束足以让眼睛损伤,肉眼不得对着其直射光或反射光观察,以免损坏眼睛。

2. 遵守光学实验的操作规定。

3. 激光器的电源内有高压电路,不要随便触摸。

【思考题】

1. 阿贝关于"二次衍射成像"的物理思想是什么?

2. 何谓空间滤波? 实验中空间滤波器应放在何处? 如何确定频谱面的位置? 该利用怎样的实验方法来观察频谱分布对成像所产生的影响?

3. 如何根据阿贝成像原理来理解显微镜的分辨本领? 提高物镜的放大倍数能提高显微镜的分辨本领吗?

4. 单色光通过透镜前焦面上的 100 条线/mm 光栅,在后焦面上得到一排衍射极大点。已知透镜焦距为 5 cm,波长为 632.8 nm,其相应的空间频率是多少? 后焦面上两个相邻极大值间的距离是多少?

4.5　θ 调制实现图像假彩色编码

θ 调制是指用不同取向(不同方位角 θ)的光栅,对物平面上的各区域预先进行调制(编码)。将 θ 调制后的图像制成一张透明片,并放入光学信号处理系统中,若采用单色相干光源照明,则在频谱面上以图像各区域相对应的频谱成分出现在不同的方位上,用一个滤波器可以抽取光栅不同方位角上对应的不同区域的像。若采用白光照明,并进行适当的空间滤波处理,可实现彩色编码,得到彩色的输出像。

【实验目的】

1. 掌握用光栅角度 θ 调制法对物体信息进行图像假彩色编码的方法。

2. 掌握利用 θ 调制法进行图像假彩色编码的原理,加深对光栅衍射基本理论的理解。

3. 学会用 θ 调制法获取彩色编码图像。

【实验原理】

θ 调制是一种白光信息处理技术,它是指用不同方位角(θ)的光栅分别对输入图像的不同区域预先进行调制,其光路如图 4.17(a)所示。图 4.17(b)就是一个房子、草地和天空三个区域分别由三种不同取向的光栅组成的调制片。要制成这样的调制片,先要设计一个二维图,该图由天空、房子和草地三部分组成,若要使这三个部分分别制成三个不同方向的光栅,则可在胶片上曝光 3 次,每一次只曝光其中一个区域(把其他区域挡住),并在其上覆盖某个取向的光栅。三次曝光得到不同取向的光栅。将曝光的调制片经显影、定影、漂白处理后得到透明调制片。将制成的透明调制片置于光信息处理的 $4f$ 系统的输入物平面,经光源照明,则在频谱面上图像各区域相应的频谱会出现在不同方位上。

当系统用白光照明时,每一种单色光成分通过图案的各组成部分,都将在透镜 L_2 的后焦面上产生与各部分对应的频谱,合成的结果除中央零级是白色光斑外,不同方位光栅的其他级频谱均呈彩虹颜色的光斑。可以在频谱面上置一纸屏(或空间滤波器),先辨认各行频谱分别属于物图案的哪一部分,再根据配色的需要选定衍射的取向角,即在纸屏的相应部位用针扎一些小孔,就能在毛玻璃屏上得到预期的彩色图像(如红房子、绿草和蓝天)。

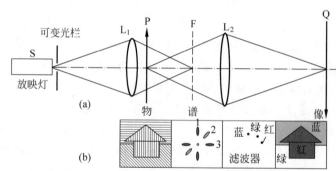

图 4.17 假彩色编码光路图及 θ 调制的物、频谱和像

(a)光路图;(b)θ 调制的物、频谱和像

L_1、L_2-双胶合物镜;P-物面;F-频谱面;Q-毛玻璃

【实验内容与步骤】

(1) 设计一个制作光栅的光路(见 4.2 节光栅制作实验);制作一个由三个不同方向的光栅构成的全息光栅(参考图 4.17(b)下方物面图)。对不同部位进行曝光,光栅空间频率约为 100 条/mm;三组光栅取向最好各相差取 120°(图 4.17 非按此要求调制)。经曝光、显影、定影、漂白等处理,得到一个 θ 调制的物体。

(2) 根据图 4.17(a)光路(或用 $4f$ 系统光路)调节好编码处理系统,并使系统等高共轴。放映灯 S 一般用溴钨灯(白光),L_1 起聚光作用,在 L_1 后的聚光亮点处设滤波器 F,注意使 S 与 L_1 的间距大于 L_1 与 F 之间的距离,以获得较小的亮点。物 P 紧靠 L_1 后,F 后设 L_2,L_2 把 P 的像成在屏 Q 上,如果希望得到较亮的像,最好 P 与 L_2 的距离大于或等于 L_2 与 Q 的距离。

(3) 观察 F 面频谱的特点:第一,由于输入图像由三个取向不同的光栅构成,每组光栅对应一个衍射方向,衍射光线所在平面垂直于光栅的取向。如把该方向频谱全部挡去,则输出面上相应区域光强就变为零,例如把水平方向的频谱挡去,可以看到像上天空呈黑暗。其余方向依此类推。第二,由于照明光是白光,根据光栅方程,每组频谱零频的各色光衍射角均为 0,各色光的零级叠加在一起就呈白色;而在其余 $\pm 1, \pm 2, \cdots$ 级上,波长长的色光衍射角大,因此各级均呈现从紫色(在内)到红色(在外)的连续的光谱色。

(4) 在图 4.17 中,用白纸做滤波器,再次仔细调整共轴,使白光亮点恰好照射在滤波器中央 F 透光处,而六条光谱带呈现在白纸片上,在图像对应的光谱带上选取相应的颜色,用小针扎孔,使得该色光得以通过。如果让孔 1 通过蓝光、孔 2 通过绿光、孔 3 通过红光,则在输出像平面上便出现了蓝色的天空、红色的房子与绿色的草地。

(5) 将白纸在 F 屏后由近到远移动,观察各衍射级光点的颜色及光斑形状的变化情况,找出输入光栅取向、频谱面上光带分布及所携带信息与输出谱形之间的关系。

(6) 重新调整滤波孔位置,即可改变输出图像的色彩。由此可见像面色彩是人为指定的而非天然色,所以称为假彩色编码。

【注意事项】

1. 实验中因光源 S 的开孔较大,射出的光线经过光路的反射,会在输出面 Q 处增添杂散光,干扰对彩色像的观察,可在 P、F 各屏的周围用黑纸挡去这些杂散光。

2. 遵守光学实验的操作规定。

3. 注意安全,不要正对着激光束观察,不要随便触摸激光器和电源。

【思考题】

1. 透镜 L_1、L_2 的作用是什么? 各有什么要求?

2. 沿光轴移动 P,F 面是否也要作相应移动?

3. 只让零级的各色光通过,像面分布如何?

4. 在 θ 调制实验中,物面上没有光栅处原是透明的,像面上相应的部位却是暗的,为什么? 如果要让这些部位也是亮的,该怎么办? 此时还能进行假彩色编码吗?

4.6　光栅滤波法实现图像相加减

图像相减是指求两张相近图像的差异。不同时期拍摄的两张图像,通过光学图像的相减可获取前后差异,因而应用广泛。例如,在医学上可用来发现病灶变化,军事上可发现敌方军事变动,农业上可预测农作物长势,地形地貌上可用于考察草场退化、监视森林火情,等等。光学图像相减是相干光学处理中一种最基本的运算,实现图像相减的方法很多,本实验是利用一维正弦光栅作为空间滤波器,在频域中对图像的频谱进行调制来实现图像相减运算的,是用光学手段来处理光学信息并以光信息方式来表示结果的实验。

【实验目的】

1. 掌握用正弦光栅滤波器处理光信息的手段和方法。

2. 熟悉正弦光栅的透过率函数,加深对傅里叶光学中相移定理和卷积定理的认识。

3. 掌握光学图像相加减的原理,实现图像相加减,加深对空间滤波概念的理解。

【实验仪器】

光学平台,He-Ne 激光器及电源,快门及定时曝光器,扩束镜,反射镜和分束器,光功率计,全息底片,被摄物体,显微镜,分光计。

【实验原理】

将需相减的两个图像 A、B 放在如图 4.18 所示的相干光处理系统的物面 P 上,物面为透镜 L_1 的前焦面,图像 A、B 的中心与坐标原点等距(距离均为 b),于是物面上的复振幅分布为

$$g(x_0, y_0) = g_A(x_0 - b, y_0) + g_B(x_0 + b, y_0) \tag{4.16}$$

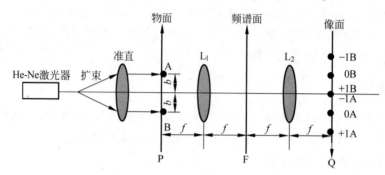

图 4.18   滤波光路图-4f 系统

L_1、L_2-傅里叶变换透镜;P-物面;F-频谱面;Q-像面

将光栅滤波器放在频谱面 F 上,并左右微调光栅使坐标原点在光栅的 1/4 周期处,光栅的复振幅透射率为

$$t(x, y) = \frac{1}{2}[1 + \cos(2\pi f_0 x + \pi/2)]$$

$$= \frac{1}{2} + \frac{1}{4}[\exp(\mathrm{j}2\pi f_0 x) - \exp(-\mathrm{j}2\pi f_0 x)] \tag{4.17}$$

根据傅里叶变换的位移定理可知,物面上的分布谱面上的输入频谱为

$$G\left(\frac{x}{\lambda_f}, \frac{y}{\lambda_f}\right) = J\left\{[g_A(x, y)]\exp\left(-\mathrm{j}\frac{2\pi b x}{\lambda_f}\right)\right\} + J\left\{[g_B(x, y)]\exp\left(-\mathrm{j}\frac{2\pi b x}{\lambda_f}\right)\right\} \tag{4.18}$$

经过光栅滤波器滤波后的频谱分布为

$$G\left(\frac{x}{\lambda_f}, \frac{y}{\lambda_f}\right) t(x, y) = \frac{1}{2}\{J[g_A(x, y)]\exp(-\mathrm{j}2\pi f_0 x) + J[g_B(x, y)]\exp(\mathrm{j}2\pi f_0 x)\} +$$

$$\frac{1}{4}\{J[g_A(x, y)] + J[g_B(x, y)]\} -$$

$$\frac{1}{4}\{J[g_A(x, y)]\exp(-\mathrm{j}4\pi f_0 x) - J[g_B(x, y)]\exp(\mathrm{j}4\pi f_0 x)\}$$

将上式进行傅里叶变换(通过透镜 L_2)在像面 Q 上的输出频谱为

$$f(x_i, y_i) = \frac{1}{4}[g_A(x_i, y_i) - g_B(x_i, y_i)] + \frac{1}{2}[g_A(x_i - b, y_i) + g_B(x_i + b, y_i)] -$$

$$\frac{1}{4}\big[g_A(x_i - 2b, y_i) - g_B(x_i + 2b, y_i)\big] \tag{4.19}$$

其中，$b = \lambda f f_0$，f_0 为光栅的空间频率，f 为傅里叶变换透镜的焦距。

由式(4.19)第 1 项可以看出，输出平面的中心部位实现了图像相减。其他 4 项对称地分布在原点两侧，它们的中心位于 $(\pm b, 0)$，$(\pm 2b, 0)$。只要适当选取 f_0，总可以将相减的中心项分离出来，并且两侧项也不会重叠。

也就是说，在图 4.18 中，由于光栅是正弦振幅型光栅，透过光被衍射时只有 0 级项和 ± 1 级项，相当于它可以使位于物面 P 的图像在像面 Q 产生三个像。图像 A 的 $+1$ 级像和图像 B 的 -1 级像恰好在像面 Q 的中心部位重叠。当它们有相反的相位时，就可以实现图像的相减。

平移光栅，使 A、B 像具有相同相位，将光栅的最大透过率(条纹)与光轴重合，即可实现图像相加。

【实验内容与步骤】

1. 首先用马赫-曾德干涉仪制得空间频率为 $f_0 = \dfrac{b}{\lambda f}$ 的正(余)弦光栅滤波器(详细步骤可见 4.2 节光栅的制作实验)，制作光路如图 4.19 所示，步骤简述如下：

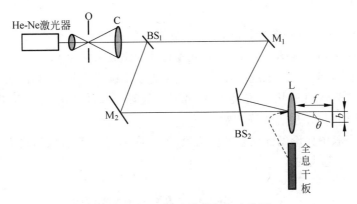

图 4.19 正(余)弦光栅制备光路图

(1) 调节好马赫-曾德干涉仪，使所有光束在同一平面内。

(2) 使光束 1 和光束 2 基本重合，重合区仅 1~2 条干涉条纹。

(3) 将光束 1 和光束 2 拉开一个角度，使它们通过 L 后所成两光电间距为待减两图像间距一半(L, L_1, L_2 焦距均为 f)，并使两光束在 L 上重合，L 光轴与扩束镜光轴平行。

(4) 将干板置换透镜 L，并调整光束的束比(1∶1 最佳)。

(5) 对干板进行曝光、显影、定影、冲洗、干燥，即得光栅。

2. 调整相干处理系统(如图 4.20 所示，即滤波光路 $4f$ 系统)，将相减两物分别置于物面 P 上原点两侧且与原点的距离相同，并将物面 P 置于 L_1 前焦面上，光栅 F 置于 L_1 后焦面(也是 L_2 前焦面上，也即频谱面)，光栅方向平行于待减两物的垂直对称线。

3. 在 L_2 的后焦面(即像面 Q)上放一个毛玻璃，观察光栅对图形 A 的 $+1$ 级衍射像 A_{+1} 和对图形 B 的 -1 级衍射像 B_{-1}。细心调节光路，并微调物面 P 上 A、B 的相对位置使

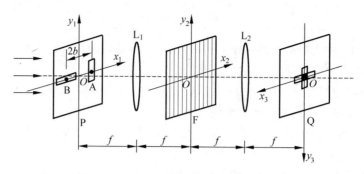

图 4.20　光栅滤波器实现图像加减

图 A 的＋1 级像和图 B 的－1 级像恰好重合在像面 Q 的中心光轴上，即可在像面 Q 原点处看到相减结果，此时记录光栅线偏离轴线的位置。

　　4. 将光栅沿水平方向缓慢平移，便可在像面 Q 上观察到 A_{+1} 和 B_{-1} 的重合处周期性地出现图形 A 和 B 相加、相减的结果。相加时，重合处变得特别明亮；相减时，重合处变得全黑。用全息干板记录下图像相加和相减的实验结果并进行分析，同时记录下光栅平移的位置与图像相加减满足的规律。

【思考题】

　　1. 移动光栅，可以看到图像相减，也可看到图像相加现象，为什么？

　　2. 由图像完全相减到图像完全相加，光栅移动的距离为多少？

　　3. 在调整基本相干处理系统时，如何用光学方法准确确定物面、频谱面、像面。

　　4. 如果制作光栅时所用的透镜 L 的焦距与处理系统中所用的透镜焦距不等，那么图 4.20 中的两物的间距应怎样确定？

　　5. 如果在实验中无论怎样调整光栅位置，A_{+1} 和 B_{-1} 的重合处始终无法做到全黑，这可能是由什么原因造成的？

4.7　全息存储片的制作

　　全息存储技术是 20 世纪 60 年代随着激光全息照相技术的发展而出现的一种高密度、大容量的信息存储技术。它有可能取代磁存储和光学存储技术，成为下一代的高容量数据存储技术。相较于传统的存储方式，全息存储通过将信息记录在介质的体内，并利用不同角度的光线可以在同样的区域内记录多个信息图像。全息存储还具有极大的提升潜力，只要控制芯片具有足够强的数据处理能力，全息存储技术可以提供高达 1 000 TB 的容量。全息存储具有存储量大、保密性强、冗余度高、数据传输快，寻址快等特点，因而在目标识别、车载导航、导弹制导、大数据等领域存在广泛的应用前景。

【实验目的】

　　1. 理解傅里叶变换全息图用于存储的原理及方法。

　　2. 学会拍摄傅里叶变换全息图，并观察其再现全息存储信息的重现像。

3. 了解全息资料存储实验中对各元件的要求。

【实验仪器】

光学平台，He-Ne 激光器，曝光定时器，电子快门，光电开关，反射镜，分束镜，针孔滤波器，显微物镜（扩束镜），准直镜，安全灯，直尺，细线，小白屏，带移位器的干板架，全息干板，待存储的图文资料玻璃板，透镜等光学器件。

【实验原理】

相较于一般的光学存储及磁盘存储，全息存储技术有以下几种优点：①存储量大：全息存储既能在二维平面上存储信息，又能在三维空间内进行立体存储，改变物光、参考光夹角，还能使许多信息重叠；②保密性强：全息存储可以方便地进行加密存储，增加信息的安全性；③冗余度大：每个信息位都存储在全息图的整个表面或整个体积中，因此全息片上有污迹刮痕等缺陷对存储影响很小，也不会引起丢失信息的现象；④全息图本身具有成像功能，因此，即使不用透镜也能写入或读出。并且由于全息的材料不仅具有抗干扰能力强和保存时间久的特点，还具有能批量生产，价格便宜的优势。全息存储被认为是最具有潜力能与传统的磁盘和光盘存储技术相竞争的新型存储技术，因而成为当前大容量高密度光电技术领域的研究热点。下面简要介绍全息存储的原理和方法。

全息存储技术包括两个过程：记录和重现。如果将这两个过程以空间信号的形式写入和读出，全息图就成为一个图文资料的存储器。傅里叶变换全息图不是记录物光波本身，而是记录物光波的傅里叶频谱。全息存储技术分为透镜的傅里叶变换全息存储和无透镜的傅里叶变换全息存储两种。本实验实际采用的是有透镜的傅里叶变换全息图实现全息存储，采用平行光照明方式记录和重现傅里叶变换全息图的原理图如图 4.21 所示。由信息光学原理可知，透镜具有傅里叶变换的性质，当字符片置于透镜的前焦面上，在透镜的后焦面上就得到物光波的傅里叶变换频谱，形成谱点，其线径约为 1 mm，如果再引入参考光到频谱面上与之干涉，并用干板进行记录，便可得到物的傅里叶变换全息图。全息图拍摄成功后，用与原参考光一致的光束照射，便能再现出原来物的再现像。

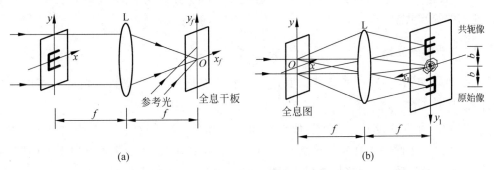

图 4.21　平行光照明方式记录和重现傅里叶变换全息图的原理图
(a) 记录；(b) 重现

全息存储拍摄光路有很多种，也可以自行设计光路。下面介绍一种与制备光栅类似的先分后扩的对称光路，所不同的是制作光栅的两条光路到达干板是面光，而全息存储拍摄到达干板是点光,其参考光路如图 4.22 所示。

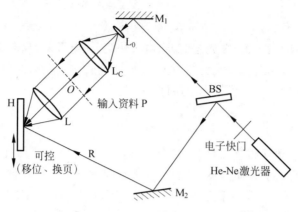

图 4.22　全息图拍摄光路

激光器发出的激光束经电子快门和分束镜 BS 分成两束：一束作为物光经过全反射镜 M_1 反射,经扩束镜 L_0 扩束后,通过准直透镜 L_C 准直后变为平行光,平行光束照射到输入平面 P,P 位于傅里叶透镜物方焦平面上。经平面光照射的待存储图像和文字,字符上各点发出的衍射光,经过傅里叶透镜后将会聚在傅里叶透镜的像方焦平面,形成待存储图像和文字的频谱,到达全息干板 H 处；经分束器 BS 分束的另外一束光为参考光 R,参考光经过反射镜 M_2 后,到达全息干板 H 处。物光与参考光在全息干板上相干叠加,就把物光所携带的信息集中到这一个直径为 1.5 mm 的点上,记录下来便形成傅里叶变换点全息图。移动干板就可以记录下一个要记录的信息。

【实验内容与步骤】

1. 布置实验光路

按图 4.22 布置实验光路,并将激光器输出光的高度调到与电子快门、分束镜 BS、反射镜 M_1、准直镜 L_0、需存储的资料片、准直透镜 L_C、傅里叶透镜 L、干板架上毛玻璃、反射镜 M_2 等元件等高共轴。

2. 调节物光光路

(1) 调节显微物镜(扩束镜)L_0,并用白屏在小孔后接收,当光束在白屏上亮度很均匀时,停止调节。

(2) 调节准直透镜 L_C 的位置,使出射光为平行光。显微物镜 L_0 与准直镜 L_C 构成共焦系统,在白纸上画一个直径与透镜 L_C 口径相同的圆,在 L_C 后放上这张白纸上的圆,前后移动白纸,当从透镜 L_C 出来圆光束不变时,说明从 L_C 出射的光是准直光。

(3) 在准直光后加入待存储的资料片 P,光透过资料片,照射到傅里叶变换透镜 L 上。

注意：为了充分利用光能,L_C 和 L 应选用相对口径较大的透镜,使透过资料片 P 的光束完全落在傅里叶变换透镜 L 口径内,以免信息丢失。

(4) 经过资料片 P 的光束通过傅里叶变换透镜 L,应落在 L 的后焦面上。在透镜 L 的后焦平面处放置干板模板(白屏)H 进行观察,找到明亮的点即为焦面位置,然后向后移动干板模板造成一定离焦量(离焦量大小为 5%～10%),如图 4.23 所示,离焦的目的是使物光束在 H 上的光强分布均匀,从而避免造成记录的非线性。

注意:为了便于记录全息存储点阵,全息干板应安装在沿竖直和水平方向都可移动的移位器上。

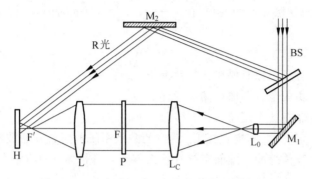

图 4.23　后移干板引入离焦的全息图拍摄光路

3. 调整参考光

调整参考光光路,使得满足:①参考光与物光到干板片位置的光程相等;②参考光束 R 的光轴与物光束的光轴在 H 上应相交,且中心对准,两者的夹角控制在 30°～45°;③参考光斑与物光斑在 H 上重合,且参考光斑直径应大于选定点的全息图直径,以便全部覆盖整个物光斑。

4. 记录全息点阵

换上全息干板 H,选适当曝光时间进行曝光。全息图是以点阵的方式记录。在每个点的位置,像全息照片一样改变几个角度(如 3～5 个),则在这个点上存储 4～6 个信息。每沿竖直或水平方向移动干板适当距离(如 3～5 mm)曝光一次,记录一个点全息图,如此反复,即可将多张资料记录一张全息图点阵。把已曝光的底片进行显影、定影、漂白、水洗后吹干,即可得到高密度全息存储图。

5. 重现

将处理后的全息图片放回到干板架,挡住物光,用原参考光束作为重现光束,照亮全息片一个点,在原来放信息片的位置,就可以看到信息片的虚像。在全息图的虚像另一面,用毛玻璃可以接收到信息的实像。如果像不清晰,应仔细调整移位器,稍微转动全息片角度,使重现光束准确覆盖整个点全息图,即可找到清晰的像。改变全息片的位置,观察另外曝光点的信息,就可以看到另外信息。

【注意事项】

1. 本实验成败的关键在于,适度离焦的物光斑和细束参考光斑必须在底片上重合,参考光光点应稍大于物光光点,以免造成信息丢失,否则获得的干涉效果差,甚至无干涉现象产生(重现时看不到像)。

2. 当存储资料为文字时,由于提供的文字信号是二进制的,且只需勾画出字迹即可,因此,对光路的要求不高,光路中也可不加针孔滤波器;但在存储灰度图像时,要求必须加针孔滤波器,且光路须保证洁净,否则会在重现图像上引起相干噪声斑纹。

3. 由于记录的全息图是点阵分布的,特别是在记录每个点又要改变角度(即一个点要曝光好几次),因此每次曝光时间要短,在 1~2 s(参考),曝光时间长了会破坏乳剂层。

【思考题】

1. 为什么存储全息图像时要在全息台上用 $4f$ 系统?

2. 能否用白光实现全息图像存储? 为什么?

3. 全息图像存储有什么用途?

4. 试解释在扩束镜 L_0 与准直镜 L_C 构成的共焦系统放置针孔滤波器的原因。

5. 体全息存储与传统的二维面存储有什么不同? 分析体全息存储如何实现高密度、大容量信息的存储和读取。

4.8 匹配滤波与图像识别

匹配滤波与光学图像识别是相干光学处理中一种典型的信息处理方法。它可以从某一图像中提取出有用的信息或检测某一信息是否存在(若信息存在,还包括其存在的位置)。因此,这种信息处理方法又称为特征识别。特征识别在指纹鉴别、空间飞行物探测、字符识别以及从病理照片中识别癌变细胞等领域有着广泛应用,是相干光学处理的一个重要课题。

特征识别的方法已有很多种,本实验先介绍最基本的一种,即傅里叶变换方法,其关键技术是制作空间匹配滤波器。

【实验目的】

1. 了解匹配滤波器的概念、结构特点及作用原理。

2. 掌握匹配滤波器的制作方法。

3. 了解光学图像识别的原理,通过练习调整图像识别光路,掌握识别指纹或字符的基本技术。

【实验仪器】

光学平台,He-Ne 激光器,曝光定时器,薄透镜,反射镜,光电开关,分束镜,傅里叶透镜,全息干板,安全灯,直尺,细线,小白屏,待存储的图文,普通干板架。

【实验原理】

1. 匹配滤波器的概念及图像识别原理

匹配滤波器在图像识别中有着十分重要的作用。其定义如下:设有一幅透明图片,它的振幅信号为 $g(x_1, y_1)$,傅里叶变换频谱为 $G(f_x, f_y)$,如果一个滤波器的复振幅透射系

数 $T(f_x,f_y)$ 与该图片的频谱 $G(f_x,f_y)$ 共轭,即 $T(f_x,f_y)=G^*(f_x,f_y)$,则该滤波器就是该透明图片的匹配滤波器。

从匹配滤波器的结构特点可以推断出,这种滤波器对信号 $g(x_1,y_1)$ 的空间频谱有着特殊的作用。这种作用可以用图 4.24 来加以说明。

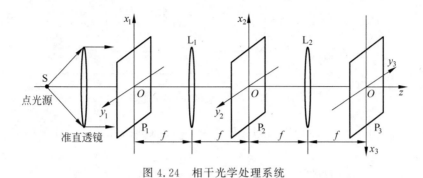

图 4.24　相干光学处理系统
L_1、L_2-傅里叶变换透镜;P_1-输入面;P_2-频谱面;P_3-输出面

图 4.24 是一个相干光学处理系统。其中,L_1 和 L_2 是一对傅里叶变换透镜,其焦距为 f。L_1 的后焦面与 L_2 的前焦面重合,从而构成 $4f$ 系统。透射系数为 $g(x_1,y_1)$ 的透明片放置在 L_1 的前焦面 P_1 上,并用平行光束照明。透镜 L_1 对 $g(x_1,y_1)$ 进行傅里叶变换,在 L_1 后焦面 P_2 上得到其频谱 $G(f_x,f_y)$。如果在 P_2 平面上插入一个匹配滤波器,其振幅透射系数为 $T(f_x,f_y)=G^*(f_x,f_y)$,则透过 P_2 平面的光场分布正比于 GG^*。GG^* 这个量是一个实数,也就是说波的相位为常数。换言之,透过 P_2 平面的光场分布是一列平面光波。因为这列平面光波的等相面上各点的振幅大小不是常数,而是按 GG^* 分布的,所以它不是一列标准平面波,而是一列准平面波。这列平面光波通过透镜 L_2 之后,在输出面 P_3(即 L_2 的后焦面)上将形成一个自相关亮点。

由此可见,匹配滤波器的作用是对信号 $g(x_1,y_1)$ 的频谱 $G(f_x,f_y)$ 进行相位补偿。平面光波经过输入面 P_1 后产生波面变形,经匹配滤波器后得到相位补偿,从而又成为平面光波。显然,这种作用是由于 $G(f_x,f_y)$ 与 $G^*(f_x,f_y)$ 是共轭复数,它们的相位正好相反,从而使 GG^* 的相位为常数。

但如果在输入面 P_1 上输入的不是 $g(x_1,y_1)$,则其频谱的相位不能被 $G^*(f_x,f_y)$ 补偿,在平面 P_2 后就得不到平面光波,因而在输出面 P_3 上就得不到自相关亮点,而只能得到一个弥散的像斑。由此可以推断,通过观察在输出面 P_3 上是否存在自相关亮点,就可以判断输入目标中是否存在信号 $g(x_1,y_1)$,从而达到图像识别的作用。

2. 匹配滤波器的制作

制作匹配滤波器实际上就是拍摄一张傅里叶变换全息图,所用的光路如图 4.25 所示。

透射系数为 $g(x_1,y_1)$ 的透明片放置在输入面 P_1 的中心位置上,在频谱面 P_2 上得到其频谱 $G(f_x,f_y)$,显然有

$$G(f_x,f_y)=F\{g(x_1,y_1)\} \tag{4.20}$$

另有一个平行光束斜射到平面 P_2 上作为参考光,它相当于平面 P_1 上位于 $(x=a_1,y_1=0)$

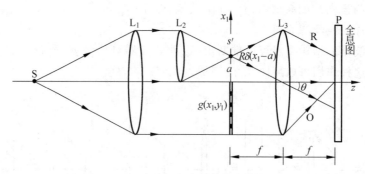

图 4.25　匹配滤波器的制作光路

位置处的一个点光源 $\delta(x_1-a)$ 发出的经过透镜 L_2 准直的斜光束。它在平面 P_2 上的光场分布为

$$R = F\{\delta(x_1-a)\} = \exp(-\mathrm{i}2\pi f_x a) \tag{4.21}$$

在平面 P_2 上用全息干板记录频谱 $G^*(f_x, f_y)$ 与参考光 R 所形成的干涉图样,该干涉图样的光强分布为

$$I(f_x, f_y) = |G(f_x, f_y) + \exp(-\mathrm{i}2\pi f_x a)|^2$$
$$= (1+|G|^2) + G^* \exp(-\mathrm{i}2\pi f_x a) + G\exp(\mathrm{i}2\pi f_x a) \tag{4.22}$$

正确掌握曝光及显影时间,使干板的 γ 值等于 2。这样得到的全息图,其振幅透射系数 $T(f_x, f_y)$ 正比于曝光时照射光的强度 $I(x_1, y_1)$,即

$$T(f_x, f_y) \propto I(f_x, f_y) = (1+|G|^2) + G^* \exp(-\mathrm{i}2\pi f_x a) + G\exp(\mathrm{i}2\pi f_x a) \tag{4.23}$$

上式中的第 2 项除了含有一个简单的复数因子,正比于 G^*,因此这个全息图可以作为信号 $g(x_1, y_1)$ 的匹配滤波器。

3. 光学图像识别原理

在图 4.24 中,如果将振幅透射系数 $T(f_x, f_y) = G^*(f_x, f_y)$ 的滤波器在平面 P_2 上复位,挡住参考光束 R,将原透明片 $g(x_1, y_1)$ 放在平面 P_1 上作为输入信号,则在平面 P_2 后面获得的输出信号的复振幅分布为

$$U_2(f_x, f_y) = G(f_x, f_y)T(f_x, f_y) = G(1+|G|^2) + GG^* \exp(-\mathrm{i}2\pi f_x a) + GG\exp(\mathrm{i}2\pi f_x a) \tag{4.24}$$

由上式可见,在平面 P_2 后面获得的输出信号包括 3 项:

(1) 第 1 项为 $U_{21}(f_x, f_y) = G(1+|G|^2)$,其中括号内为一实数,该项经过透镜 L_2 变换后在输出面 P_3 上获得的是一个位于 $(0,0)$ 处的 $g(x_1, y_1)$ 的实像。

(2) 第 2 项为 $U_{22}(f_x, f_y) = GG^* \exp(-\mathrm{i}2\pi f_x a) = |G|^2 \exp(-\mathrm{i}2\pi f_x a)$,表示一束沿原来参考光方向传播的平面波。它经过透镜 L_2 后,在输出面 P_3 上得到其傅里叶逆变换 $U_{32}(x_3, y_3)$。根据自相关定理和傅里叶变换的相移定理,有

$$U_{32}(x_3, y_3) = F^{-1}\{GG^* \exp(-\mathrm{i}2\pi f_x a)\} = g(x_3, y_3) ☆ g(x_3, y_3) * \delta(x_3-a)$$
$$= g(x_3, y_3) ☆ g(x_3-a, y_3) \tag{4.25}$$

式中,符号"☆"表示自相关运算,"＊"表示卷积运算。式(4.25)表明,$g(x_3,y_3)$的自相关亮点在输出面 P_3 的 $(-a,0)$ 处,这恰好就是原来的参考光束经过透镜 L_3 后在输出面 P_3 上的像点。这一过程可以理解为:在记录时,全息图是由图像的频谱与参考光束干涉形成的;在进行图像识别时,如果用原来图像的频谱光束作为再现光束照射全息图,则必然准确地重现参考光束,而参考光束是一列平面波,经过透镜 L_3 后在输出面 P_3 上便得到一个亮点。

（3）第 3 项为 $U_{23}(f_x,f_y)=GG\exp(\mathrm{i}2\pi f_x a)$,它表示沿着与 U_R 相反的方向偏离光轴,经过透镜 L_3 后在输出面 P_3 上得到其傅里叶逆变换。根据卷积定理及傅里叶变换相移定理,有

$$U_{33}(x_3,y_3)=F^{-1}\{GG\exp(\mathrm{i}2\pi f_x a)\}=g(x_3,y_3)*g(x_3,y_3)*\delta(x_3+a)$$
$$=g(x_3,y_3)*g(x_3+a,y_3) \tag{4.26}$$

这是 $g(x_3,y_3)$ 的卷积项,其中心位置在 $(a,0)$ 处。卷积项是一个模糊的图像。

综上所述,如果输入图像为 $g(x_1,y_1)$,则经过匹配滤波器 G^* 滤波后,会在输出面 P_3 的中央将得到该图像的实像,上方 $(-a,0)$ 处是自相关亮点,下方 $(a,0)$ 处是模糊的图像,如图 4.26 所示。

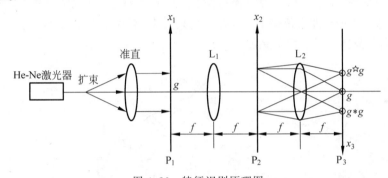

图 4.26　特征识别原理图

L_1、L_2-傅里叶变换透镜;P_1-输入面;P_2-频谱面;P_3-输出面

由此可见,只有特征信号的自相关 $g☆g$ 存在鲜明亮点,在上方 $(-a,0)$ 处;而下方 $(a,0)$ 处是卷积 $g*g$ 的结果,只能获得一个模糊的图像,远不如自相关亮点明亮;中央将得到输入图像的实像 g。因此,利用匹配滤波相关检测方法就可以从带有噪声的信息中提取出有用信息,达到特征识别的目的。

如果在输入面 P_1 输入与 $g(x_1,y_1)$ 不同的图像 $q(x_1,y_1)$,则在输出面 P_3 的中心得到该图像的实像 $q(x_3,y_3)$,在上半部得到互相关 $q☆g$ 在下半部得到卷积 $q*g$。互相关及卷积的图像比较模糊,这是因为所用滤波器只对图像 g 匹配,对其他图像则不匹配,因而在频谱面 P_2 后面的约束 QG^* 和 QG 的波前都不是平面波,通过透镜 L_3 后在输出面 P_3 上自然得不到清晰的亮点。

如果输入图像仍是 $g(x_1,y_1)$,但其在输入面 P_1 上的位置相对于初始记录时的原始位置发生一个小的位移,如沿 x_1 方向发生一个位移 b,则输入图像可表示为 $g_1(x_1-b,y_1)$。根据傅里叶变换的相移定理,有

$$G_1(f_x,f_y)=F^{-1}\{g_1(x_1-b,y_1)\}=G(f_x,f_y)\exp(-\mathrm{i}2\pi f_x b) \tag{4.27}$$

同样地,可以推导出频谱 $G_1(f_x,f_y)$ 通过滤波器 $G^*(f_x,f_y)$ 后输出信号的复振幅表

达式,其中第二项为

$$U_{22}(f_x,f_y)=GG^*\exp(i2\pi f_xa)\exp(-i2\pi f_xb)=GG^*\exp[-i2\pi f_x(b-a)]$$

$$(4.28)$$

由上式可见,这一项仍然是 $g(x_1,y_1)$ 的自相关项,只是自相关亮点的位置移到 $(b-a,0)$ 处,即相对于原来的自相关点发生位移 b。因此,根据输出面 P_3 上自相关亮点的位置可以确定要识别的文字或字符所在的位置。

如果输入图像仍是 $g(x_1,y_1)$,但其位置相对于原始位置旋转了一个角度 ϕ,则可以证明在输出面 P_3 上获得的自相关亮点的亮度将随着旋转角 ϕ 的增大而单调地衰减。

4. 实验参考光路

图像识别实验光路如图 4.27 所示。由 He-Ne 激光器输出的光束经过分束镜 BS 后分成两束,一束透射光束作为物光经反射镜 M_2 反射,通过扩束镜 BE 与准直透镜 L_C 形成平行光束,投射到输入平面 P_1 上,P_1 放置于 L_1 的前焦面上,经过透镜 L_1 在后焦面 P_2 处形成频谱,在此处放上全息干板 H,同时将 P_2 也放在 L_3 的前焦面上,并在 L_3 的后焦面 P_3(输出平面)处放上毛玻璃,观察成像情况。由分束镜 BS 分成的另一束光(参考光)经反射镜 M_1 偏折,通过扩束镜 BE 与准直透镜 L_C 形成平行光束 R,引入全息干板 H(P_2 频谱面)上,使物光与参考光在全息干板上相干叠加。

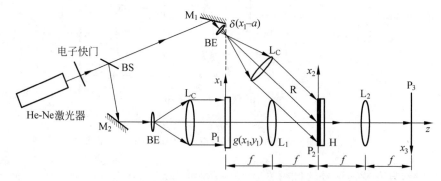

图 4.27　图像识别实验光路

M_1、M_2-反射镜;BS-分束镜;L_1、L_2-变换透镜;BE-扩束镜;L_C-准直透镜;P_1-输入平面;P_2-记录干板(频谱面);P_3-输出平面(像面)

【实验内容与步骤】

1. 选择光学元件

根据实验光路选择合适的光学元件,并保证所有光学元件的中心高度一致。L_1 和 L_2 为傅里叶变换透镜,也可用一般透镜代替。输入面 P_1 处采用带有旋转架的小镜座,频谱面 P_2 处放置复位架。BS 采用高反低透分束镜(在本实验中,考虑到物光通过数个光学透镜后能量损失较大,故采用 5:5 分束镜,以保证参考光强于物光,物光也不会太弱)。

2. 调整光路

(1) 布置好光路,使从分束镜 BS 出射的参考光束与物光束重合,两臂上的光束互相平行,特别注意要使反射镜面反射后的光束与工作台面平行。将 P_1 放置于 L_1 的前焦面,P_2 放置于 L_1 的后焦面(同时在 L_2 的前焦面),形成对 $4f$ 光学系统。

(2) 调节物光光路。先挡住参考光束,在物光光路中放置透镜 L_1,将干板架放置在 L_1 后焦面上,并在干板架夹上毛玻璃,使物光束聚焦在毛玻璃上,观察到清晰的频谱,调好后固定磁性座,此时的位置为制作和放置匹配滤波器的位置 P_2;放入透镜 L_2,并调节其位置,使出射的物光束为平行光束。

(3) 调节参考光路。挡住物光光束,在透镜 L_2 的后焦面附近放置光屏。参考光路同样经扩束镜与准直透镜 L_C 形成平行光,仔细调节准直透镜的位置,使参考束经过透镜 L_2 后聚焦在光屏上,然后固定光屏 P_3。

(4) 在输入平面 P_1 上放置透明图片(指纹或字符透明片),移动图片使其在输出平面 P_3 上成清晰的像。

(5) 微调反射镜 M_1 和分束镜的方位,使参考光与物光构成一定角度,同时使参考光束与平面 P_2 上图像的频谱很好地重叠在一起。即参考光束在 P_2 面上的光斑中心应与物光束经透镜 L_1 会聚于 P_2 面上的亮点重合。同时,还要保证参考光束在像面 P_3 上的聚焦点距离像区有一定距离(但又不能太远),以便在识别时容易观察。

(6) 适当调节两路光束在频谱面上的光强比,一般调至能观察到频谱的二、三级条纹为宜。

3. 制作匹配滤波器

(1) 调节好光路后,挡住光并将位于频谱面 P_2 处的干板夹上的毛玻璃撤去,装上全息干板,即可拍摄全息图。

(2) 将曝光后的全息干板固定于原处,用液体升降台进行原位显影、定影、水洗、干燥等处理,便制得了该输入图像的匹配滤波器。此步骤是整个实验成败的关键,因此在处理全息干板时一定要小心仔细,千万不要撞击,以免发生移位。

4. 观察自相关及卷积结果

制好匹配滤波器后,挡住参考光束,只让物的频谱光束照射全息图(即匹配滤波器)。这时重现出的光束应该是原来的参考光束,因而在像面 P_3 上沿参考光的方向($x_3 = -a$,$y_3 = 0$)便能看到一个亮点,这就是自相关亮点,其位置与原来参考光的聚焦点重合;在对称位置上出现卷积的模糊像;在中间位置($x_3 = 0$,$y_3 = 0$)处可以观察到物的实像。在实验中往往只能看到中央的零级像,而看不到自相关亮点及卷积像,这往往是由于所用的透镜 L_2 的孔径比较小,使得经过匹配滤波器的 ±1 级衍射光不再进入透镜 L_2 所导致的。这时,改变透镜 L_2 的位置可分别观察到自相关点及卷积像。若在 P_3 平面上放置干板,便可记录下自相关亮点的强弱,也可用光电探测器来测量其光强的相对大小。

5. 观察输入图像位置变化对自相关亮点的影响

平移输入图像,可在像面 P_3 上看到自相关亮点随之移动,但不会消失,亮度也不会变化。如果将输入图像放在一个可以转动的框架中,则缓慢地转动图片时,自相关亮点将逐渐变弱,在转过 3°~5° 后,亮点就会消失。

注意:操作时要尽量不触动图片本身。

6. 观察失配情况

完成上述观察之后，在 P₁ 平面换上另外的透明图片，此时在输出面上将得不到自相关亮点，得到的是互相关的模糊散斑。

【注意事项】

1. 在原位显影、定影和清洗匹配滤波器底片时必须小心操作，这是本实验成败的关键。在操作过程中，要尽量不触动全息底片和全息台。

2. 为了使相关项（包括卷积项）与中心项不相互重叠，以避免对识别的干扰，参考光的倾角大小须适当选择。

3. 由于匹配滤波器对被识别图像的尺寸缩放和方位旋转都极其敏感，因此在重现时，器件位置变化引起的尺寸缩放和方位旋转，都会使正确匹配产生的响应急剧降低，甚至被噪声所湮没，使识别发生错误，导致实验失败。

【思考题】

1. 从许多人的指纹中，检查是否有某人的指纹，称为指纹识别。试详细叙述指纹识别的具体步骤。

2. 如果用字母"A"制作匹配滤波器，识别时用倒置的字母"V"输入，问输出面上能否得到自相关亮点？为什么？

3. 如果要同时检测一页书上的几种字符（例如四种）各有多少，应制作怎样的匹配滤波器？

4.9　卷积定理的实验验证

卷积这个概念较抽象，运算也比较复杂。本实验采用两块空间频率不同的正交光栅，直观形象地演示卷积定理。从实验结果可以观察到，二者卷积的结果并不是两个图形的几何叠加，而是将一个图形反转后加到另一个图形的每一个点上。

【实验目的】

演示两个函数的卷积结果，巩固和加深对卷积和卷积定理的理解。

【实验仪器】

绿光激光器（532 nm），正交光栅 2 片（光栅常量不同），透镜（$f = 150$ mm），旋转透镜架，白屏，导轨及支架，等等。

【实验原理】

两个函数乘积的傅里叶变换，等于它们各自傅里叶变换的卷积；反之，两个函数卷积的傅里叶变换，等于它们各自傅里叶变换的乘积。用光学方法求两个函数的卷积时，将待卷积的两个函数的傅里叶逆变换制成透明片，设其透射系数分别为 $g_1(x,y)$ 和 $g_2(x,y)$，将这两张透明片重叠置于 (x,y) 物面内,用单色光照明,透射光就是 g_1 和 g_2 的乘积,在频谱面上就得到原来两个函数的卷积,即 $g_1 * g_2$。

【实验内容及步骤】

(1) 卷积定理演示光路如图 4.28 所示,光路由固体激光器、两块正交光栅、透镜和白屏组成,按照图 4.28 布置光学元件,并调至等高共轴。

(2) 打开固体激光器,以光屏上某一点为参考点,调节光源二维调节架,使光束和实验平台平行。

(3) 将一块正交光栅、透镜和白屏放入光路,调节透镜和白屏之间的距离使其等于透镜的焦距(150 mm),此时白屏上图像最清晰,白屏所在的位置即为透镜的频谱面,所得图像如图 4.29 所示。

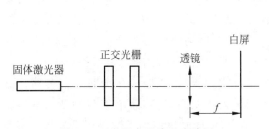

图 4.28　卷积定理演示光路图

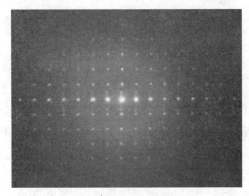

图 4.29　正交光栅的频谱图

(4) 再放入另一块正交光栅,使其和前一块光栅的距离尽可能接近,光束经过两块光栅后的复振幅分布即为两块光栅透射系数的乘积,再经过透镜将其变换到频谱面上,即可得到两个函数的卷积。当两块正交光栅重合的时候所得到的图像和放入一块光栅所得的图像一样。

(5) 以激光束为轴,旋转空间频率较低的光栅(即改变其中一块光栅的透射系数),观察卷积图像变化情况(如图 4.30(a)所示);再以激光束为轴,旋转空间频率较高的光栅,观察卷积图像变化情况(如图 4.30(b)所示)。

【注意事项】

1. 入射光束应垂直照射到光学元件的光学表面上。
2. 谨防激光直射或反射到眼睛。
3. 光栅为精密光学元件,易损坏,使用时防止划伤表面。

【思考题】

1. 用公式证明卷积定理。
2. 解释本实验的结果。

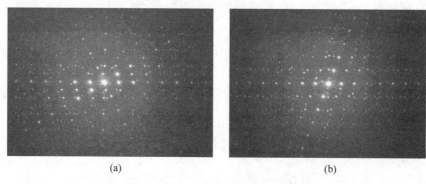

图 4.30 两正交光栅卷积的频谱图

(a) 低频光栅旋转；(b) 高频光栅旋转

4.10 分辨率板直读法测光学系统的分辨率

评价和检验光学系统成像质量好坏的常用方法有星点法、刀口阴影法、分辨率法、剪切干涉法、朗奇检验法、传递函数法等。其中星点法、刀口阴影法、剪切干涉法已在第 2 章介绍了，它们各有适宜的应用场合，光学传递函数法能对像质的评价更为全面，将在 4.11 节介绍。分辨率法评价指标单一，但方便测量，在光学系统的像质检测中得到广泛的应用。

传统的分辨率测量方法是通过目视镜头观察分辨力板，由人眼来区分是否能分辨。这种方法易受人为因素影响，主观因素强，也易使测试人员眼睛疲劳，影响客观判断。本实验由数码相机采集图像代替目视，可更直观地展示结果，但同时也增加了数码相机本身分辨率对实验结果的影响。通过本节学习，学生除了能学习用分辨率板测量分辨率的方法，还可了解光学系统中各组件的分辨率与总分辨率的关系。

【实验目的】

1. 掌握光学系统分辨率的测量原理和实验方法。
2. 测量不同透镜或镜头的分辨率，并分析造成分辨率差异的原因。

【实验仪器】

光源，光具座，分辨率板，透镜($f=70$ mm、$f=100$ mm、$f=150$ mm)，CCD/CMOS，图像处理软件，计算机。

【实验原理】

1. 衍射极限

由于存在光的衍射，即使是理想的光学系统，对物点成像也不是一个点，而是一个衍射斑，其中央亮斑称为艾里斑。如果有两个物点，则经过光学系统成像后将形成两个光斑。根据瑞利判据，当一个亮点的衍射图案中心与另一个亮点的衍射图案的第一暗环重合时，则这两个亮点恰能被分辨，这时在两个衍射图案光强分布的叠加曲线中有两个极大值和一个极小值,其极大值与极小值之比为 $1:0.735$,这与光能接收器(如眼睛或照相底版)能分辨的亮度差别相当。若两亮点更靠近,光能接收器就不能再分辨出它们是分开的两点了,如图 4.31 所示。

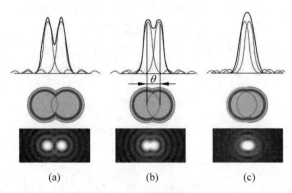

图 4.31　瑞利判据

(a) 能分辨；(b) 恰能分辨；(c) 不能分辨

2. 分辨率板

分辨率板类似于视力表,可用来检验光学系统的分辨能力,广泛用于光学系统分辨率、景深、畸变的测量及机器视觉系统的标定。它有多种型号,图 4.32 是国标 A 型分辨率板 A_1 板,它是根据国际分辨率板标准而设计的分辨率测试图案。每块分辨率板上有 25 个组合单元,每一线条组合单元由相邻互成 $45°$、宽等长的 4 组明暗相间的平行线条组成,线条间隔宽度等于线条宽度。一套 A 型分辨率板由图形尺寸按一定倍数关系递减的 7 块分辨率板组成,其编号为 $A_1 \sim A_7$。分辨率板相邻两单元的线条宽度的公比为 $1/\sqrt[12]{2}$(近似 0.94)。分辨率板各单元中,每一组的明暗线条总数以及分辨率板 A_1 的所有单元的线条宽度详见附表 1。

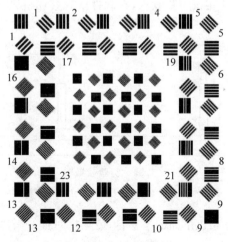

图 4.32　分辨率板

3. 镜头分辨率的测量

镜头的分辨率常用单位距离内能分辨的线对数（如每毫米线对数，单位为对/mm）来表示。艾里斑的大小与光的波长和通光口径有关，即艾里斑的半角满足

$$\sin\theta = 1.22\lambda/D$$

其中，λ 是光的波长；D 是通光口径的直径。按照光的衍射理论和瑞利判据的定义，在没有像差的条件下，镜头的分辨率仅与镜头的相对孔径有关，若以能分辨的两点距离来表示，则有

$$d = \frac{1.22\lambda f}{D} \tag{4.29}$$

镜头的分辨率通常用每毫米能分辨的线对数 N_1 来表示，此时有：

$$N_1 = \frac{1}{d} = \frac{D}{1.22\lambda f} \tag{4.30}$$

然而，整个系统的分辨率是由整体系统共同决定的，本实验因为用到了 CCD/CMOS 相机成像，所以整个系统的分辨率由镜头分辨率和 CCD/CMOS 相机分辨率两部分组成。设镜头的分辨率为 N_1，CCD/CMOS 相机芯片的分辨率为 N_C，则系统的分辨率 N 可由下面的公式来表示

$$\frac{1}{N} = \frac{1}{N_1} + \frac{1}{N_C} \tag{4.31}$$

其中，CCD/CMOS 相机的分辨率 N_C 可以根据它的像元大小计算得到。

因此，若将分辨率板作为目标物，通过 CCD/CMOS 相机采集被测镜头像平面上的分辨率板的像，通过图像处理得到恰好能分辨的最小两线间距 d（单位为 mm），求其倒数可得系统的分辨率 N；再根据像元大小求出 N_C，即可算出镜头的分辨率 N_1。

【实验内容及步骤】

（1）参照图 4.33 布置实验平台上各光学元件，打开面光源，并将分辨率板用干板夹固定住，放在光源前面，再打开相机采集软件，在软件中观察相机采集图像的效果。

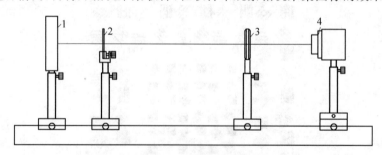

图 4.33　实验装置图

1-面光源；2-分辨率板；3-透镜；4-CCD/CMOS 相机

（2）调节 CCD/COMS 相机下面的平移台，使相机对准分辨率板上的图案区域，观察所成像是否清晰；如果成像不清晰，可以前后调节滑块在导轨上的位置，直至所成像最清晰。

（3）单击"保存图像"按钮将保存实验图像，找到能分辨出的最密线对组，记下恰能分辨的线对数。

（4）更换不同焦距的透镜，并放置于 CMOS 相机前，重复（1）～（3），得出不同曲率半径的透镜的分辨率，并对不同焦距透镜的分辨率进行比较，分析原因。

【实验数据记录及处理】

将所测得不同曲率半径的透镜的系统分辨率 N、相机分辨率 N_C 记录于表 4.5，并计算它们的镜头分辨率 N_1。

表 4.5　分辨率板直读法测量光学系统分辨率

待测光学系统	测量次数 i	系统分辨率 $N/(对/mm)$	相机分辨率 N_C	镜头分辨率 N_1
凸透镜 $f=70$ mm	1			
	2			
凸透镜 $f=100$ mm	1			
	2			
凸透镜 $f=150$ mm	1			
	2			

【注意事项】

将分辨率板夹在干板夹上时不要夹得太紧，否则会容易损坏分辨率板。

【思考题】

1. 评价和检验光学系统的成像质量有哪些常用方法？
2. 分析说明透镜焦距与分辨率关系。

【附录】

附表 1　国标分辨率板 A_1 对照表

单元编号 i	国标 A_1		单元编号 i	国标 A_1	
	线宽/μm	线对数/(对/mm)		线宽/μm	线对数/(对/mm)
1	160	3.13	14	75.5	6.62
2	151	3.31	15	71.3	7.01
3	143	3.50	16	67.3	7.43
4	135	3.70	17	63.5	7.87
5	127	3.94	18	59.9	8.35
6	120	4.17	19	56.6	8.83
7	113	4.42	20	53.4	9.36
8	107	4.67	21	50.4	9.92
9	101	4.95	22	47.6	10.50
10	95.1	5.26	23	44.9	11.14
11	89.8	5.57	24	42.4	11.79
12	84.8	5.90	25	40	12.50
13	80	6.25	—	—	—

注：例如分辨率为 2 对/mm，则每毫米包括 4 条线（两黑两白），每条线的宽度 $W=0.25$ mm。

4.11　利用朗奇光栅测光学系统的调制传递函数

光学传递函数（optical transfer function,OTF）是指以空间频率为变量,表征成像过程中调制度和横向相移的相对变化的函数。光学传递函数理论是在傅里叶分析理论的基础上发展起来的。最早在 1938 年,德国人弗里塞对鉴别率法进行了改进,提出用亮度呈正弦分布的分划板来检验光学系统,并且证实了这种鉴别率板经照相系统成像后像的亮度分布仍然是同频率的正弦分布,只是振幅受到了削弱。1946 年法国科学家杜弗（P. M. Duffheux）首次提出传递函数的概念,从此开拓了像质评价的新领域。一个非相干照明的光学成像系统,像的强度也是线性的,满足叠加原理。光学传递函数是光学系统对空间频谱的滤波变换,可表征光学系统对不同空间频率目标的传递性能,广泛用于对系统成像质量的评价。

【实验目的】

1. 了解光学镜头传递函数测量的基本原理。
2. 掌握传递函数测量和成像品质评价的近似方法,学习抽样、平均和统计算法。

【实验仪器】

面光源,变频朗奇光栅,透镜,CCD/CMOS 相机。

【实验原理】

对于一个给定的光学系统而言,输入图像信息经过光学系统后,输出的图像信息取决于光学系统的传递特性。把输入的图像信息分解成各本征函数构成的频率分量,考察每个空间频率分量经过系统后的振幅衰减和相位移动情况,可以得出该系统的空间频率特性,即光学传递函数。与传统的光学系统像质评价方法（如星点法和分辨率法）相比,用光学传递函数来评价光学系统成像能力更加全面,且不依赖于观察个体的区别,评价结果更加客观,有着明显的优越性。

调制传递函数（modular transfer function,MTF）是瑞典哈苏公司制定的反映镜头成像质量的一个测试参数,反映的是镜头对现实世界的再现能力。对于一个平面黑（白）色物体,它的线对频率是 0,任何一个简易的镜头都可以完整地体现出这一反差,即 MTF 值等于 1;而对于纯黑和纯白相间的线条（反差为 100%）来说,随着线对频率的提高,通过镜头表现的反差就相应减少（反差小于 100%）。当空间频率达到一个很高的数值时,则任何镜头也只能记录成灰色的一片,这时镜头的 MTF 值就接近于 0。因此,MTF 值是一个介于 0～1 的数值。这个数值越大,说明这个镜头还原真实的能力越强。

傅里叶光学证明了光学成像过程可以近似作为线形空间中的不变系统来处理,从而可以在频域中讨论光学系统的响应特性。任何二维物体 $\Psi_o(\nu_x,\nu_y)$ 都可以分解成一系列不同空间频率（ν_x,ν_y）简谐函数（物理上表示正弦光栅）的线性叠加,即

$$\psi_o(x,y) = \int_{-\infty}^{\infty}\int_{-\infty}^{\infty} \Psi_o(\nu_x,\nu_y)\exp[\mathrm{i}2\pi(\nu_x x + \nu_y y)]\mathrm{d}\nu_x\mathrm{d}\nu_y \tag{4.32}$$

式中,$\Psi_o(\nu_x,\nu_y)$ 为 $\psi_o(x,y)$ 的傅里叶谱,它正是物体所包含的空间频率（ν_x,ν_y）的成分含

量,其中低频成分表示缓慢变化的背景和大的物体轮廓,高频成分则表征物体的细节。

当该物体经过光学系统后,各个不同频率的正弦信号发生两个变化:首先是调制度(或反差度)下降,其次是相位发生变化,这一综合过程可表示为

$$\Psi_{\mathrm{i}}(\nu_x,\nu_y) = H(\nu_x,\nu_y) \times \Psi_{\mathrm{o}}(\nu_x,\nu_y) \tag{4.33}$$

式中,$\Psi_{\mathrm{i}}(\nu_x,\nu_y)$ 表示像的傅里叶谱;$H(\nu_x,\nu_y)$ 称为光学传递函数,是一个复函数,它的模为调制传递函数(modulation transfer function,MTF),相位部分则为相位传递函数(phase transfer function,PTF)。显然,当 $H=1$ 时,表示像和物完全一致,像包含了物的全部信息,没有失真,光学系统成完善像。

由于光波在光学系统孔径光栏上的衍射以及像差(包括设计中余留的像差及加工、装调中引起的误差),信息在传递过程中不可避免要出现失真,总之,空间频率越高,传递性能越差。

对像的傅里叶谱 $\Psi_{\mathrm{i}}(\nu_x,\nu_y)$ 再作一次逆变换,就得到像的复振幅分布:

$$\psi_{\mathrm{i}}(\xi,\eta) = \int_{-\infty}^{\infty}\int_{-\infty}^{\infty} \Psi_{\mathrm{i}}(\nu_x,\nu_y)\exp[\mathrm{i}2\pi(\nu_x\xi+\nu_y\eta)]\mathrm{d}\nu_x\mathrm{d}\nu_y \tag{4.34}$$

调制度 m 定义为

$$m = \frac{A_{\max}-A_{\min}}{A_{\max}+A_{\min}} \tag{4.35}$$

式中,$A_{\max}$ 和 $A_{\min}$ 分别表示光强的极大值和极小值。光学系统的调制传递函数可表示为给定空间频率下像和物的调制度之比,即

$$\mathrm{MTF}(\nu_x,\nu_y) = \frac{m_{\mathrm{i}}(\nu_x,\nu_y)}{m_{\mathrm{o}}(\nu_x,\nu_y)} \tag{4.36}$$

除零频外,MTF 的值永远小于 1,一般来说 MTF 的值越高,系统的像越清晰。平时所说的光学传递函数往往是指 MTF。MTF 曲线图显示的是镜头对对比度的还原情况,纵轴表示对比度的优劣,横轴表示与成像中心的距离。一般的 MTF 图提供不同空间频率的场幅曲线,分别代表反差和分辨率:低频(如 10 LP/mm)的曲线越接近 1,表示镜头的成像对比度就越好;高频(如 30 LP/mm)的曲线越接近 1,镜头分辨率就越高。图 4.34 给出一个光学镜头在不同光圈下的 MTF 曲线。

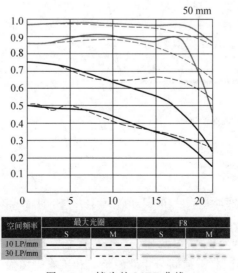

图 4.34　镜头的 MTF 曲线

在分析 MTF 曲线时,需要掌握的基本要领如下:MTF 曲线越高越好,越高说明镜头光学质量越好,综合反差和分辨率来看,MTF 曲线与坐标轴围成的面积越大越好;MTF 曲线越平直越好,越平直说明边缘与中间一致性越好;S 曲线与 M 曲线越接近越好,越接近说明镜头的像散越小。

上述理论公式对应的空间频率在物理上是利用正弦光栅求得的,但实际实验中常常用矩形光栅作为目标物进行了近似。

本实验用 CMOS 对矩形光栅的像进行抽样处理,测定像的归一化的调制度,并观察离焦对 MTF 的影响。一个给定空间频率下满幅调制(调制度 $m=1$)的矩形光栅目标函数如图 4.35 所示,如果对像进行抽样统计,抽样的结果只有 0 和 1 两个数据,其直方图为一对 δ 函数,位于 0 和 1,如图 4.36 所示,则说明该光学系统生成完善像,像仍为矩形光栅。

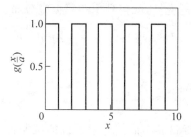

图 4.35　满幅调制(调制度 $m=1$)的矩形光栅目标函数

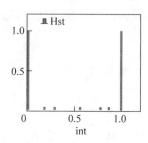

图 4.36　直方图统计

但实际光学系统由于衍射和像差的因素,所成像不再是矩形光栅,如图 4.37 所示,波形的最大值 $A_{\max}$ 和最小值 $A_{\min}$ 的差代表像的调制度。对该图形进行抽样处理,其直方图如图 4.38 所示。找出直方图高端的极大值 m_H 和低端的极大值 m_L,它们的差 m_H-m_L 近似代表在该空间频率下调制传递函数 MTF 的值。为了比较全面地评价像质,不仅要测量出高、中、低不同频率下的 MTF 值,从而大体给出 MTF 曲线,还应测定不同视场下的 MTF 曲线。

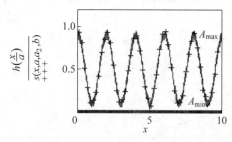

图 4.37　对矩形光栅的不完善像进行抽样(样点用"+"表示)

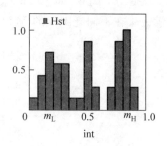

图 4.38　直方统计图

【实验内容及步骤】

(1) 参照图 4.39 在实验平台上布置好各光学元件,朗奇光栅放置在光路图上的位置,打开面光源,并在相机前安装待测透镜。

(2) 调节各光学元件的中心高度,使它们等高同轴。调整光栅位置,使得相机中出现清晰的光栅像,且在相机中同时出现同一频率的水平和垂直光栅像,并保证水平光栅像与相机

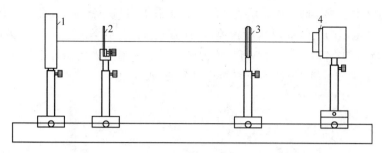

图 4.39　实验装置图

1-面光源；2-变频朗奇光栅；3-透镜；4-CCD/CMOS 相机

平行。

（3）采集数据。在"朗奇光栅测量"的子功能模块中单击"读图"按钮，读入采集的图像。

（4）确认需要采样的区域像素尺寸（默认为 256×256 的矩形区域），进行"截图选择"。选择"子午方向"，确认"采集区域"，则会出现红色方框，如图 4.40 所示，单击"截图"，软件会自动计算最暗值和最亮值数据，并保存备用。

图 4.40　选择子午方向的待测区域

（5）单击"波形"选项，可观察到（4）中采集的区域示意图，单击"子午方向计算"，根据之前采集的暗场数据和亮场数据对条纹光强归一化，观察此时归一化的子午方向条纹的强度分布，会发现此时朗奇光栅条纹经过传播后，像不再是完整的黑白分明的线对，如图 4.41 所示。

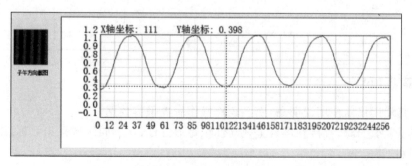

图 4.41　子午方向波形

（6）单击"子午向直方图"，然后单击"计算直方图"，可观察到此时子午向条纹的灰度直方图分布。输入采样数(此参数表示为：根据之前采集的归一化条纹，将归一化后的光强值划分为相同光强范围的区间数目)，重新单击"计算直方图"，出现归一化的直方图，如图 4.42所示，并计算此时的 MTF 值。此 MTF 值为光学系统在当前光栅条件下的 MTF，可通过反复在不同区域采集和计算，得到不同空间频率下的 MTF 值。

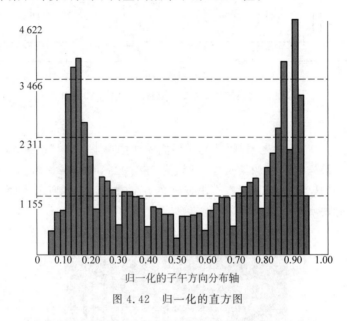

归一化的子午方向分布轴

图 4.42　归一化的直方图

(7) 重复以上实验步骤，计算弧矢方向的 MTF 数值。

【实验数据记录及处理】

将在不同空间频率下子午方向和弧矢方向条纹测得的 A_{max}，A_{min}，m_H 和 m_L 值记录于表 4.6，并计算 m 和 MTF 值。其中，$m = \dfrac{A_{max} - A_{min}}{A_{max} + A_{min}}$，$MTF = m_H - m_L$。

表 4.6　MTF 测量实验结果

空间频率	线对方向	A_{max}	A_{min}	m	m_H	m_L	MTF
	子午						
	弧矢						
	子午						
	弧矢						

【注意事项】

1. 认真阅读仪器使用说明书，熟悉软件操作后再采集数据。

2. 在重复截图时，直接在屏幕上拖动红色矩形方框，在不同区域采集数据，以保证采集区域的一致性。

【思考题】

1. 什么是光学传递函数？什么是调制传递函数？

2. 本实验测出的 MTF 是透镜的传递函数还是整个系统(包括相机)的传递函数?

4.12　利用狭缝测光学系统的调制传递函数

对于一个线性或近似线性的成像光学系统,当一个点光源在物方移动时,如果点光源的像只改变位置,而不改变函数形式,则称此成像系统是空间不变的。一般的光学系统成像可认为满足线性条件和空间不变性条件,这个系统对脉冲响应的傅里叶变换即空间频率的光学传递函数。

点扩展函数、线扩展函数和边缘扩展函数是与调制传递函数(MTF)密切相关的几个重要概念。常用的 MTF 测试方法正是基于这几个函数之间的关系进行测量与计算的,本实验基于线扩展函数测量 MTF。

【实验目的】

1. 进一步掌握光学传递函数理论。
2. 学习基于线扩散函数的调制传递函数测量方法。

【实验仪器】

面光源,变频朗奇光栅,透镜($f=70$ mm、$f=100$ mm、$f=150$ mm),CCD/CMOS 数码相机。

【实验原理】

点扩展函数(point spread function,PSF)是点光源成像的强度分布函数,我们用一个二维的 δ 函数 $\delta(x,y)$ 作为理想的输入。设图像接收器连续采样,即不用考虑有限大小的像素或有限的采样距离,则二维的图像强度分布就等于脉冲响应 $h(x,y)$,也称为点扩散函数 $PSF(x,y)$。由光学传递函数的定义可知,MTF 可以通过对 $PSF(x,y)$ 进行二维傅里叶变换得到,即

$$OTF(u,v)=\iint PSF(x,y)\exp[-\mathrm{i}2\pi(xu+yv)]\mathrm{d}x\mathrm{d}y \tag{4.37}$$

PSF 是表征成像系统最有用的特征,理论上也是获取 MTF 的一种方法,而且一次测试可以同时得到子午和弧矢两个方向的 MTF,但是在实际应用中,由于点光源提供的能量较弱,而且得到理想的点光源比较困难,进行二维光学传递函数的计算较为烦琐,所以很少应用。常用的方法是利用狭缝像代替星点像,从而获得线扩散函数及其一维方向上的光学传递函数。设光源沿 y 方向延伸形成一维光源,其上各发光点不相干,则狭缝目标物可以看成在 y 方向为常量,以 x 为变量的 δ 函数,即

$$f(x,y)=\delta(x)1(y) \tag{4.38}$$

线光源上的每个点都在像平面产生一个 PSF,这些线性排列的 PSF 在单一方向产生叠加,也就是说,光学系统所成的像可以看成系统对无数个物点成像以后,再由这些点像按强度叠加的结果。像平面的图像强度分布 $g(x,y)$ 就是线扩展函数(line spread function,LSF),一个与狭缝目标物一样只与 x 空间变量相关的函数。所以狭缝像的光强分布可以用

线扩散函数 LSF(x)来表示,即

$$g(x,y) = \text{LSF}(x) \tag{4.39}$$

LSF 也是光学成像系统脉冲响应与线光源的二维卷积,即

$$g(x,y) = \text{LSF}(x) = f(x,y) * h(x,y) = [\delta(x)1(y)] * \text{PSF}(x,y) \tag{4.40}$$

根据系统的线性叠加理论,y 为常量的卷积等价于沿 x 方向的积分,因此上式可以写成积分的形式,故得到线扩展函数 LSF 为

$$\text{LSF}(x) = \int_{-\infty}^{+\infty} \text{PSF}(x,y)\mathrm{d}y \tag{4.41}$$

由傅里叶变换的卷积定理可以得到一维光学传递函数为

$$\text{OTF}(u) = \int_{-\infty}^{+\infty} \text{LSF}(x)\mathrm{e}^{-\mathrm{i}2\pi ux}\,\mathrm{d}x \tag{4.42}$$

MTF 曲线的横坐标是空间频率,纵坐标是调制度,也就是说 MTF 曲线是反应光学系统对各频率信号的衰减系数。一般来说,光学系统对低频信号调制度高,传递性好;对高频信号调制度低,传递性差,并且频率越高衰减越大,MTF 曲线如图 4.43 所示。

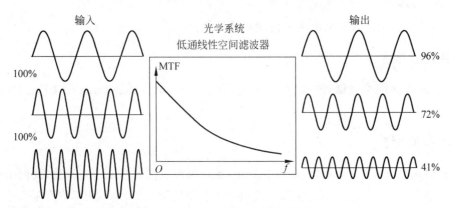

图 4.43　MTF 曲线和信号调制情况

按共轭方式的不同,调制传递函数 MTF 的测试方法可以分为有限共轭和无限共轭两种,如图 4.44 所示。有限共轭系统是指有限距离的物体在待测镜头后成有限距离的实像,如照相放大镜头、超近摄像镜头、显像管和影印镜头等。在进行有限共轭测量时,要测出测试时的物距和像距,才能精确计算出物平面换算到像平面的尺寸。无限共轭系统用准直仪(平行光管)将目标物呈现在待测镜头上,像平面的图像尺寸可以根据物体宽度、准直仪焦距和待测镜头焦距进行计算。

狭缝法测 MTF 的原理是:首先采用狭缝对一个被测光学系统成像,其次将采集到的带有原始数据和噪声的图像信号进行去噪处理,再次对处理过的 LSF 进行傅里叶变换取模,得到包括目标物在内的整个系统的 MTF,最后对影响因素进行修正得到最终被测系统的 MTF。对于无限共轭光学系统,这个影响因素主要包括目标狭缝、准直系统、中继物镜和 CCD 各部分本身的 MTF。

【实验内容及步骤】

(1) 参照图 4.45 将平行光管、待测透镜和 CMOS 相机放置在导轨滑块上,调节所有光

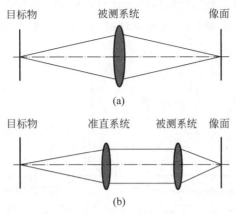

图 4.44　有限共轭与无限共轭光学系统

(a) 有限共轭；(b) 无限共轭

学器件共轴；打开平行光管光源，在 CMOS 相机前装配成像光阑，并通过数据线与计算机相连。

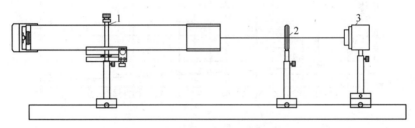

图 4.45　实验装配图

1-平行光管；2-透镜；3-数字相机(含光阑)

（2）打开相机采集软件，调整相机和透镜间的距离，使计算机屏幕上能出现平行光管中分划板（狭缝）的像，找到分划板像后，微调相机下的滑块，使成像清晰。

（3）选择实验软件中的"MTF 测量"功能模块，单击"读入图片"读入狭缝像。

（4）单击"选取线扩展函数"，将鼠标移至某狭缝像的中心，单击左键，则会出现一个红色的矩形框，如图 4.46 所示。

图 4.46　选择线扩展函数

（5）单击"显示线扩展函数"，则可以得到红色矩形框中狭缝图案的线性扩展函数图，如图 4.47(a)所示。单击"计算 MTF"，便可得到被测透镜的 MTF 图，如图 4.47(b)所示。

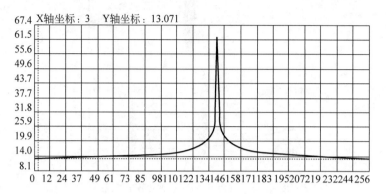

(a)

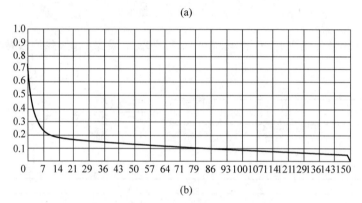

(b)

图 4.47　线扩展函数和调制传递函数

（a）线扩展函数（LSF）；（b）调制传递函数（MTF）

【实验数据记录及处理】

分别记录 3 个不同焦距透镜的狭缝像、线扩展函数和调制传递函数曲线图，并进行分析比较。

【思考题】

1. 本实验的测量过程是找狭缝像→线扩展函数→调制传递函数，你能解释为什么可以基于一条狭缝像得到各空间频率的调制度，从而得到调制传递函数吗？

2. 试比较你学习过的传统的星点法、刀口阴影法、分辨率法、剪切干涉法和传递函数法有什么不同，各有怎样的适用场合？

3. 试比较用朗奇光栅和用狭缝测调制传递函数哪种方法更全面地反映了光学系统的调制传递函数。

第 **5** 章 现代光学综合实验

现代光学综合实验是前面 4 章基础光学实验内容的续篇,内容涉及位移精密测量、旋光效应及应用、光的调制、激光特性及非线性光学、纤维光学、信息光学等方面的内容。本章旨在通过一系列综合性实验,训练学生综合运用前面所学光学知识解决问题的能力,掌握现代光学技术实验的基本技能;培养学生观察现象,分析、解决实验中所遇到问题以及理论联系实际的能力;培养学生实事求是、严谨务实的素养与良好的工作习惯,为今后从事光学和光信息技术相关的工作打下坚实的实践基础。

本章共安排了 6 个主题,包括微小长度变化测量综合实验、自然和磁致旋光综合实验、光的调制综合实验、激光原理与技术综合实验、光纤传感器综合实验、液晶光阀寻址及图像处理综合实验,共 15 个实验。大部分内容综合了多个知识点,或是对同一类对象多种测量方法综合和同一个大知识点的多个方面内容的综合。为了更好地培养学生自主学习意识和自主创新能力,本章内容多采用现代技术进行实验和数据处理,从而对学生起到更好的锻炼作用。

5.1 微小长度变化测量综合实验

对于微小长度变化的测量,根据被测对象的不同所采用的方法也不同。微小长度(变化)的测量方法有很多种,例如利用机械方法的千分尺法、千分表法;运用光路放大的光杠杆法、显微放大法;利用波动光学的光干涉法、光栅衍射法;还有综合利用物理量间转换的传感器电测法;等等。

选择测量方案时应遵循最优化原则,充分考虑可行性、经济性和适用性。本实验将常用的几种微小长度变化的测量方法与光、机、电等技术进行有机的组合,以利于学生较全面地了解诸多实验方法,并通过对多种方法进行比较,从中得出最适合于测量对象的实验方法,从而启发学生在遇到新实验、新课题时,学会多动脑筋、从不同的角度考虑分析问题,从而总结出解决问题的最佳方法。

5.1.1 传感法测微小长度变化

常用的微小长度变化测量方法中,如千分尺法、千分表法和显微放大法虽然原理简单、操作方便,但在很多场合无法使用。若上述方法与传感器、图像处理和计算机技术配合,则可实现自动化的高精度测量,从而提高测量效率。

【实验目的】

1. 掌握用千分尺控制、调节弹簧的拉伸长度,以设置弹簧微小的长度变化量。
2. 学习用 CCD 电子显微系统测量弹簧的微小伸长量。

3. 学习用霍耳传感器测量弹簧的微小伸长量。

4. 学习用力敏传感器测量弹簧的微小伸长量。

【实验仪器】

FB2018A 型光学特性综合应用实验装置。

【实验原理】

本实验利用 CCD 跟踪、霍耳传感器、力敏传感器三种方法测量弹簧的微小拉伸。首先利用千分尺控制弹簧产生拉伸,产生一个微小长度变化量,然后分别用千分尺和 CCD、霍耳传感器、力敏传感器测出这个长度的变化(或对应的物理量)。

刻划线

图 5.1　CCD 跟踪被测目标平移实物图

1. CCD 跟踪被测目标平移的测量方法

这种测量方法实际就是用一个镜头跟踪移动对象,采取平移的方式把移动对象的位置变化跟踪下来。该方法原理非常简单,适用于无法直接接触测量的对象。实验装置中的被测对象(弹簧末端)和 CCD 摄像头各用一个千分尺控制,弹簧上端固定,下端的位置由千分尺确定,并设有一刀口刻划线。CCD 摄像头与弹簧末端联动跟踪的仪器实物图如图 5.1 所示。

初始状态时,CCD 摄像头对准刻划线,并使分划板的横线或竖线对准刻划线的中央,如图 5.2(a)所示;当调节控制弹簧的千分尺时,弹簧会产生一定的拉伸或压缩,这时刻划线会跟随弹簧末端一起移动,CCD 摄像头里所观测到的刀口刻划线也会移动,如图 5.2(b)所示;如果此时调节控制 CCD 摄像头的千分尺,让分划板重新对准刀口刻划线的中央,如图 5.2(c)所示。那么,控制 CCD 摄像头的千分尺所移动的距离就等于弹簧拉伸或压缩的长度。

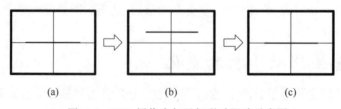

(a)　　　　　　　　(b)　　　　　　　　(c)

图 5.2　CCD 摄像头与目标联动跟踪示意图

(a) 初始状态;(b) 弹簧拉伸;(c) 千分尺控制 CCD 平移

2. 霍耳传感器法

两块永久磁铁同极性相对放置,将线性型霍耳传感器置于中间,其磁感应强度为零,则可将这个点作为位移的零点。当霍耳传感器沿 z 轴上发生位移 Δz 时,传感器会有一个电压输出,且电压大小与位移大小成正比。如果在被测对象端口处(如弹簧末端)安置一个线性霍耳片,并将其放入磁铁,则被测对象位置的改变会带动霍耳片在磁场中发生位移,从而引起输出电压的变化,通过这种方法即可测出弹簧长度的变化量。

3. 力敏传感器法

如果将弹簧的上端固定在一个力敏传感器上,根据胡克定律可知,弹簧长度的改变与其受力成正比,即 $F \propto \Delta L$。而力敏传感器电压又与受力成正比,即 $U \propto F$,所以 $U \propto \Delta L$。因此通过测量输出电压与弹簧长度变化量之间的线性关系,就可求出弹簧的长度变化量。

【实验内容与步骤】

1. 将实验系统安装调整到位,并把各传感器的连接线接到实验仪的相应接口,接通电源开关。

2. 利用千分尺将弹簧调节到适当位置后,把千分尺的读数调节到零位(或接近零的极小数值,记下初读数),注意在调节时要通过保护螺栓调节。

3. 调节好电子显微镜的聚焦,使读数线清楚,一般情况下,读数线与显示器的刻度线是不重合的。调节千分尺,使读数线与显示器的刻度线重合,如图 5.2(a)所示,记录丝杆的读数 a,作为开始数据。

4. 把弹簧秤(力敏传感器)上的微伏表读数调到零。

5. 把霍耳传感器微伏表读数调到零。

6. 把弹簧调节到一个新的位置,记下弹簧的伸长量,此时读数线与显示器的刻度线再次发生了分离,如图 5.2(b)所示。

7. 重新调节千分尺,使读数线与显示器的刻度线再次重合,回到图 5.2(a)的状态,记录丝杆的读数 b。两次读数之差 $(b-a)$ 即是加压力所引起弹簧形变的长度。

8. 观察力敏传感器、霍耳传感器的微伏表读数变化值,并与弹簧的伸长量比较,得到力敏传感器和霍耳传感器的灵敏度,完成力敏传感器、霍耳传感器的定标。

【实验数据记录及处理】

将所测得数据记录于表 5.1,并根据数据作图,同时将几种方法测量的结果进行比较,完成霍耳传感器、力敏传感器的定标。

表 5.1　传感法测长度的微小变化

仪器	初读数	1	2	3	4	5
千分尺读数/mm						
力敏传感器读数/μV						
霍耳传感器读数/μV						
CCD 跟踪电子显微系统的千分尺读数/mm						

【注意事项】

1. 保持仪器稳定,测量过程中不能触碰弹簧和桌子。

2. 力敏电阻的响应非常敏感,但测量范围窄,因此要使弹簧长度变化在测量范围内,超出测量范围微伏表会溢出导致结果出错。

【思考题】

1. 力敏传感器在生产生活中有什么应用?

2. 霍耳传感器有一个线性区间,在该线性区间内位置变化与电压成正比,在实验中如何尽量保证位置变化不超出线性区间?

3. 在精密测量中,测量精度与测量范围总是一对矛盾体,也即精度要求越高则测量范围就越小,在本实验中哪些问题反映了这个矛盾? 应该如何注意权衡这个矛盾?

5.1.2　光放大法测长度的微小变化

凡通过加长光路来放大微小长度变化量的方法均为光放大法,本节介绍利用光杠杆放大法测量微小长度变化。任何物体在外力的作用下,都会发生形变,对于弹性物体,若作用的外力不太大时,则在外力作用停止后,由此引起的形变亦随之消失,这种形变称为弹性形变。这种形变一般非常小,常规方法无法测出。光杠杆放大法可以将微小的变化量进行放大,把难以直接测量的量变为可以直接测量的量。由于它的性能稳定、精度高,而且是线性放大,所以在设计各类测试仪器时得到广泛的应用。在实验方法上,通过本实验可以看到,以对称测量法消除系统误差的思路在其他类似的测量中极具普遍意义。

【实验目的】

1. 掌握光杠杆测量微小长度变化的原理。
2. 学习用光杠杆激光投影系统测量弹簧的微小伸长量。
3. 学习如何根据实际情况对各个测量量进行误差估算。

【实验仪器】

FB2018A 型光学特性综合应用实验装置,光杠杆,游标卡尺,钢卷尺。

【实验原理】

与 5.1.1 节相同,本节利用千分尺控制弹簧的伸长,当变化量 ΔL 非常微小时,用常规的测量方法很难精确测量它,需要采用一种合适的测量方法。本实验将采用光杠杆放大法来测定这个微小的长度变化量 ΔL。

光杠杆镜如图 5.3 所示,其平面镜下方的两个脚 a_1,a_2 作为支点放在实验系统的固定小平台上,光杠杆的短臂 b(长度可调节)的末端 O 作为支点放在实验系统与弹簧联动的移动平台上。弹簧长度发生改变时,移动平台跟随弹簧上下同步移动,即移动平台的上下位移量即是弹簧的伸长量。图 5.4 是光杠杆镜测微小长度变化量的原理图。当支点 O 处于水平位置时,激光器射出的水平横线投射至标尺上的读数为 n_1(以激光水平横线边缘对标尺刻度);当支点 O 随移动平台向下移动,将改变平面镜 M 的法线方向,光杠杆镜将移动到虚线位置,此时激光器射出的水平横线投射至标尺的读数变为 n_2。这样,弹簧的微小伸长量 ΔL,对应光杠杆镜的角度变化量 θ,而对应的标尺读数变化则为 $\Delta n = n_2 - n_1$。由光路可逆原理可知,Δn 对光杠杆镜的张角应为 2θ。根据图 5.4 及几何知识可得,

$$\tan\theta \approx \theta = \frac{\Delta L}{b} \tag{5.1}$$

$$\tan 2\theta = \frac{\mid n_2 - n_1 \mid}{D} = \frac{\Delta n}{D} \tag{5.2}$$

将式(5.1)和式(5.2)联立后得

$$\Delta L = \frac{b}{2D} \cdot \Delta n \tag{5.3}$$

式中,$\Delta n = n_2 - n_1$,相当于光杠杆镜的长臂端 D 的位移。$\frac{2D}{b}$ 称为光杠杆镜的放大倍数,由于 $D \gg b$,所以 $\Delta n \gg \Delta L$,从而获得对微小量的线性放大,进而提高了 ΔL 的测量精度。

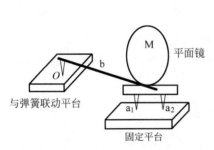

图 5.3　光杠杆镜的示意图

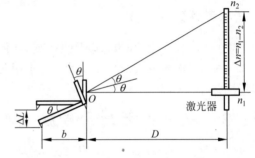

图 5.4　光杠杆激光投影系统的工作原理图

【实验内容与步骤】

1. 把光杠杆镜 M 放在实验平台上,并把光杠杆镜面法线调到水平。在平面镜正对面约 1 m 的地方安放标尺(连激光器),调节激光器至合适的高度,使其与光杠杆镜基本等高。

2. 缓缓调节激光器调焦帽,使激光投影直线光在标尺上的投影线最细,然后转动激光器使横线水平,仔细调节,使得横线边缘对准刻度尺的某刻度,记录该读数 n_1。此时必须保持激光器的位置不变,直至测量过程结束。

3. 利用千分尺,使弹簧长度逐渐伸长,每伸长 0.200 mm,记录一次数据,这样依次可以得到 $n_1, n_2, n_3, n_4, n_5, n_6, n_7, n_8$,这就是弹簧拉伸过程的读数变化。

4. 测量光杠杆镜前后脚距离 b。把光杠杆镜的三只脚在白纸上压出凹痕,用直尺画出两个前脚的连线,再用游标卡尺量出后脚到该连线的垂直距离。

5. 测量光杠杆镜镜面到激光器附标尺的距离 D。用钢卷尺量出光杠杆镜面到激光器附标尺的距离(单次测量),并估计误差。

【实验数据记录及处理】

将所测得的数据记录于表 5.2,并根据式(5.3)计算 ΔL 和它的不确定度。其中,光杠杆的短

臂 b 仪器误差 0.02 mm；光杠杆的长臂(标尺到光杠杆镜面距离)D 的仪器误差 0.5 mm。

表 5.2　用光杠杆放大法测量弹簧变化

$$b = \underline{\hspace{2cm}} mm, D = \underline{\hspace{2cm}} mm$$

次数 读数/mm	n_1	n_2	n_3	n_4	n_5	n_6	n_7	n_8	$\Delta n = \dfrac{n_m - n_n}{m - n}$
弹簧伸长/mm									
弹簧收缩/mm									
平均值/mm									

【注意事项】

1. 在测量过程中,不能触碰激光器和台面,否则须重新开始测量。
2. 在测量过程中不能碰到光杠杆镜。
3. 激光器有一定的调焦范围,不能过分用力拧动调焦帽。

【思考题】

1. 在光杠杆法中,如果仪器尺度不变,如何增大光放大率?
2. 请你根据光放大的思路设计一种不用光杠杆测量微小尺度变化的方法,画出你的设计装置示意图。

5.1.3　双光栅衍射干涉法测微小位移

双光栅衍射干涉法测微小位移的原理是利用光的多普勒频移形成光拍,再通过测量光拍的拍频从而测出微小振幅,可用于音叉振动分析、微小振幅(位移)测量和光拍研究等。由于该方法采用了衍射和干涉,因此具有测量范围大、精度高的特点,同时其测量结构简单、紧凑具有良好的稳定性和抗环境干扰能力,因而成了一种低成本、高精密度且方便实用的位移计量与测试方法。由于采用光电探测设备采集数据,因而具有方便、轻巧、无噪声等优点,在精密测量中广泛被采用。

【实验目的】

1. 了解利用光的多普勒频移形成光拍的原理。
2. 学会使用双光栅精确测量微小振动位移的方法。

【实验仪器】

FB2018A 型光学特性综合应用实验仪,示波器,激光器,驱动音叉的信号发生器,数字式频率计,音叉(505 Hz),光栅(100 线)。

【实验原理】

1. 位移光栅的多普勒频移

当光源、接收器、传播介质或中间反射器之间发生相对运动时,会引起接收器接收到的光波频率发生变化,这个现象称为多普勒频移。

　　由于光在不同介质中传播有不同的相位延迟,因此完全相同的两束光,经过几何路径相同但折射率不同的两种介质传播后,出射时的相位则不相同。因此,当激光平面波垂直入射到一个相位光栅上,由于相位光栅上光密和光疏介质部分对光波的相位延迟作用不同,使入射的平面波变成出射时的摺曲波阵面,如图 5.5 所示。

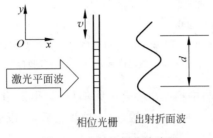

图 5.5　出射的摺曲波阵面

　　当平面波垂直入射到光栅面,光通过光栅后会出现周期性的衍射谱,其衍射主极大的位置可用光栅方程表示为

$$d\sin\theta = \pm k\lambda, \quad k=0,1,2,\cdots \tag{5.4}$$

式中,k 为衍射主极大的级次;d 为光栅常量;θ 为衍射角;λ 为入射的光波波长。

　　如果光栅在 y 方向以速度 v 移动,则从光栅出射的光的波阵面也以速度 v 在 y 方向移动,因此对于同一级次的衍射光也以速度 v 移动,经过时间 t 后,它们在 y 方向将发生位移 vt 如图 5.6(a)所示。

　　这个位移量对应于出射光波位相的变化量为 $\Delta\varphi(t)$,即

$$\Delta\varphi(t) = \frac{2\pi}{\lambda}\Delta s = \frac{2\pi}{\lambda}vt\sin\theta \tag{5.5}$$

把式(5.4)代入式(5.5)得

$$\Delta\varphi(t) = \frac{2\pi}{\lambda}vt\,\frac{k\lambda}{d} = 2k\pi\,\frac{v}{d}t = k\omega_{\mathrm{d}}t \tag{5.6}$$

式中,

$$\omega_{\mathrm{d}} = 2\pi\frac{v}{d} \tag{5.7}$$

若激光从一个静止的光栅出射时,光波电矢量方程为

$$E = E_0\cos\omega_0 t \tag{5.8}$$

而激光从一个移动的光栅出射时,光波电矢量方程则为

$$E = E_0\cos[\omega_0 t + \Delta\varphi(t)] = E_0\cos[(\omega_0 + k\omega_{\mathrm{d}})t] \tag{5.9}$$

显然可见,移动的相位光栅的 k 级衍射光波相对于静止的相位光栅有一个多普勒频移,如图 5.6(b)所示,即有

$$\omega_k = \omega_0 + k\omega_{\mathrm{d}} \tag{5.10}$$

2. 光拍的获得与检测

　　光波频率高达 10^{14} Hz,一般的探测设备都无法响应这么高的频率,探测的结果实际上

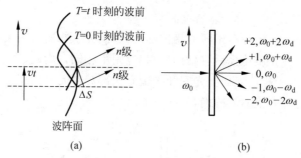

图 5.6　移动光栅的衍射位移和多普勒频移

（a）衍射光线的位移量；（b）多普勒频移

是平均值。为了能在光频 ω_0 中检测出多普勒频移量，必须采用"拍"的方法，即把已频移的和未频移的两光束进行平行叠加形成光拍，由于拍频较低，可以通过探测设备，测量拍频，即可算出多普勒频移量。

本实验形成光拍的方法是采用两片完全相同的光栅平行紧贴，如图 5.7 所示。从图中容易看出，前后两片光栅的衍射级次之和相等的衍射光以同一方向出射，如（0,0）、（−1,1）和（1,−1）都是原光路出射，衍射角为 0；而（0,1）和（1,0）出射光的方向正好是单光栅＋1级的衍射方向，以此类推，如果两片光栅均静止，相同方向的衍射光产生干涉，会形成干涉条纹，如图 5.7（a）所示。

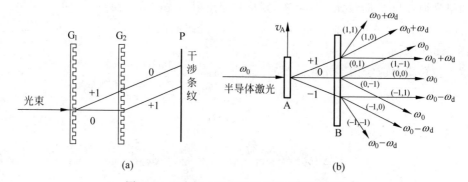

图 5.7　双光栅 1 级衍射干涉和多普勒频移

（a）两静止光栅的衍射干涉；（b）两相对运动光栅的多普勒频率

如果光栅 A 以速度 v_A 移动，而光栅 B 静止不动，激光束垂直穿过双光栅后，每个方向出射的光将包含了有频移和无频移两部分，图 5.7（b）为两个相对运动的光栅形成的 1 级衍射频移的示意图。两束光平行叠加，就形成了光拍，图 5.7（b）右上方（0,1）和（1,0）处的（对应的频率分别为 ω_0 与 $\omega_0＋\omega_d$）两束光平行，它们叠加后都会出现光拍信号。同样地，若采集右下方的（0,−1）和（−1,0）处两束光叠加的结果，同样可得到光拍。下面以右上方频率分别为 ω_0 与 $\omega_0＋\omega_d$ 的两束平行光的叠加为例进行说明。光拍信号进入光电检测器后，其输出电流可由下述关系求得。

设两束光分别表示为

$$E_1 = E_{10}\cos(\omega_0 t + \varphi_1)$$
$$E_2 = E_{20}\cos[(\omega_0 + \omega_d)t + \varphi_2] \tag{5.11}$$

则光拍信号进入光电检测器后,其输出光电流为

$$
\begin{aligned}
I &= \xi(E_1 + E_2)^2 \\
&= \xi\{E_{10}^2 \cos^2(\omega_0 t + \varphi_1) + E_{20}^2 \cos^2[(\omega_0 + \omega_d)t + \varphi_2] + \\
&\quad E_{10}E_{20}\cos[(\omega_0 + \omega_d - \omega_0)t + (\varphi_2 - \varphi_1)] + \\
&\quad E_{10}E_{20}\cos[(\omega_0 + \omega_d + \omega_0)t + (\varphi_2 + \varphi_1)]\}
\end{aligned}
\tag{5.12}
$$

其中,ξ 为光电转换常数。

因光波频率 ω_0 甚高,在式(5.12)第 1、2、4 项中,光电检测器无法反应,第 3 项即为拍频信号,因为频率较低,光电检测器能够作出有效的响应,如图 5.8 所示。其产生的光电流为

$$
\begin{aligned}
I &= \xi\{E_{10}E_{20}\cos[(\omega_0 + \omega_d + \omega_0)t + (\varphi_2 - \varphi_1)]\} \\
&= \xi\{E_{10}E_{20}\cos[\omega_d t + (\varphi_2 - \varphi_1)]\}
\end{aligned}
\tag{5.13}
$$

拍频 $F_{拍}$ 即为

$$
F_{拍} = \frac{\omega_d}{2\pi} = \frac{v_A}{d} = v_A n_0
\tag{5.14}
$$

其中,$n_0 = \dfrac{1}{d}$ 为光栅密度,在本实验仪器中 $n_0 = \dfrac{1}{d} = 100$ 条/mm。

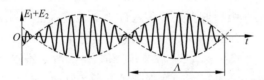

图 5.8　频差较小的二列光波叠加形成"拍"

3. 微振幅的检测

从式(5.14)可知,$F_{拍}$ 与光频率 ω_0 无关,且当光栅密度 n_0 为常量时,只与光栅移动速度 v_A 成正比,如果把光栅粘在音叉上,则 v_A 是周期性变化的,所以光拍信号频率 $F_{拍}$ 也是随时间而变化的,故微小振动的振幅为

$$
A = \frac{1}{2}\int_0^{T/2} v(t)\mathrm{d}t = \frac{1}{2}\int_0^{T/2}\frac{F_{拍}(t)}{n_\theta}\mathrm{d}t = \frac{1}{2n_0}\int_0^{T/2}F_{拍}(t)\mathrm{d}t
\tag{5.15}
$$

式中,T 为音叉振动周期;$\int_0^{T/2}F_{拍}(t)\mathrm{d}t$ 表示 $T/2$ 时间内的拍频波的个数。所以只要测得拍频波的波形数,就可得到微小振动的振幅。图 5.9 为示波器显示的拍频波示意图。

图 5.9　示波器显示的拍频波示意图

波形数由完整波形数、波的首数、波的尾数三部分组成,首数和尾数在波群的两端,是指起始处和结尾处的波形不是一个完整波形的波形数,按反正弦函数折算成波形数的分数,如 $\dfrac{\sin^{-1}a}{360°}$、$\dfrac{\sin^{-1}b}{360°}$(式中 a、b 为波群的头、尾幅度和该处对应完整波形的振幅之比),即波形数=整数波形数+波的首数和尾数中的波形数。波群是指 $T/2$ 内的波形。

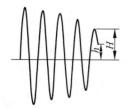

图 5.10　$T/2$ 段内的波形数计算

例如,在图 5.10 中的 $T/2$ 内,整数波形数为 4,尾数分数部分已满 1/4 但不满 1/2 波形,所以

$$波形个数 = 4 + 0.50 - \frac{\sin^{-1}(h/H)}{360°} = 4.50 - \frac{\sin^{-1}(0.6)}{360°}$$

$$= 4.50 - \frac{36.87°}{360°} = 4.50 - 0.10 = 4.40 \quad (5.16)$$

对应的振幅为

$$A = \frac{1}{2}\int_0^{T/2} v(t)\mathrm{d}t = \frac{1}{2}\int_0^{T/2} \frac{F_{拍}(t)}{n_\theta}\mathrm{d}t = \frac{1}{2n_0}\int_0^{T/2} F_{拍}(t)\mathrm{d}t$$

$$= \frac{1\times10^{-3}}{2\times100}\times 4.40 \ \mathrm{m} = 2.20\times10^{-5} \ \mathrm{m} \quad (5.17)$$

【实验内容与步骤】

1. 将示波器的输入 Y_1、Y_2 与 X 外触发器插座用专用的 Q9 同轴电缆接至双光栅微振动测量仪的 Y_1、Y_2、X 的输出插座上,并开启双踪示波器和实验仪的电源。

2. 几何光路的调整。调节激光器固定架的水平、垂直调节旋钮,使红色激光束通过静光栅、动光栅并让其中某一级衍射光正好落入硅光电池前面的小孔内。适当调节硅光电池架的位置使衍射光中心恰好在光电池中心,锁紧光电池架。

3. 双光栅的调整。轻轻敲击音叉,调节示波器,调节激光器使得输出功率最大,再调节示波器和静光栅位移调节器,直到找到清晰无重叠的拍频波。

4. 音叉谐振调节。

(1) 先调节驱动音叉的"功率调节"旋钮,使驱动电流约为 80 mA,并将频率调节到 505 Hz。细调激光器位移水平、垂直调节器,直到在示波器屏幕上看到清晰无重叠的拍频波。

(2) 细调"频率细调"旋钮,使音叉谐振(调节时可以用手轻轻地接触音叉顶部,利用手的感觉,寻找使振动加强的调节方向)。如果音叉谐振太强烈,调节"功率调节"旋钮使音叉驱动电流适当减小。调节时,能在示波器上观察到 $T/2$ 内光拍的波形个数为 15 个左右较为合适(思考:如何从示波器中定出音叉的半周期?)。记录此时音叉振动频率和 $T/2$ 段内完整波的个数,并由式(5.15)计算音叉振幅 A。

5. 测出音叉的谐振曲线。

固定"功率调节"旋钮位置,保持驱动功率不变,在音叉谐振点附近调节"频率微调"旋钮,使得频率每次变化 0.1 Hz,选 8 个点,分别测出对应的波的个数,再由式(5.15)计算出对应的振幅 A。

6. 保持频率在 505 Hz 附近不变,把输出"功率调节"旋钮先逆时针旋到 0,再顺时针旋转。当旋转到驱动电流为 5 mA,15 mA,…时,分别测出对应的波的个数,并由式(5.15)计算出对应的振幅 A,研究输出功率与振幅的关系。

7. 保持驱动信号的输出功率不变,逐一将被测微小细棒插入音叉的 5 个不同位置(相当于改变配重物体的有效质量),如图 5.11 所示;调节"频率"细调旋钮,找出谐振频率,测出对应的波的个数,并由式(5.15)计算出对应的振幅 A,研究谐振与有效质量的变化规律。

注:被测棒质量为 (0.033 ± 0.002) g/个。

8. 把"功率调节"旋钮逆时针旋转到底,用手转动静光栅调节手柄,调节静光栅位移调节器上下移动,或用手轻轻敲击音叉,就可以在示波器上看到或在喇叭中听到双光栅的多普勒频移产生的拍频声波。声波的音调随旋转运动速率而改变,仔细调试甚至可以模拟出一些动物的叫声。

注意:为了避免实验小组间相互干扰,本实验仪采用头戴式耳机进行演示。

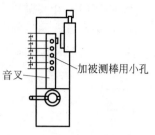

图 5.11　在音叉上加被测棒示意图

【实验数据记录及处理】

1. 将所测得的数据记录于表 5.3,并求出驱动功率不变时音叉在谐振点附近各频率对应的振幅;画出音叉的频率-振幅的关系曲线;求出音叉谐振时的最佳频率。

表 5.3　驱动功率不变,驱动频率、波个数与振幅的关系

电流=_____ mA

次数 i 读数	1	2	3	4	5	6	7	8
振动频率 f/Hz								
波数($T/2$ 内)								
振幅 A/μm								

2. 将所测得的数据记录于表 5.4,并研究在驱动频率不变时,输出功率对谐振曲线的变化趋势。

表 5.4　驱动频率不变,驱动功率、波个数与振幅的关系

$f=$_____ Hz

次数 i 读数	5	10	15	20	25	30	35	40
信号的功率等效电流 I/mA								
波数($T/2$ 内)								
振幅 A/μm								

3. 记录音叉在叠加不同有效质量时的谐振频率,画出谐振曲线并定性讨论其变化趋势,表格自拟。

【注意事项】

1. 光栅是精密光学元件,其光学面不能用手接触。
2. 注意保持两光栅刻痕方向一致。
3. 调节双光栅的振动电流和振动电流频率时都须缓慢调节。

【思考题】

1. 如何保持两光栅刻痕方向一致?

2．如何确定音叉振动半周期($T/2$)内的波形数？在实验中用什么方法定出半周期？

3．如果本方法测量的不是周期振动的音叉，而是如图 5.12 所示直线平移的物体，你该如何测量？光电探测器探测到的信号与本实验的有何不同？

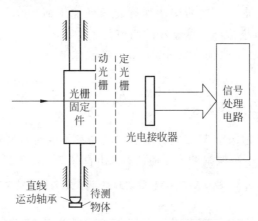

图 5.12　平移式双光栅干涉微位移测量示意图

4．你还可以设计出哪些微小长度(增量)的实验方案？

5．试说明实验中几种微小长度(增量)测量方法各自的优缺点和适应范围。

【附录】

FB2018A 型微小长度变化光学综合实验仪

FB2018A 型微小长度变化光学综合应用实验仪如图 5.13 所示。

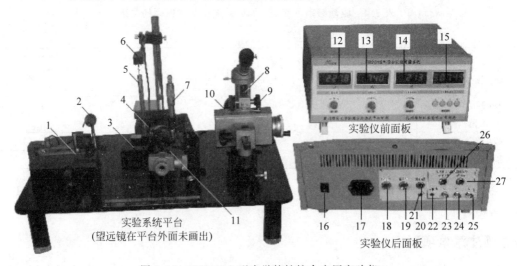

图 5.13　FB2018A 型光学特性综合应用实验仪

1-双光栅实验装置；2-半导体激光器；3-光杠杆固定座；4-霍耳传感器支点；5-弹簧；6-力敏传感器；7-千分尺；8-读数显微镜；9-空气劈尖装置；10-半导体激光器及扩束镜(带滤波装置)；11-测微目镜系统；12-霍耳传感电压表；13-胡克定律电压表；14-双光栅驱动电流表；15-双光栅驱动信号频率计；16-仪器电源开关；17～27-各类插座

5.2　自然和磁致旋光综合实验

在 3.20 节已介绍过自然旋光现象,并阐述了利用旋光仪测量旋光溶液的旋光率的方法。本组实验将介绍如何自己组装旋光测试装置测量旋光率。另外,还介绍磁致旋光现象。

天然具备旋光现象的介质叫自然旋光材料。然而一些原本不具备旋光性的材质,通过人工的方法也可以产生旋光现象,如在强磁场的作用下产生旋光现象,称为磁致旋光效应(磁光效应)。该现象在 1846 年由法拉第首次发现,故也称为法拉第效应。

自然旋光和磁致旋光效应都与晶体厚度有关。但自然旋光效应满足光路可逆性,而法拉第效应具有不可逆性。也就是说,当一线偏振光通过天然右旋介质时,迎着光看,振动面总是向右旋转,所以,当从天然右旋介质出来的透射光沿原路返回时,振动面将回到初始位置;而磁致旋光效应的旋光方向取决于外加磁场方向,与光的传播方向无关,所以法拉第效应具有不可逆性。

5.2.1　自组旋光实验仪测糖溶液的旋光率

本实验的主要内容是自己组装测量旋光率的装置,相关基础知识点和实验原理可参考 3.20 节。

【实验目的】

1. 观察旋光现象,了解旋光物质的旋光性质。
2. 熟悉测量原理,并学会自己组装旋光实验仪。
3. 利用自组装置测量糖溶液的旋光率和浓度的关系。

【实验仪器】

激光器,起偏器,样品池,检偏器,光电探测器,光功率计,待测样品。

【实验原理】

如 3.20 节所述,溶液的旋光度与溶液中所含旋光物质的旋光能力、溶液的性质、溶液浓度、样品管中的液柱长度、温度及光的波长等有关。当其他条件均固定时,旋光度 θ 与溶液浓度 c 呈线性关系,即

$$\theta = \alpha L c \tag{5.18}$$

式中,L 为样品管中的液柱长度;c 为溶液的浓度;比例常数 α 称为旋光率,其与旋光物质旋光能力、溶剂性质、温度及光的波长等有关,表达式为

$$\alpha = \frac{\theta}{Lc} \tag{5.19}$$

因 α 与温度及光的波长等有关,所以一般表示为 $[\alpha]_{\lambda}^{t}$,右上角的 t 表示实验时的温度(单位:℃),λ 是指所用光源的波长(单位:nm)。

如果液柱长度 L 为固定值,依次改变溶液的浓度 c,测得相应旋光度 θ,作旋光度与浓度的关系图像 θ-c,从直线斜率及液体长度 L,即可计算出该物质的旋光率。

旋光性物质还有右旋和左旋之分。不同旋光介质旋光方向不同,分为左旋和右旋。当迎着光观察,如果振动面按顺时针方向旋转的介质称为右旋光介质,反之称为左旋光介质。自然界存在的石英晶体既有右旋的,也有左旋的,它们的旋光本领在数值上相等,但方向相反。之所以它有左、右旋之分,是因为其结构不同,虽然右旋石英与左旋石英的分子的组成相同都是 SiO_2,但分子排列结构是镜像对称的。表 5.5 给出了一些介质在温度 $t=20℃$,偏振光波长为钠光 589.3 nm(相当于太阳光中的 D 线)时的旋光率(＋为右旋,－为左旋)。

表 5.5　部分物质的旋光率　　　　　　　　　　　　$g^{-1} \cdot cm^3 \cdot dm^{-1}$

药名	$[\alpha]_\lambda^{20}$	药名	$[\alpha]_\lambda^{20}$
果糖	-91.9	桂皮油	$-1 \sim +1$
葡萄糖	$+52.5 \sim +53.0$	蓖麻油	$+50$ 以上
樟脑(醇溶液)	$+41 \sim +43$	维生素	$+21 \sim +22$
蔗糖	$+65.9$	氯霉素	$-20 \sim -17$
山道年(醇溶液)	$-175 \sim -170$	薄荷脑	$-50 \sim -49$

【实验内容与步骤】

自组旋光实验仪如图 5.14 所示,图中 S 为半导体激光器,P_1 为起偏器,R 为盛放待测溶液的玻璃槽,P_2 为检偏器,T 为光电探测器,I 为光功率计。该实验仪的测量原理是:由半导体激光器发出的部分偏振光经起偏器 P_1 后变为线偏振光,在放入待测溶液前先调整检偏器 P_2,使 P_2 与 P_1 的透光轴垂直,达到消光状态或透过光最暗,功率计示值最小。当放入待测溶液后,由于旋光作用,透过检偏器 P_2 的光由暗变亮,功率计示值变大。再旋转检偏器 P_2,使功率计示值重新变至最小,所旋转的角度就是旋光角 θ,这样就可以求出待测液体浓度。

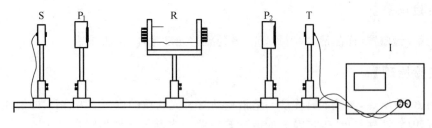

图 5.14　旋光效应实验装置示意图

1. 观察光的偏振消光现象

在光具座上先将半导体激光器发出的激光束与起偏器、光功率计探头调节成等高同轴。调节起偏器转盘,使输出偏振光最强(半导体激光器发出的是部分偏振光)。再将检偏器放在光具座的滑块上,使检偏器与起偏器等高同轴(检偏器与起偏器平行)。调节检偏器转盘使从检偏器输出光强为零(一般调不到零,只能调到最小),此时检偏器的透光轴与起偏器的透光轴相互垂直;继续调节检偏器转盘,使从检偏器输出的光强再次为 0 或最小,分别读出这两次光强为 0(或最小)时检偏器转盘的读数,应该相差 $180°$。

2. 观察葡萄糖水溶液的旋光特性

将样品管(内有葡萄糖溶液)放于支架上,用白纸片观察偏振光入射至样品管的光点和从样品管出射的光点形状是否相同,以检验玻璃是否与激光束等高同轴。调节检偏器转盘,观察葡萄糖溶液的旋光特性,是右旋还是左旋。

3. 用自组装的旋光仪测量葡萄糖水溶液的浓度

将已经配置好的装有不同的质量浓度的葡萄糖水溶液的样品管放到样品架上,测出不同浓度 c 下旋光度值,并记录测量环境温度 t 和记录激光波长 λ。

注意:实验时,可配制葡萄糖水溶液的浓度分别为 40%、30%、20%、10%、5%、0(纯水,浓度为 0),得到 6 种试样,再测量不同浓度样品的旋光度(多次测量取平均值)。

【**实验数据记录及处理**】

将所测得数据记录于表 5.6,并对旋光度 θ、溶液浓度 c 进行直线拟合,计算出葡萄糖的旋光率。也可以溶液浓度 c 为横坐标,旋光度 θ 为纵坐标,绘出葡萄糖溶液的 θ-c 图像;再将根据图像所求的直线斜率代入式(5.19),即可求得葡萄糖的旋光率。

表 5.6　不同浓度葡萄糖溶液的旋光度的测量

温度 $t=$ _____℃,波长 $\lambda=$ _____ nm

浓度 c(%) ＼ 次数 i	旋光度 θ						旋光度平均值
	1	2	3	4	5	6	
40							
30							
20							
10							
5							
0(纯水)							

【**注意事项**】

1. 不能用肉眼直接观察激光束的直射光或反射光。

2. 半导体激光器不可直接入射探测器,避免损坏探测器。

3. 测量时,光功率计的量程应由大到小调整。

【**思考题**】

1. 什么是旋光现象?物质的旋光度与哪些因素有关?物质的旋光率怎么定义?

2. 如何用实验的方法确定旋光物质是左旋还是右旋?

3. 为什么用检偏器透过光强为最小值(消光)的位置来测量旋光度,而不用检偏器透过光强为最大值(P_1 和 P_2 透光轴平行)的位置确定旋光度?

4. 试比较本实验中用两块偏振片组装的旋光装置和第 3 章用半荫法旋光仪测量旋光

率各自的优缺点。

5.2.2 法拉第磁光效应的验证

1846 年,法拉第(M. Faraday)发现,在磁场的作用下,本来不具有旋光性的介质也产生了旋光性,能够使线偏振光的振动面发生旋转,这就是法拉第效应。后来费尔德(Verdet)对许多介质的磁致旋光现象进行了深入研究,发现在固体、液体和气体中都存在法拉第效应。

磁致旋光效应在许多领域都有着广泛应用,尤其在激光技术发展后,其应用价值越来越受到重视。由于法拉第效应中偏振面的旋转只取决于磁场的方向,而与光的传播方向无关,可使沿规定方向的光通过而阻挡反方向传播的光,从而减少光纤中器件表面反射光对光源的干扰,利用这一性质可制成磁光隔离器。磁光隔离器也被用于激光多级放大、高分辨率的激光光谱和激光选模等技术中,在磁场测量、电流测量、磁光调制等方面,均有广泛的应用。

【实验目的】

1. 用特斯拉计测量电磁铁磁头中心的磁感应强度,分析其线性范围。
2. 了解法拉第磁光效应的基本规律。
3. 用正交消光法检测法拉第旋光玻璃的费尔德常数。

【实验仪器】

法拉第效应综合实验仪,He-Ne 激光器,光学元件及光具座,起偏镜,检偏镜,晶体(冕玻璃),高斯计,单色滤光片,光电探测器。

【实验原理】

实验表明,在磁场的作用下,光的偏振面会发生旋转,且所旋转的角度 θ 与光在介质中走过的路程 d 及加在介质中的磁感应强度在光传播方向上的分量 B 成正比,如图 5.15 所示,由此可得

$$\theta = VBd \tag{5.20}$$

其中,比例系数 V 是由介质和工作波长决定,表征着物质的磁光特性,称为费尔德常数。

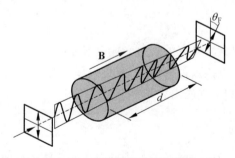

图 5.15 法拉第磁致旋光效应

费尔德常数 V 与磁光材料的性质有关,对于顺磁、弱磁和抗磁性材料(如重火石玻璃等),V 为常数,即 θ 与磁场强度 B 成线性关系;而对铁磁性或亚铁磁性材料(如 YIG 等立方晶体材料),θ 与 B 不是简单的线性关系。表 5.7 为几种常见物质的费尔德常数。几乎所

有物质(包括气体、液体、固体)都存在法拉第效应,但一般都不太显著。

表 5.7 几种材料的费尔德常数 V 的单位

物质	λ/nm	$V/[(')T^{-1} \cdot cm^{-1}]$
水	589.3	1.31×10^2
二硫化碳	589.3	4.17×10^2
轻火石玻璃	589.3	3.17×10^2
重火石玻璃	830.0	$8 \times 10^2 \sim 10 \times 10^2$
冕玻璃	632.8	$4.36 \times 10^2 \sim 7.27 \times 10^2$
石英	632.8	4.83×10^2
磷素	589.3	12.3×10^2

习惯上规定,当顺着磁场观察时,偏振面旋转方向与磁场方向满足右手螺旋关系的称为"右旋"介质,其费尔德常数 $V>0$;反向旋转的称为"左旋"介质,其费尔德常数 $V<0$。

对于每一种给定的物质,其法拉第效应的旋转方向仅由磁场方向决定,而与光的传播方向无关,这是法拉第磁光效应与某些物质的固有旋光效应的重要区别。自然旋光材料的旋光方向与光的传播方向有关,即随着顺光线和逆光线的方向观察,线偏振光偏振面的旋转方向是相反的,因此当光线往返两次穿过自然旋光介质时,偏振面没有旋转。而法拉第效应则不然,在磁场方向不变的情况下,光线往返穿过磁致旋光物质时,旋光角将加倍。利用这一特性,可以使光线在介质中往返数次,从而使旋光角加大。这一性质使得磁光晶体在激光技术、光纤通信技术中获得重要应用。

与自然旋光效应类似,法拉第效应也会产生旋光色散,即费尔德常数随波长而变,一束白色的线偏振光穿过磁致旋光介质,则紫光的偏振面要比红光的偏振面转过的角度大,这就是旋光色散。实验表明,磁致旋光物质的费尔德常数 V 随波长 λ 的增加而减小,如图 5.16 所示,旋光色散曲线又称为法拉第旋转谱。

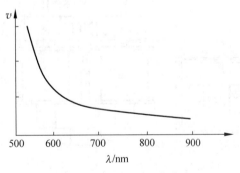

图 5.16 磁致旋光色散曲线

【实验内容与步骤】

验证法拉第效应的实验装置如图 5.17 所示。线偏振光通过电磁铁中心的小孔,并穿过处于磁隙中的样品(本实验采用冕玻璃),进入配有光电转换的检偏装置。未加磁场时,起偏器与检偏器正交消光,此时光度计显示值最小;加磁场后,光度计显示值增大,通过旋转检偏器再次消光,即可测出加磁场后偏振面转过的角度。观察偏振光旋偏转的角度随磁场大小变化,即验证了法拉第效应。

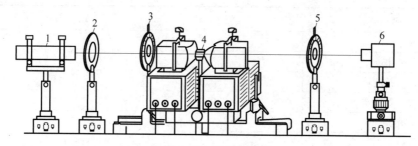

图 5.17　实验装置

1-激光器；2-透镜；3-起偏器；4-晶体(冕玻璃)；5-检偏镜；6-光电探测器

1. 测量电磁铁之间中心磁感应强度 B 与输入电流 I 的关系

(1) 参照图 5.18,安装法拉第效应综合实验仪和各部件。将励磁电源正确相连,旋转控制介质的旋钮,让介质(冕玻璃)离开磁场中心,将实验仪上的特斯拉计探头通过探头臂固定在电磁铁上,并使探头处于两个磁头正中心,旋转探头方向,使磁感应线垂直穿过探头前端的霍耳传感器,这样测量出的磁感应强度最大,对应特斯拉计此时的测量精度最高。

(2) 调节直流稳压电源的电流调节电位器,使电流逐渐增大,并记录不同电流情况下的磁感应强度 B。电流每增大 0.2 A 记录一次数据。

(3) 画出中心磁感应强度 B 与输入电流 I 关系 B-I 图,找出图中的线性区域,并分析磁感应强度饱和的原因。

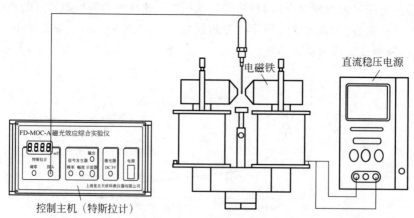

图 5.18　磁场测量实验装置连接示意图

2. 正交消光法验证法拉第效应实验

(1) 参照图 5.17 安装各元器件,调节 He-Ne 激光器底部的调节架,使激光器发出的准直光完全通过电磁铁中心的小孔,图中透镜的作用是使激光聚焦,从而使得光中心穿过小孔不被小孔边缘散射,若不需要透镜辅助穿入小孔可以不加透镜。

注意：若 He-Ne 激光器激光管内已经装有布儒斯特窗,则不需加起偏器,激光器出射的已经是线偏振光。

（2）调节探测器的高度，使激光器光斑正好打在光电转换盒的通光孔上，此时旋动检偏器刻度盘上的旋钮，可以发现光度计读数发生变化。

注：有些仪器是将检偏器与光电池集成在一起的，如图 5.19 所示。

（3）调节样品测试台，并旋动测试台上的调节旋钮，使冕玻璃样品缓慢转动升起，此时光应完全通过样品。

（4）旋动检偏器刻度盘旋钮，使偏振片的检偏方向发生变化，当光度计的示值最小（消光）时，此时激光器发出的线偏振光偏振方向与检偏方向垂直，正处于消光位置，通过游标盘读取此时的角度 α_0。

注意：实际读数时有左右两个读数，应同时记录。

（5）开启励磁电源，将电流调至为 0.2 A，可观察到光度计读数增大，再次转动检偏器的刻度盘，使光度计示值重新回到最小，读取消光的角度值 α_1。

图 5.19　检偏器与光电接收
集成组件

（6）多次改变励磁电流，重复步骤（5），读取消光的角度值 α_i。

（7）关闭 He-Ne 激光器电源，旋下玻璃样品，用游标卡尺测量样品厚度（冕玻璃样品厚度参考值为 5 mm），通过图表法或图解法，求出该样品的费尔德常数。

【实验数据记录及处理】

将所测得数据记录于表 5.8，并作出 θ-B 的关系图，通过图解法求出费尔德常数。

表 5.8　正交消光法验证法拉第效应数据记录表

冕玻璃厚度 $d=$ _____ 5 mm

次数 i	励磁电流 I/A	磁场 B/mT	$\alpha_{i左}$	$\alpha_{i右}$	$\theta=1/2[(\alpha_{i右}-\alpha_{0右})+(\alpha_{i左}-\alpha_{0左})]$
0	0				
1	0.2				
2	0.4				
⋮	⋮				
12	2.4				

【注意事项】

1. 测量电磁铁之间中心的磁感应强度时，应注意将探头（在同一实验中不同次测量时）放置于同一位置，以使测量更加准确、稳定。

2. 实验应尽量减小外界光的影响，所以最好在暗室内完成，以使实验现象更加明显，实验数据更加准确。

3. 主机正面板上的励磁电源故障灯的作用是指示电源过热工作，如果灯亮，最好关掉电源，等待一段时间再开启励磁电源。

4. 在实验过程中，注意不要将眼睛正对激光光源，以免对眼睛造成伤害。

5. 完成实验后励磁电源的输出电流要降为 0。

【思考题】

1. 磁光效应和自然旋光效应有何区别？

2. 实验中用什么方法测量偏振光的振动方向？

3. 法拉第磁光效应中的 θ 方向是由哪些因素决定的？如何用实验方法测量磁致旋光的"不可逆性"？

4. 怎样利用它的"不可逆性"制成光隔离器？

5.3　光的调制综合实验

利用晶体的电光、声光、磁光效应是最常见的光调制现象，本实验将这些知识点融合在一起，便于师生综合地了解各种调制的知识点，掌握在电场、磁场、应力的作用下晶体的双折射效应，理解声光效应、电光效应、磁光效应产生的物理机制，横向比较各调制方法的调制原理和各自的优缺点及适用范围。

5.3.1　光调制的基本原理

光调制技术是将一携带信息的信号叠加到载波上的一种调制技术，也就是说让载波光波振幅、频率、相位或偏振态等参数随着信号规律而改变。具体而言，就是按需求对载波进行"调节控制"，从而将信息（包括语言、文字、图像等）加载到载波上去。激光是一种频率比较高的电磁波，它具有很好的相干性，因而是一种很好的传递信息的载波。调制好的光波通过一定的介质传输到接收器，再由光接收器鉴别并还原成原来的信息，将信号还原的过程称之为"解调"。图 5.20 是信号的调制过程。

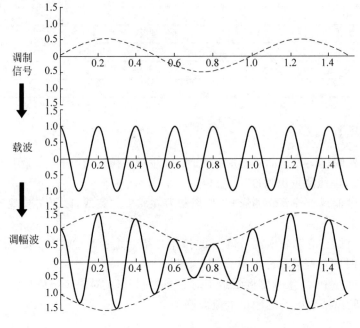

图 5.20　信号的光波调制过程

激光调制的方法很多,如直接调制(又称内调制)和腔外调制,如图 5.21 所示。直接将电信号加载到激光器上,从而实现调制激光输出的方式称为直接调制;外调制是在激光正常输出后,通过外部调制器来控制光的相位、频率或强度的方式进行调制的,外调制又分为很多种,如机械调制、电光调制、声光调制和磁光调制等。晶体在电场、磁场、应力的作用下会产生双折射效应,利用此效应可以实现对光的相位和强度的调制,所以利用晶体的电光效应、声光效应、磁光效应进行调制最为常见。

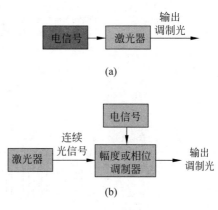

图 5.21　激光的两种调制方式
(a) 直接调制;(b) 外调制

通过外加信号改变载波的振幅、频率、相位、偏振和时间,使之随调制信号的规律而变化,这些调制形式分别称为光波的振幅调制、频率调制、相位调制、偏振调制和脉冲调制。在光电子学中普遍采用电光调制、声光调制和磁光调制方法来实现以上这些调制形式。设一列单频简谐波为

$$E(t) = E_0 \cos(\omega_0 t + \varphi_0) \tag{5.21}$$

外加调制信号为

$$f(t) = a \cos\omega_m t \tag{5.22}$$

则根据调制方式的不同可以分别得到

(1) 振幅调制

$$E(t) = E_0(1 + m_a \cos\omega_m t)\cos(\omega_0 t + \varphi_0) \tag{5.23}$$

(2) 频率调制

$$E(t) = E_0 \cos(\omega_0 t + m_f \cos\omega_m t + \varphi_0) \tag{5.24}$$

(3) 相位调制

$$E(t) = E_0 \cos(\omega_0 t + m_\varphi \cos\omega_m t + \varphi_0) \tag{5.25}$$

(4) 强度调制

$$I(t) = \frac{1}{2} E_0^2 (1 + m_p \cos\omega_m t)\cos^2(\omega_0 t + \varphi_0) \tag{5.26}$$

的表达式。式中,m_a,m_f,m_φ,m_p 均表示调幅系数;ω_m 为外加调制信号的角速度;E_0 为简谐波的初始电场;φ_0 为初相位。光信号表达式中的角度量实际上是由频率项和相位项组成的,因此对频率或对相位进行调制,都起着调角的作用,故可统称为角度调制。

脉冲调制用周期性脉冲序列作为载波,外加信号的调控载波而传递信息。脉冲调制的形式主要有:脉冲调幅(PAM)、脉冲调频(PFM)、脉冲调相(PPM)、脉冲调宽(PWM)等,如图 5.22 所示。

5.3.2　晶体的电光调制实验

电光调制是利用某些固体、液体或气体在外加电场作用下折射率发生变化的现象来进行调制。电光调制分为线性电光调制和二次电光调制两种。电光效应在工程技术和科学研究中有许多重要应用,它有响应时间短的优点,可用在高速快门或在光速测量中的斩波器

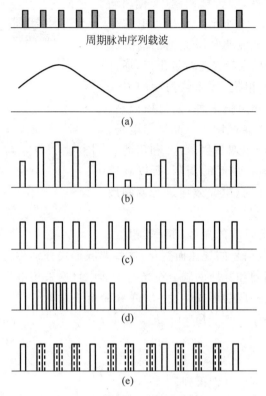

图 5.22　多种方式的脉冲调制

(a) 调制信号；(b) 脉冲幅度调制；(c) 脉冲宽度调制；(d) 脉冲频率调制；(e) 脉冲位置调制

等。在激光出现以后，电光效应还被广泛应用在激光通信、激光测距、激光显示和光学数据处理等领域。

【实验目的】

1. 掌握晶体电光调制的原理和实验方法。
2. 研究铌酸锂晶体的横向电光效应，观察锥光干涉图样，测量半波电压。
3. 学习电光调制的原理和试验方法，掌握调试技能。
4. 了解利用电光调制模拟音频通信的一种实验方法。

【实验仪器】

电光调制电源控制仪，光接收放大器，He-Ne 激光器，电光晶体，起偏器，检偏器，1/4 波片，示波器，等等。

【实验原理】

某些晶体在外加电场的作用下，其折射率会随电场的变化而变化，这种现象称为电光效应。利用晶体的电光效应实现的光波调制，称为电光调制。电光效应分为两种类型：一级电光效应(泡克耳斯效应)和二次电光效应(克尔效应)，即

$$\Delta n = n - n_0 = aE + bE^2 + \cdots \tag{5.27}$$

式中，n_0 为不加电场时晶体的折射率。由一次项 aE 引起折射率变化的效应，称为一级电光效应，也称线性电光效应或泡克耳斯效应；由二次项 bE^2 引起折射率变化的效应，称为二次电光效应，也称平方电光效应或克尔(Kerr)效应。

晶体的一级电光效应分为纵向电光效应和横向电光效应两种。纵向电光效应是指加在晶体上的电场方向与光在晶体里传播的方向平行时产生的电光效应；横向电光效应是指加在晶体上的电场方向与光在晶体里传播方向垂直时产生的电光效应。通常 KDP(磷酸二氘钾)类型的晶体用它的纵向电光效应，$LiNbO_3$(铌酸锂)类型的晶体用它的横向电光效应。本实验研究铌酸锂晶体的一级电光效应，用铌酸锂晶体的横向调制装置测量铌酸锂晶体的半波电压及电光系数，并用两种方法改变调制器的工作点，观察相应的输出特性的变化。

1. 纵向电光调制

图 5.23 为泡克耳斯盒(振幅型纵调制系统)示意图。沿 z 方向切割的 KDP 晶体两端胶合上透明电极 ITO 薄膜，电压通过透明电极加到晶体上去。在通光孔径外镀铬，再镀金或铜即可将电极引线焊上。KDP 调制器前后为一对互相正交的起偏振镜 P_1 与检偏振镜 P_2，P_1 的透过率极大方向沿 KDP 晶体主轴 x'、y' 的角平分线，即光振动方向与晶体的主振动方向成 $45°$。在 KDP 和 P_2 之间通常还加四分之一波片 Q，其快、慢轴方向分别与 x'、y' 相同。沿 KDP 晶体光轴(z)方向施加电场后，根据晶体光学理论可知，在垂直于电场方向的平面上，存在着两个互相垂直的 x'、y' 主振动方向。用一束线偏振光垂直入射到晶体中，若光振动方向与晶体的主振动方向成 $45°$，这束偏振光将被分解成两个振幅相等、互相垂直的线偏振光，它们在晶体中传播方向虽然相同，但传播速度不一样，所以从厚度为 l 的晶体中出射后，这两束线偏振光将有一个固定的相位差：

$$\Gamma = \frac{2\pi}{\lambda}(n_{y'} - n_{x'})l \tag{5.28}$$

其中，

$$n_{x'} = n_o - \frac{1}{2}n_o^3 \gamma_{63} E_z \tag{5.29}$$

$$n_{y'} = n_o + \frac{1}{2}n_o^3 \gamma_{63} E_z \tag{5.30}$$

n_o 是 KDP 晶体中 o 光的折射率；E_z 是外加在 z 轴上的电场强度；γ_{63} 为电光系数。联立式(5.28)～式(5.30)推导得到

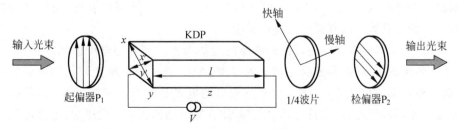

图 5.23　泡克耳斯盒(纵向电光调制系统)

$$\Gamma = \frac{2\pi}{\lambda} n_o^3 \gamma_{63} l E_z = \frac{2\pi}{\lambda} n_o^3 \gamma_{63} V \tag{5.31}$$

式中，V 是加在 z 轴方向的电压。

在晶体的入射表面上，入射光场平行于 x，与电致双折射轴 x' 和 y' 均成 $45°$，所以在这两个方向上存在相等的同相位分量，可表示为

$$\begin{cases} E_{x'}(0) = E_0 \\ E_{y'}(0) = E_0 \end{cases} \tag{5.32}$$

由此，入射光强

$$I_i \propto E_x \cdot E_x^* = |E_{x'}(0)|^2 + |E_{y'}(0)|^2 = 2E_0^2 \tag{5.33}$$

从出射表面得到的 x' 和 y' 分量为

$$\begin{cases} E_{x'}(l) = E_0 \\ E_{y'}(l) = E_0 \exp(-i\Gamma) \end{cases} \tag{5.34}$$

在 y 方向的总光场为

$$E_y = \frac{E_0}{\sqrt{2}} (e^{-i\Gamma} - 1) \tag{5.35}$$

由此对应的出射光强度为

$$I_o \propto E_y \cdot E_y^* = 2E_0^2 \sin^2 \frac{\Gamma}{2} \tag{5.36}$$

考虑到电光晶体的透过率为

$$T = \frac{I_o}{I_i} = \sin^2 \frac{\Gamma}{2} \tag{5.37}$$

又由式(5.31)可得

$$\Gamma = \frac{2\pi}{\lambda} n_o^3 \gamma_{63} V = \frac{\pi V}{V_\pi} \tag{5.38}$$

即对于某一波长的激光，其透过率 T 与外加电压成正弦平方关系，通常把相位差与外加电压的关系表示以上形式，其中 V_π 为产生 π 的相位差所需要加的外电压。

取 $V = V_0 + V_m \sin\omega_m t$，对应有 $\Gamma = \frac{\pi}{2} + \Gamma_m \sin\omega_m t$，在 $\Gamma_m \ll 1$ 的条件下，将其代入式(5.37)，可得透过率为

$$T = \frac{1}{2} (1 + \Gamma_m \sin\omega_m t) = \frac{1}{2} \left(1 + \frac{\pi V_m}{V_\pi} \sin\omega_m t\right) \tag{5.39}$$

因此，输出光强是调制电压 $V_m \sin\omega_m t$ 的线性复制。从图 5.24 可以看出，光信号通过电光晶体，在曲线的上升段可以获得近似线性转换。

式(5.39)表明纵向电光调制器件的调制度近似为 Γ_m，与外加电压振幅成正比，而与光波在晶体中传播的距离(即晶体沿光轴 z 的厚度)无关，这是纵向电光调制的重要特性。纵向电光调制器也有一些缺点：首先，大部分重要的电光晶体的半波电压 V_π 都很高。由于 V_π 与 λ 成正比，若光源波长较长时，V_π 更高，使控制电路的成本大大增加，电路体积和重量增大。其次，为了沿光轴加电场，必须使用透明电极，或带中心孔的环形金属电极。前者制作困难，插入损耗较大；后者容易引起晶体中电场不均匀。解决上述问题的方案之一，是采

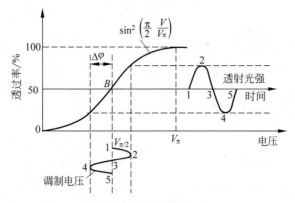

图 5.24　纵向电光调制特性曲线

用横向电光调制。以下介绍横向电光调制的原理。

2. 横向电光调制

图 5.25 为横向电光调制器示意图。外加电场与光波传播方向垂直。沿 LiNbO$_3$ 晶体轴(z')方向施加电场,用一束线偏振光垂直入射到晶体中,若光振动方向与晶体的两轴向(x',z')成 45°,这束偏振光将被分解成两个振幅相等、互相垂直的线偏振光,它们在晶体中传播方向虽然相同,但传播速度不一样,所以从厚度为 l 的晶体中出射后,这两束线偏振光将有一个固定的相位差:

$$\Gamma = \frac{2\pi}{\lambda}(n_{x'} - n_{y'})l = \frac{2\pi}{\lambda}n_0^3 \gamma_{22} V \frac{l}{d} \tag{5.40}$$

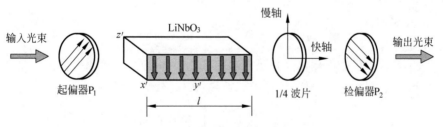

图 5.25　横向电光调制装置

当相位差为 π 时,

$$V_\pi = \frac{\lambda}{2n_0^3 \gamma_{22}}\left(\frac{d}{l}\right) \tag{5.41}$$

类似地,同样可以得到与式(5.39)相同的电光晶体透过率:

$$T = \sin^2 \frac{\pi V}{2V_\pi} = \sin^2 \frac{\pi}{2V_\pi}(V_0 + V_m \sin\omega t) \tag{5.42}$$

由此可见,改变 V_0 或 V_m,输出特性将相应变化,如图 5.26 所示。

（1）改变直流电压对输出特性的影响

① 当 $V_0 = V_\pi/2$ 时,式(5.42)可变为

$$T = \sin^2 \frac{\pi V}{2V_\pi} = \sin^2 \frac{\pi}{2V_\pi}(V_0 + V_m \sin\omega t) = \frac{1}{2}\left[1 + \sin\left(\frac{\pi}{V_\pi}V_m \sin\omega t\right)\right] \tag{5.43}$$

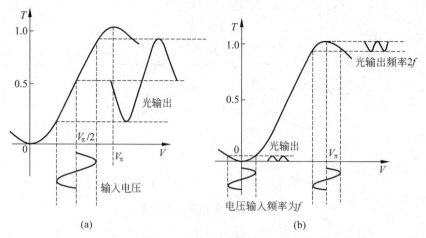

图 5.26　横向电光调制特性曲线

（a）改变 V_0；（b）改变 V_m

做近似计算得

$$T \approx \frac{1}{2}\left[1+\left(\frac{\pi}{V_\pi}V_m\sin\omega t\right)\right]$$

当 $V_m \ll V_\pi$，即 $T \propto V_m\sin\omega t$，调制器的输出波形和调制信号的波形频率相同，即线性调制；但如果 $V_m > V_\pi$，不满足小信号调制的要求，所以不能近似计算，即输出的光束中除了包含交流信号的基波，还含有奇次谐波。由于调制信号幅度比较大，奇次波不能忽略，这时，虽然工作点在线性区域，但输出波形依然会失真。

② 当 $V_0=0$，$V_m \ll V_\pi$ 时，式（5.42）可近似变为

$$T \approx \frac{1}{8}\left(\frac{\pi V_m^2}{V_\pi}(1-\cos 2\omega t)\right)$$

即 $T \propto V_m\cos 2\omega t$，可以看出输出光强是调制信号的 2 倍，即产生倍频失真。

③ 当 $V_0=V_\pi$，$V_m \ll V_\pi$ 时。经过类似推导，式（5.42）可近似变为

$$T \approx 1-\frac{1}{8}\left(\frac{\pi V_m^2}{V_\pi}\right)(1-\cos 2\omega t)$$

即依然看到的是倍频失真的波形。

（2）用 $\lambda/4$ 波片来进行光学调制

由上面的分析可知，在电光调制中，直流电压 V_0 的作用是使晶体在 x'，y' 两偏振方向的光之间产生固定的相位差，从而使正弦调制工作在光强调制曲线图上的不同点。在实验中 V_0 的作用可以用 $\lambda/4$ 波片来实现，实验中在晶体与检偏器之间加入 $\lambda/4$ 波片，调整 $\lambda/4$ 波片的快慢轴方向使其与晶体的 x'，y' 轴平行，转动波片，可以使电光晶体工作在不同的工作点上。

【实验装置简介】

实验装置由电光调制电源控制组件、激光器、起偏器、电光晶体、检偏器、光电接收组件、示波器等组成，横向电光调制实验框图和实物图分别如图 5.27 和图 5.28 所示。

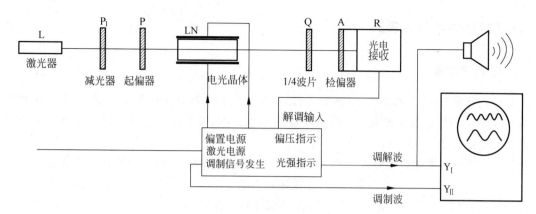

图 5.27　横向电光调制实验框图

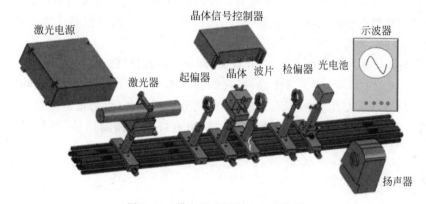

图 5.28　横向电光调制实验实物图

1. 光路系统

由激光器(L)、起偏器(P)、电光晶体(LN)、检偏器(A)与光电接收组件(R)以及附加的减光器(P_1)和 1/4 波片(Q)等组装在精密光具座上,组成电光调制器的光路系统。

2. 系统连接

(1) 光源:将激光器电源线缆插入主控单元后面板的"至激光器"电源插座。

注:如使用 He-Ne 激光管,需自配电源,且其输出直流高压务必按正负极性正确连接。

(2) 电光调制:由电光晶体的两极引出的专用电线插入后面板的两芯高压插座。

(3) 光电接收:将光电接收部件(位于光具座末端)的多芯电缆连接到主控单元后面板的"至接收器"插座上,以便将光电接收信号送到主控单元。

(4) 解调输出:光电接收信号由"解调输出"插座输出,主控单元中的内置信号(或外调输入信号)由"调制监视"插座输出。可同时送入双踪示波器显示或进行比较。

(5) 扬声器:将有源扬声器插入主控单元后面板的"解调监听"插座即可发声,音量由"音量控制"旋钮控制。

注:音量大小也与"载波幅度"与"解调幅度"旋钮有关。

【实验内容与步骤】

1. 实验准备

（1）参照图 5.27 和图 5.28 布置器件，组成电光调制器的光路系统。图 5.27 中附加的减光器（P_1）的作用是保护光电接收器不受强光照射的，可根据需要选择是否加入光路。激光器开机后预热 5～10 min。

（2）将所有滑动座中心全部调至零位，并用固定螺丝锁紧，使光学器件初步共轴。

（3）调整 He-Ne 激光器使之水平，固定可变光阑高度和孔径，使出射光在近处和远处都能通过光阑，并使激光束的光点保持在接收器的塑盖中心位置上（去除盖子则光强指示最大），此后激光器与接收器的位置不宜再动。

（4）插入起偏器（P），用白纸挡在起偏器后，调节起偏器的镜片架转角，使白纸上的光点亮度处于最亮和最暗中间，这时透光轴与垂直方向约成 45°；将其他器件依次放入光路，并保持与激光束同轴等高。

（5）将晶体与电光调制箱连接，打开开关，调制切换选择"内调"。

（6）将示波器 CH_1 与探测器接通，可观测到解调信号。适当调整"调制幅度"和"高压调节"旋钮，使波形不失真。适当旋转光路中的四分之一波片，得到最清晰稳定的波形。将示波器 CH_2 与电光调制箱的"信号监测"连接，将直接得到调制信号，并与解调信号进行对比。

2. 测量电光调制特性

（1）测量特性曲线

通过高压调节旋钮逐渐改变电光晶体工作电压，使其从零变化到允许的最大偏压值，测出对应每个工作电压下示波器显示的幅值，作出 $I \sim V$ 曲线，得到调制器静态调制特性。如此时解调波形非正弦波，出现失真，说明激光器输出光功率过大，应微调激光器尾部旋钮使光功率略微减小，再重新测量曲线。测量完毕，将晶体偏压调至零，关闭电源。

（2）测半波电压，选取最佳工作点

通过高压调节旋钮改变电光晶体工作电压，观察波形变化，当 CH_1 相位改变 π 时，可以测量电光晶体的半波电压值。通过旋转四分之一波片，并观测波形失真情况，完成最佳工作点的选取实验。

3. 电光调制模拟音频通信的实验演示

（1）将 MP3 音源与电光调制实验箱的"外部输入"连接，调制切换选择"外调"。

（2）将探测器与扬声器连接，此时可通过扬声器听到 MP3 中播放的音乐。适当调整"调制幅度"和"高压调节"旋钮，旋转光路中的偏振片和 1/4 波片，使音乐最清晰。

【实验数据记录及处理】

1. 将所测得数据记录于表 5.9，并采用 Origin 画出电光调制特性曲线。

表 5.9　电光晶体横向偏压与光强数据表

偏压 U/V	-300	$\cdots$	0	$\cdots$	$+300$
光强 I(光电池 V)					

2. 测出半波电压 V_π。

3. 计算半波电压时电光晶体的消光比和透过率。

4. 记录音频电光调制的结果。

【注意事项】

1. 光学元器件按照光传播方向顺序依次调节,并保持同轴等高。

2. 电源的旋钮顺时针旋转时为增大,因此在电源开关打开前将所有旋钮应该逆时针方向旋转到头。

3. 关闭仪器前,将所有旋钮逆时针方向旋转到头后再关闭电源。

【思考题】

1. 实验中,通过对比所记录的调制信号 CH_2 和解调信号 CH_1,通过对比,你发现了什么? 能得出什么规律或结论?(用示波器存储功能记录数据)

2. 实验中四分之一波片起什么作用,试用相关原理解释?

3. 什么是半波电压,应如何测量,为什么? 请记录测出半波电压的波形,并展示所测半波电压数值。

4. 扬声器听到 MP3 中播放的音乐,说明了什么?

5.3.3　晶体的声光调制实验

声光效应是指超声波在介质中传播时将引起介质密度疏密交替地变化,其折射率也将发生相应的变化,从而形成以声波波长为光栅常量的等效相位光栅,光通过相位光栅时发生的衍射现象。这种现象是光波与介质中声波相互作用的结果,利用光在声场中的衍射现象进行的调制称为声光调制。声光调制具有驱动功率低、光损耗小、消光比高等优点。利用声光效应制成的声光器件,如声光调制器、声光偏转器、和可调谐滤光器等,在激光技术、光信号处理和集成光通信技术等方面有着重要的应用。声光衍射可分为拉曼-奈斯衍射和布拉格衍射两种。后者衍射效率高,常被采用。本实验主要介绍布拉格衍射。

【实验目的】

1. 了解声光效应的原理。

2. 了解拉曼-奈斯衍射和布拉格衍射的实验条件和特点。

3. 测量声光偏转和声光调制曲线。

4. 了解利用声光调制模拟音频通信的一种实验方法。

【实验仪器】

激光器组件、高速正弦声光调制器控制仪、狭缝(可变光阑)、光接收器组件、示波器等。

【实验原理】

当超声波传入介质中时,会引起介质发生时间与空间上周期性的弹性应变,造成介质密度疏密变化或光折射率周期变化,从而形成一个等效相位光栅,且光栅的栅距或光栅常量为声波波长。当一束平行光通过声光介质时,光波就会被该声光栅所衍射而改变光的传播方向,并使光强在空间重新分布,衍射光的强度、频率和方向都随声波的变化而变化,这样,就可以实现光束的调制和偏转。声光调制器通常由声光介质、电声换能器和吸声装置组成。声光介质常用钼酸铅或氧化碲晶体,电声换能器常用由射频压电换能器(铌酸锂晶体)。声光调制的原理如图 5.29 所示。

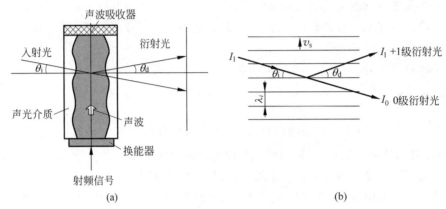

图 5.29　声光调制装置及布拉格衍射原理图

(a) 声光调制装置;(b) 布拉格衍射原理图

声波在介质中传播时有行波和驻波两种形式。行波形成的超声光栅是在空间中移动的,介质折射率的瞬时空间变化可表示为

$$\Delta n = \Delta n_0 \sin(\omega_s t - k_s z) \tag{5.44}$$

其中,ω_s 为声波的角频率,$k_s = \dfrac{2\pi}{\omega_s}$ 为声波的波数。

驻波形成的超声光栅是在空间中固定的,可以认为是两个相向行波叠加的结果,介质折射率随时间的变化可表示为

$$\begin{aligned}\Delta n &= \Delta n_0 \sin(\omega_s t - k_s z) + \Delta n_0 \sin(\omega_s t + k_s z) \\ &= 2\Delta n_0 \sin\omega_s t \sin k_s z\end{aligned} \tag{5.45}$$

当声波频率较高,声光作用长度 L 较大时,如果光线与声波面之间的角度满足一定条件,将产生布拉格衍射。

设 $\omega_i, \omega_d, \omega_s$ 分别是入射光、衍射光和声波的角频率,$\pmb{k}_i, \pmb{k}_d, \pmb{k}_s$ 分别是它们的波矢量,光子(声子)的能量为 $\hbar\omega$,光子(声子)的动量为 $\hbar k$,声光相互作用满足能量与动量守恒,$\omega_d = \omega_i + \omega_s$,$\pmb{k}_d = \pmb{k}_i + \pmb{k}_s$,如图 5.30 所示。由几何学知识,可推出布拉格衍射条件为

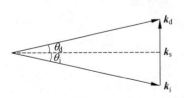

图 5.30　声光衍射的动量三角形

$$\sin\theta_i = \frac{k_s}{2k_i} = \frac{\lambda}{2\lambda_s} \tag{5.46}$$

入射光经布拉格衍射,零级光强分布为

$$I_0 = I_i \cos^2\left(\frac{U_s}{2}\right) \tag{5.47}$$

一级光强分布为

$$I_0 = I_i \cos^2\left(\frac{U_s}{2}\right) \tag{5.48}$$

其中，U_s 是光波通过超声场引起的相移，由此可以推算出一级光衍射效率为

$$\eta_1 = \frac{I_1}{I_i} = \sin^2\left(\frac{U_s}{2}\right) = \sin^2\left[\frac{\pi L}{\sqrt{2}\lambda}\sqrt{M_2 I_s}\right] \tag{5.49}$$

其中，M_2 是一个由声光晶体本身性质决定的量，称为声光优值；I_s 是超声强度。

【实验装置】

　　声光调制器由声光介质（氧化碲晶体）、压电换能器（铌酸锂晶体）和阻抗匹配网络组成，声光介质两通光面镀有 632.8 nm 的光学增透膜。整个器件由铝制外壳安装，具体使用方法见说明书。整个实验装置框图和实物图如图 5.31 和图 5.32 所示。

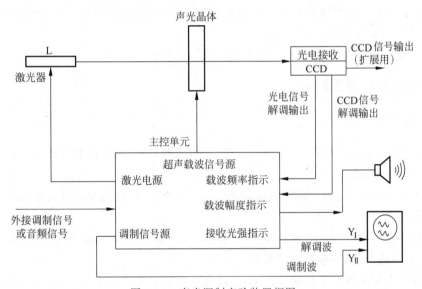

图 5.31　声光调制实验装置框图

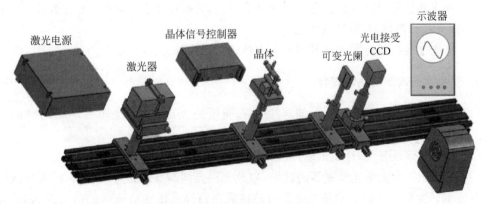

图 5.32　声光调制实验光路实物图

1. 光路系统

声光调制仪的光路系统由激光器、声光调制晶体与光电接收、CCD接收等单元构成,并组装在精密光具座上。

2. 系统连接

(1) 光源:将激光器电源线缆插入主控单元后面板的"激光器电源"插座。

注:如使用 He-Ne 激光管,需自配电源,且其输出直流高压务必按正负极性正确连接。

(2) 声光调制:由声光调制器的 BNC 插座引出的同轴电缆插入主控单元后面板的"载波输出"插座上。

(3) 光电接收:将光电接收部件(位于光具座末端)的多芯电缆连接到主控单元后面板的"至接收器"插座上,以便将光电接收信号送到主控单元。

(4) 解调输出:光电接收信号由"解调输出"插座输出,主控单元中的内置信号(或外调输入信号)由"调制监视"插座输出,可同时送入双踪示波器显示或进行比较。

(5) 扬声器:将有源扬声器插入后面板的"解调监听"插座即可发声,音量由有源扬声器中的音量控制旋钮控制。

注:音量大小也与"载波幅度"与"解调幅度"旋钮有关。

【实验内容与步骤】

1. 实验准备

(1) 参照图 5.31 和图 5.33 正确将激光器、声光调制器、光电接收等组件连接到位。激光器开机预热约 5 min。

(2) 所有滑动座中心全部调至零位,并用固定螺丝锁紧,使光学器件初步共轴。测微螺旋初始值最好为 10～15 mm。

(3) 将控制器面板的"调制监视"与"解调输出"插座与双踪示波器的 CH_1、CH_2(或 Y_I、Y_{II})输入端相连,观察超声波信号。

(4) 将声光调制器置于载物平台上,使透光孔恰好在平台的中心位置,激光束恰好从声光调制器的透光孔中间穿过。载物平台的转向应在±10°以内。

(5) 逐次调整光学器件使得光路同轴等高,移去接收器塑盖时,接收光强指示表应有读数。此时,光路已调好,将滑块紧固定。

(6) 将光电接收器前端的弹簧钢丝夹夹持住白色像屏。

2. 观察声光调制的偏转现象

(1) 调节激光束的亮度,使得像屏中心有明晰的光点呈现,此即为声光调制的 0 级光斑。

(2) 打开超声波开关,让发出超声波信号对声光介质进行调制。

(3) 微调载物台上声光调制器的转向,以改变声光调制器的光点入射角,即可出现因声光调制而偏转的衍射光斑。当激光束穿过晶体后在白屏上出现最清晰的衍射光斑时,此时声光调制器即运转在布拉格条件下的偏转状态。

3. 测试声光调制的幅度特性

（1）取去像屏，使激光束的 0 级光斑仍落在光敏接收孔的中心位置上。

（2）微调接收器滑座的测微机构，使接收孔横向移动到一级光的位置（监视"接收光强指示"表使其示数达到最大）。

（3）打开超声波开关，调节"载波幅度"旋钮，分别记录载波电压 U 与接收光强 I_d 的大小。

（4）画出接收光强与调制电压的关系曲线（I_d-U）。

4. 测试声光调制随声波频率偏转特性

（1）先关闭超声波开关，记下接收器滑座横向测微计在 0 级时的读数 d_0。

（2）打开超声波开关，调节"载波频率"旋钮，改变超声波的频率，可以观察到 1 级衍射光斑的平移变化现象。微调接收器横向测微计，使其始终跟踪 1 级光斑的位置，分别记下载波的频率 f、测微计的读数 d_1 和衍射光强 I_d。通过测量 1 级和 0 级衍射光斑间的距离 $d=d_1-d_0$ 与声光调制器到接收孔之间的距离 L（由导轨面上标尺读出）后，且由于 $L \gg d$，即可求出声光调制的偏转角 θ，$\theta \approx d/L$，画出偏转角与调制频率的关系曲线 θ-f。

（3）画出衍射光强与调制频率的关系曲线 I_d-f，该曲线中的 I_d 峰值 I_{dmax} 应与中心频率相对应，而其与下降 3 dB 所对应的频率差即为声光调制器的带宽。

5. 测量声光调制器的衍射效率

衍射效率 η 定义为

$$\eta = I_{dmax}/I_0$$

即最大衍射光强 I_{dmax} 与 0 级光强 I_0 之比。因此，分别测得最强衍射光与 0 级光的光强值，其比值即为衍射效率。

6. 测量超声波的波速（可参考前面超声光栅实验）

将测得的超声波频率 f、偏转角 θ 与激光波长 λ 代入公式 $v_s = \lambda f / \theta$，即可计算出超声波在介质中的传播速度 v_s。

7. 声光光调制模拟音频通信的实验演示

（1）将 MP3 通过"外调输入"与声光调制器连接，扬声器插入"解调监听"与探测器连接，则可听到 MP3 播出的音乐声。

（2）调节控制仪的载波幅度和解调幅度，并调整声光调制器下端的可调支架和可变光阑位置使扬声器接收到的音乐声更加清晰。

【实验数据记录及处理】

1. 参照表 5.9 列出表格，并画出光强与调制电压的关系曲线 I_d-U。

2. 参照表 5.9 列出表格，并画出偏转角与调制频率的关系曲线 θ-f。

3. 参照表 5.9 列出表格,并画出衍射光强与调制频率的关系曲线 I_d-f。

4. 记录音频声光调制的结果,表格自拟。

【注意事项】

1. 声光器件的通光面不得用手触摸,否则会损坏光学增透膜。

2. 注意轻拿轻放,特别是声光器件,否则会损坏晶体而导致仪器报废。

3. 调整声光器件在光路中的位置和光的入射角度,使得一级衍射光斑能达到最好状态时,载物平台的转向应在 $\pm 10°$ 以内调节。

4. 驱动电源的 $+24$ V 直流工作电压不得接反,否则会导致仪器烧坏。

5. 驱动电源不得空载,即加上直流工作电压前,应先将驱动电源"输出"端与声光器件或其他 $50\ \Omega$ 电阻连接。

【思考题】

1. 叙述声光衍射的基本原理,说明布拉格衍射和拉曼-奈斯衍射的区别。

2. 布拉格衍射满足哪些条件? 布拉格衍射条件对声光调制实验有何指导意义?

5.3.4　晶体的磁光调制实验

磁光效应是指光与磁场中的物质或具有自发磁化强度的物质之间发生相互作用所产生的各种现象,主要包括法拉第(Faraday)效应、柯顿-莫顿(Cotton-Mouton)效应、克尔(Kerr)效应、塞曼(Zeeman)效应、磁光效应等。利用介质的磁光效应而实现的光波调制,称为磁光调制。

磁光调制最常用的做法是利用法拉第效应,把需要加载的信号通过磁场转变成光信号的调制方式。磁光调制所用晶体有钇铁石榴石、掺镓钇铁石榴石和重火石玻璃等。由于材料透明波段的限制,磁光调制主要用于红外波段。

【实验目的】

1. 掌握磁光调制的原理和实验方法。

2. 测量调制深度与调制角幅度。

3. 测量直流磁场对磁光介质的影响,并计算磁光介质的费尔德常数。

4. 掌握磁光调制的实验演示。

【实验仪器】

激光器,起偏器,磁光玻璃棒,电磁铁,磁光调制实验仪,检偏器与光电接收组件,示波器,等等。

【实验原理】

在 5.2 节已经介绍,在磁场的作用下,线偏振光通过磁致旋光介质时,振动平面会相对原方向转过一个角度,这种现象称为磁光效应。

1. 直流磁光调制

一般情况下,我们近似认为磁光材料的费尔德常数 V 是恒定不变的,旋转角 θ 与外加的磁场强度 B 成正比,也即与电磁铁的外加电流成正比,因而能满足调制的线性响应要求,即

$$\theta = VBd \tag{5.50}$$

式中,d 为光波在介质中走过的路程。然而,直流磁光调制的电流变化范围比较大,存在超出线性响应范围的可能,因此我们须从更本质的磁致旋光原理来分析。当线偏振光平行于外磁场入射磁光介质的表面时,将光分解成左旋圆偏振光 I_L 和右旋圆偏振光 I_R(两者旋转方向相反)。由于介质对两种光具有不同的折射率 n_L 和 n_R,当它们穿过厚度为 d 的介质后分别产生不同的相位差,体现在角位移上分别是 $\theta_L = \frac{2\pi}{\lambda} n_L d$ 和 $\theta_R = \frac{2\pi}{\lambda} n_R d$。由于 $\theta_L - \theta = \theta + \theta_R$,则有

$$\theta = \frac{1}{2}(\theta_L - \theta_R) = \frac{2\pi}{\lambda}(n_L - n_R)d \tag{5.51}$$

如果电流变化范围在线性区域,且温度保持恒定,折射率差 $(n_L - n_R)$ 仍然正比于磁场强度 B,则磁光效应理论公式仍然回到式(5.50)的简单形式。

2. 交流磁光调制

如图 5.33 所示,设 α 为起偏器与检偏器透光轴之间夹角,I_0 为光强的幅值(即 $\alpha = 0$ 或 π 时的输入光强),根据马吕斯定律,如果不计光损耗,则通过起偏器,经检偏器输出的光强为

$$I = I_0 \cos^2 \alpha \tag{5.52}$$

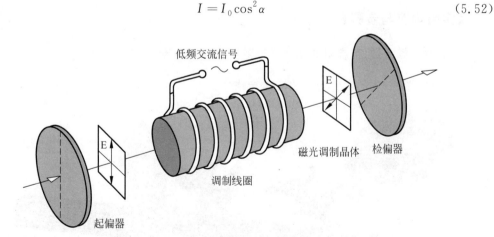

图 5.33　磁光效应原理图

实验中在两个偏振器之间加一个由励磁线圈(调制线圈)、磁光调制晶体和低频信号源组成的低频调制器,调制励磁线圈所产生的正弦交变磁场为 $B = B_0 \sin\omega t$,则磁光调制晶体产生交变的振动面旋转角为 $\theta = \theta_0 \sin\omega t$,其中,$\theta_0$ 称为调制角的幅度。由此输出光强变为

$$I = I_0 \cos^2(\alpha + \theta) = I_0 \cos^2(\alpha + \theta_0 \sin\omega t)$$

$$= \frac{I_0}{2}[1 + \cos 2(\alpha + \theta_0 \sin \omega t)] \tag{5.53}$$

由此可知,当 α 一定时,输出光强仅随 θ 变化,而且可以是调制波的倍频信号。因为 θ 是受交变磁场 B 或信号电流 $i = i_0 \sin \omega t$ 控制的,所以信号电流使光振动面旋转,将电信号转化为光的强度调制,这就是磁光调制的原理。

3. 磁光调制的基本参量

磁光调制的性能主要由以下两个基本参量来描述:

(1) 调制深度 η

$$\eta = \frac{I_{\max} - I_{\min}}{I_{\max} + I_{\min}} \tag{5.54}$$

式中,$I_{\max}$ 和 $I_{\min}$ 分别为调制输出光强的最大值和最小值。在 $0 \leqslant (\alpha + \theta) \leqslant \pi/2$ 的条件下,由式(5.54)得最大输出光强和最小输出光强分别为

$$I_{\max} = \frac{I_0}{2}[1 + \cos 2(\alpha - \theta)] \tag{5.55}$$

$$I_{\min} = \frac{I_0}{2}[1 + \cos 2(\alpha + \theta)] \tag{5.56}$$

(2) 调制角幅度 θ_0

令 $I_A = I_{\max} - I_{\min}$ 为光强调制幅度,可以证明:当起偏器 P 与检偏器 A 主截面间夹角为 45°时,调制幅度可达最大值 $I_A = I_0 \sin 2\theta$。此时的调制深度 $\eta = \sin 2\theta$,调制角幅度 θ_0 为

$$\theta_0 = \frac{1}{2} \sin^{-1}\left(\frac{I_{\max} - I_{\min}}{I_{\max} + I_{\min}}\right) \tag{5.57}$$

【实验内容与步骤】

1. 测费尔德常数(可参考 5.2.2 节磁致旋光实验内容)

(1) 按照图 5.34 的实验光路图搭建光路。

图 5.34 磁制旋光实验装置图

1-激光器;2-起偏器;3-磁光晶体;4-磁铁;5-检偏器

(2) 安装 He-Ne 激光器,并使其水平。

（3）把 $L=50$ mm 的磁光介质导光棒插入含 3 块磁铁的磁性部件，3 块磁铁的平均场强 $B=122.4$ mT，调整该组件高度，使激光通过介质中心，同时将白屏换成光电接收器。

（4）调节调制电流，使直流磁场为零，调整出射位置处的偏振片角度，使得出射光强最弱（消光法），记录此时检偏器刻度 α_0。

（5）打开调制加载开关，调节调制电流，记录此时直流磁场 B，此时出射光光强会变强，调整检偏器，使得出射光强重新变至最弱，记录此时检偏器刻度 α_1，则磁致光旋转的角度 $\theta=\alpha_1-\alpha_0$。

（6）依次增加电流，并调整检偏器，使得出射光强变回最弱，记录此时检偏器刻度 α_i。

（7）画出关系曲线 $\theta\text{-}B$，计算费尔德常数 V，并与理论值比较。费尔德常数理论值 $V_{理}=980^\circ/\text{m}\cdot\text{T}$。

2. 测量调制深度与调制角幅度

（1）调节调制电流，使直流磁场为零，转动检偏器，使得在示波器上同时观察到调制波形与解调输出波形；再细调检偏器的转角，即可明显地看到解调波与调制波的倍频关系，此时接收到的光强指示为最小值（消光状态），检偏器透光轴与起偏器透光轴垂直，即 $\alpha=90^\circ$。

（2）当示波器中显示出解调波形时，调节检偏器偏转角，读出波形曲线上相应的光强信号的最大值 I_{max} 和最小值 I_{min}，代入式（5.54）和式（5.57），计算调制深度 η 和调制角幅度 θ_0。

注：若不用示波器观测，也可通过记录光电接收器的光强来测量其最大值 I_{max} 和最小值 I_{min}。

3. 测量直流磁场对磁光调制的影响

（1）重复 2 中的（1），调节检偏器的转角，使示波器出现倍频信号，记下接收器上测角器的读数（建议做此实验前将测角器刻度调至零）。

（2）开启直流励磁，使励磁线圈通以直流电流，转动励磁强度旋钮，使励磁指示表的示数达到 1.5 A，此时示波器倍频信号消失。旋转测角器进行微调，使示波器重现倍频信号，再记下此时测角器的读数，其差值为磁光介质的磁致旋光角。

（3）改变直流电流大小（由励磁电流表读出），每隔 0.3 A 测量一次数据，记下相应的偏转角，画出关系曲线 $\theta\text{-}B$。

（4）计算费尔德常数 V，并与前面的测量结果比较。

4. 磁光调制模拟音频通信的实验演示

（1）将 MP3 或其他音频信号与"外调制输入"接口连接，扬声器与"解调输出"接口连接，则可听到 MP3 播出的音乐声。

（2）调整磁光调制器"解调幅度"使扬声器接收到的音乐更清晰。

【实验数据记录及处理】

1. 画出关系曲线 $\theta\text{-}B$，计算费尔德常数 V。
2. 计算调制深度 η 和调制角幅度 θ_0。

3. 利用示波器观察倍频法研究直流磁场对磁光调制的影响,测出费尔德常数,并与用光电池测光强法所测得的结果进行比较。

4. 记录音频磁光调制的结果。

5. 参照表 5.9 自拟实验数据记录表格。

【注意事项】

1. 在获得最大调制幅度 I_{max} 及测定调制深度 η 和调制角幅度 θ_0 时,必须要在实验前准确调节,使起偏器 P 与检偏器 A 主截面间夹角为 45°。

2. 为防止强激光束长时间照射导致光电接收器损坏或疲劳,调节或使用后都应立即盖好光电接收器的盖子,使其处于常黑状态。同时调节过程中也应避免激光直射人眼,以免对眼睛造成损伤。

【思考题】

1. 在研究直流磁场对磁光介质的影响时,利用光电池的光强最小测量法和示波器观察倍频信号法哪一种方法能更精确地测出费尔德常数?

2. 为了要让调制幅度达到最大值,起偏器 P 与检偏器 A 主截面间的夹角为什么要保持 45°?

5.4 激光原理与技术综合实验

虽然在 1917 年爱因斯坦就预言了受激辐射的存在,但在一般热平衡情况下,物质的受激辐射总是被受激吸收所掩盖,难以在实验中观察到。直到 1960 年第一台红宝石激光器面世,才标志着激光技术的诞生。从此,激光技术给古老的光学学科带来强大的生命力,引起现代光学应用技术的迅猛发展,也标志着人类认识和改造自然的能力发展到一个新的高度。20 世纪 60 年代是激光发展应用最快的时期,相继出现了 He-Ne 激光器、Nd：YAG 激光器、红宝石倍频激光器和各种气体、固体、染料激光器及半导体激光器。1967 年,超短脉冲激光器问世。1970 年以后,异质结半导体激光器,真空紫外分子激光器、准分子激光器和自由电子激光器也相继研制成功,至今已有几千种激光器。在激光器的生产与应用中,我们常常需要先知道激光器的构造,同时还要了解激光器的各种参数指标。因此,激光原理与技术综合实验是光电相关专业学生的必修课程。

本节首先介绍激光产生的机理,然后利用 He-Ne 激光器开展气体激光器调试方法和激光模式的分析;最后研究激光光束的特点,测量其基模高斯光束的远场发散角,并进行光束变换和聚焦。

5.4.1 He-Ne 气体激光器的调试及模式分析

激光器由光学谐振腔、工作物质、激励系统构成。激光具有单色性好的特点,即它具有非常窄的谱线宽度。受激辐射光经谐振腔反复震荡后相互干涉,最后形成一个或者多个离散的、稳定的谱线,这些谱线就是激光的模。

【实验目的】

1. 掌握气体激光器的主要结构和工作原理。
2. 理解激光谐振原理,掌握气体激光器的调节方法。
3. 了解扫描干涉仪的原理,掌握其使用方法。
4. 学习观测激光束横模、纵模的实验方法。

【实验仪器】

扫描干涉仪,高速光电接收器,锯齿波发生器,双踪示波器,半外腔 He-Ne 激光器及电源,准直用 He-Ne 激光器及电源,准直小孔。

【实验原理】

激光是由原子的受激辐射而产生的,它与普通光的性质不同,具有极好的方向性、单色性和极高的亮度。

1. He-Ne 激光器的基本结构和工作原理

(1) 基本结构

He-Ne 激光器由光学谐振腔(输出镜与全反镜)、工作物质(密封在玻璃管里的 He、Ne 混合气体)、激励系统(激光电源)构成,并采用放电管直流高压放电的激励方式。根据谐振腔与放电管的放置方式不同,它分为内腔式和外腔式,如图 5.35 所示。其中,内腔式是放电管与谐振腔固定在一起;外腔式则是放电管与谐振腔完全分开。

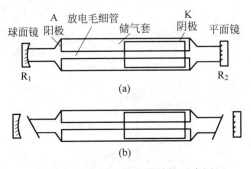

图 5.35　He-Ne 激光器结构示意图
(a) 内腔式;(b) 外腔式

谐振腔由两个相互平行的反射镜 R_1、R_2 组成,激光通过反射率较低的腔镜耦合到腔外,该镜称为输出镜。放电管中央的细管为毛细管,毛细管中充有 He、Ne 混合气体,是产生受激放大的区域,毛细管的几何尺寸决定了激光的最大增益。

套在毛细管外面较粗的管子为储气管,它与毛细管的气路相通,主要作用是稳定毛细管内的工作气压、稳定激光器的输出功率和延长其寿命。

(2) 激励方式

在图 5.35 中,K 为阴极,A 为阳极。当 He-Ne 激光器工作时,毛细管要进行辉光放电,受电场加速的正离子撞击阴极会引起阴极材料的溅射与蒸发。He-Ne 激光器一般采用直流高压放电的激励方式。

光照射介质时,会产生受激辐射和受激吸收过程。对于激光束,要有激光输出,就要求受激辐射超过受激吸收,因此必须满足高能级原子数密度 N_2 大于低能级原子数密度 N_1,即"粒子数反转"。

(3) 工作物质

He-Ne 激光器中氖气是产生激光的物质,氦气为产生激光的媒介,同时具有增加激光输出功率的作用。如图 5.36 所示,氦原子有两个亚稳态能级 2^1S_0、2^3S_1,在气体放电管中,电子在电场中加速获得一定动能与氦原子碰撞,并将氦原子激发到 2^1S_0、2^3S_1,此两能级寿命长容易积累粒子。因而,在放电管中这两个能级上的氦原子数是比较多的。这些氦原子的能量又与处于 3S 和 2S 态的氖原子的能量相近。处于 2^1S_0、2^3S_1 能级的氦原子与基态氖原子碰撞后,很容易将能量传递给氖原子,使它们从基态跃迁到 3S 和 2S 态,这一过程称为能量共振转移。由于氖原子的 2P、3P 态能级寿命较短,这样氖原子在能级 3S-3P、3S-2P、2S-2P 间形成粒子数反转分布,从而发射出 3.39 μm,0.6328 μm,1.5 μm 三种波长的激光。而处于 1S 能级上的 Ne 原子主要通过"管壁效应",即与毛细管碰撞将能量交给管壁而回到基态,选用毛细管作为放电通道有利于增强这种效应。

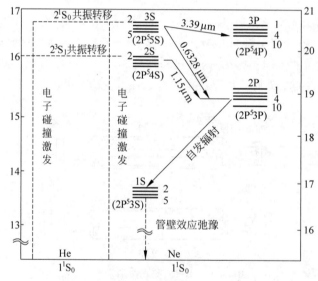

图 5.36　与激光跃迁有关的 Ne 原子部分能级图

2. He-Ne 激光器模式的形成

(1) 激光的纵模

激光器由增益介质、光学谐振腔和激励能源三个基本部分组成。如果介质被激励,介质的某一对能级间将形成粒子数反转,由于自发辐射和受激辐射的作用,将有一定频率的光波产生,在腔内传播并被增益介质放大。被传播的光波绝不是单一频率的(通常所谓某一波长的光,不过是指光的中心波长而已)。因能级有一定宽度,所以粒子在谐振腔内的运动受多种因素的影响,实际激光器输出的光谱宽度是由自然增宽、碰撞增宽和多普勒增宽叠加而成的。但只有单程放大,还不足以产生激光,还需要有谐振腔对它进行光学反馈,使光在多次往返传播中形成稳定持续的振荡。光学谐振腔对介质起到延长作用,使得增益明显增强,才有激光输出的可能。因而形成持续稳定振荡的条件是:在腔内形成稳定的驻波,即光在谐振腔中往返一周的光程差应是波长的整数倍:

$$2\mu l = q\lambda \tag{5.58}$$

上式也称为选模条件。其中,μ 为增益介质的折射率;l 为谐振腔长;λ 为波长;q 为整数,也叫纵模序数。因此谐振腔中允许的激光频率为

$$\nu_q = q\frac{c}{2\mu l} \tag{5.59}$$

式中,ν_q 为纵模频率。满足式(5.59)的光将形成一系列的纵模,相邻两个纵模的频率间隔为

$$\Delta\nu_{\Delta q=1} = \frac{c}{2\mu l} \tag{5.60}$$

从式(5.60)可知,纵模间隔与 q 无关,而和激光器的腔长成反比,即腔越长,$\Delta\nu_{纵}$ 越小,满足振荡条件的纵模个数越多;相反,腔越短,$\Delta\nu_{纵}$ 越大,在同样的增宽曲线范围内,纵模个数就越少,因而缩短谐振腔的长度可以获得单纵模运行的激光器。

在谐振腔一系列的纵模频率中,只有落在辐射谱线宽度内并达到阈值条件的那些频率才能形成激光,如图 5.37 所示。考虑到光在谐振腔中来回反射会有损耗,只有在满足以下正反馈放大条件时才能得到稳定输出的激光:

$$R_1 \cdot R_2 \cdot e^{2G(\nu)l} \geqslant 1 \tag{5.61}$$

式中,$G(\nu)$ 为增益系数。每种增益介质,由于其自身的增益曲线 $G(\nu)$,只能保留增益大于损耗的纵模,因此最后达到稳定后输出的激光只有几个分立的纵模,如图 5.37 所示。激光的单色性就是基于上述原理获得的。

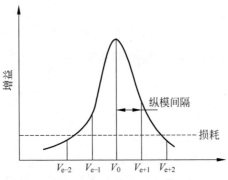

图 5.37　增益曲线 $G(\nu)$ 示意图

（2）激光的横模

谐振腔对光多次反馈,对横向场分布也会产生影响,光每经过放电毛细管反馈一次,就相当于一次衍射,使出射光波的波阵面发生畸变。多次反复衍射,就在垂直于光的传播方向（横向）上同一波腹处形成一个或多个稳定的衍射光斑。每一个衍射光斑对应一种稳定的横向电磁场分布,称为一个横模,用 $TEM_{m,n}$ 来表示。我们所看到的复杂的光斑则是这些基本光斑的叠加,图 5.38 是几种常见的基本横模光斑图样。

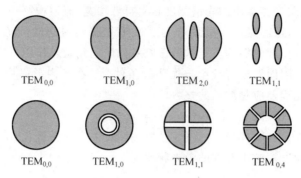

图 5.38 激光束横截面上的光场分布(横模)

激光模式是指激光器内能够发生稳定光振荡的形式,每一个模,既是纵模,又是横模,纵模描述了激光器输出分立频率的个数,横模描述了垂直于激光传播方向的平面内光场的分布情况。激光的线宽和相干长度由纵模决定,光束的发散角、光斑的直径和能量的横向分布由横模决定。要完善地描述一个模式,必须有三个指标 m, n, q,记为 $\text{TEM}_{m,n,q}$,其中 m, n 是横模序数,q 是纵模序数。设激光器的轴线沿 z 轴方向,则 m, n, q 分别表示沿 x, y, z 三个轴线方向场强为零的节点数。

若用 $\nu_{m,n,q}$ 表示 $\text{TEM}_{m,n,q}$ 模的频率,由(5.60)式得到纵模间隔为

$$\Delta\nu_{\text{纵}} = \nu_{m,n,q+\Delta q} - \nu_{m,n,q} = \frac{c}{2\mu l}\Delta q \tag{5.62}$$

由上式可知相邻的纵模间隔是相等的。横模的频率间隔为 $\Delta\nu_{\text{横}} = \nu_{m+\Delta m, n+\Delta n, q} - \nu_{m,n,q}$,其具体表达式与谐振腔的结构有关,对于非共焦腔激光器,横模的频率间隔为

$$\Delta\nu_{\text{横}} = \frac{c}{2\mu l}\left\{\frac{1}{\pi}(\Delta m + \Delta n)\arccos\left[\left(1-\frac{l}{R_1}\right)\left(1-\frac{l}{R_2}\right)\right]^{1/2}\right\} \tag{5.63}$$

相邻横模间隔为

$$\Delta\nu_{\Delta m + \Delta n = 1} = \Delta\nu_{\Delta q = 1}\left\{\frac{1}{\pi}\arccos\left[\left(1-\frac{l}{R_1}\right)\left(1-\frac{l}{R_2}\right)\right]^{1/2}\right\} \tag{5.64}$$

在谐振腔中加入一些物理效应,如晶体双折射效应,可把激光的一个频率光分裂成 o 光和 e 光,成为激光模式分裂。

3. 共焦球面扫描干涉仪

共焦球面扫描干涉仪是一种分辨率很高的分光仪器,已成为激光技术中一种重要的测量设备。本实验正是通过它将彼此频率差异甚小(几十至几百兆赫),用眼睛和一般光谱仪器都分不清的各个不同纵模、不同横模展现成频谱图来进行观测的。

共焦球面扫描干涉仪是一个无源谐振腔,由两块球形凹面反射镜构成共焦腔,即两块镜的曲率半径和腔长相等,$R_1 = R_2 = L$,反射镜镀有高反射膜,共焦球面扫描干涉仪两球面反射镜的距离 L 等于曲率半径 R,构成一个共焦系统,如图 5.39 所示。

两个球面反射镜中的一个镜固定不动,另一个镜固定在可随电压变化而变化的压电陶瓷环上,腔长 L 可随电压变化。为了维持 L 变化后两球面反射镜仍处于共焦状态,间隔圈采用低膨胀系数材料制成。压电陶瓷的伸缩性可用来控制扫描干涉仪的腔长 L,进而控制该腔所需满足的驻波条件:

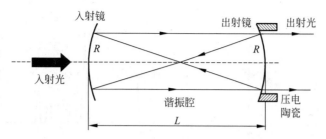

图 5.39　共焦球面扫描干涉仪光路示意图

$$4\mu L = k\lambda \tag{5.65}$$

其中,k 为整数;μ 为腔内介质的折射率(腔内一般是空气,则 $\mu=1$)。只有满足驻波条件的光才可以因为干涉极大而透过干涉仪进入光电计测量光强,实现光谱扫描。光强频率 ν 的变化与腔长的变化量成正比,即与加在压电陶瓷环上的电压成正比。

实验中若在压电陶瓷上加一个线性电压,使腔长变化到某一长度 L_a,正好使波长为 λ_a 的这条谱线符合驻波条件,即 $4\mu L_a = k\lambda_a$;同理,外加电压又可使腔长变化到 L_b,使波长为 λ_b 的模符合谐振条件,而波长为 λ_a 等其他模消失。因此,透射极大的波长值与腔长值有一一对应关系,只要有一定幅度的电压来改变腔长,就可以使激光器具有的所有不同波长(或频率)的模依次相干极大透过,形成扫描。

值得注意的是,若入射光波长范围超过某一限定时,外加电压虽可使腔长线性变化,但一个确定的腔长有可能使几个不同波长的模同时产生相干极大,造成重序。例如,当腔长变化到可使 λ_d 极大时,λ_a 也正好再次出现极大,即

$$4\mu L_d = k\lambda_d = (k+1)\lambda_a \tag{5.66}$$

因此,要定量分析激光模式,就必须用自由光谱区来标定频宽。

所谓自由光谱范围(S,R)就是指扫描干涉仪所能扫出的不重序的最大波长差或者频率差。用 $\Delta\lambda_{S,R}$ 或者 $\Delta\nu_{S,R}$ 表示为

$$\Delta\lambda_{S,R} = \frac{\lambda^2}{4\mu L}, \quad \Delta\nu_{S,R} = \frac{c}{4\mu L} \tag{5.67}$$

在模式分析实验中,由于不希望出现式(5.66)中的重序现象,故选用扫描干涉仪时,必须首先知道它的 $\Delta\nu_{S,R}$ 和待分析的激光器频率范围 $\Delta\nu$,并使 $\Delta\nu_{S,R} > \Delta\nu$,即自由光谱范围要大于待分析的激光输出频率范围,才能保证在频谱图上不重序,如图 5.40(a)所示,腔长与模的波长或频率间是一一对应关系。否则就会出现模谱重叠,如图 5.40(b)所示。另外,关于仪器的分辨率和精细常数可以参考 F-P 干涉仪的原理介绍。

实验时用示波器观察谱线,为了将自由光谱区内所有模式都在示波器显示出来,扫描电压的周期必须大于自由光谱区在示波器上对应的时间宽度。

4. 激光模式的测量

如图 5.41 所示,利用共焦扫描干涉仪可以测定激光输出模式的频率间隔,Δx_F 正比于干涉仪的自由光谱区 $\Delta\nu_{S,R}$,Δx 正比于激光器相邻纵模的频率间隔 $\Delta x_{q=1}$,Δx_1 正比于相邻横模间隔 $\Delta\nu_{\Delta m+\Delta n=1}$,由实验测出 Δx,Δx_1 的长度,并可以得到如下比值:

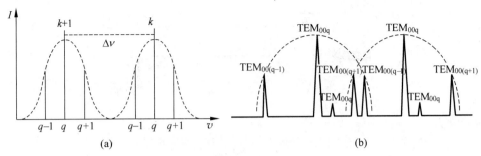

图 5.40　展开的多个干涉序列谱线和出现的模谱重叠情况

（a）不重序；（b）模谱重叠

$$\frac{\Delta\nu_{\Delta m+\Delta n=1}}{\Delta\nu_{q=1}}=\frac{\Delta x_1}{\Delta x}=\frac{1}{\pi}(\Delta m+\Delta n)\arccos\left[\left(1-\frac{L}{R_1}\right)\left(L-\frac{1}{R_2}\right)\right]^{1/2}$$

$$=\frac{1}{\pi}\arccos\left[\left(1-\frac{L}{R_1}\right)\left(1-\frac{L}{R_2}\right)\right]^{1/2} \tag{5.68}$$

其中，Δm，Δn 分别表示 x，y 方向上横模模序数差，R_1，R_2 为谐振腔的两个反射镜的曲率半径。由式（5.68）可以估计横模阶次。

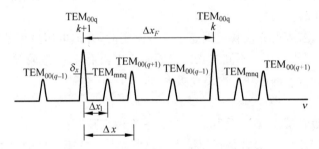

图 5.41　示波器上显示的激光频谱图

【实验内容与步骤】

1. He-Ne 激光器的调整

当输出镜与全反镜的平行度偏离到一定程度时，激光器无功率输出。这时可用十字叉调光板将激光调出，调整方法是：用白炽灯照十字叉丝板，在放电管处在工作状态时，用眼睛在十字叉丝板背后通过小孔观察放电管，当眼睛适应放电管亮度后，可看到放电管内的亮白点，调准观察角度，使亮白点与出光孔同心，然后保持十字叉丝板勿动，调节谐振腔镜调节架的螺钉使十字叉丝中心与亮白点出光孔同心即可出光。整个调整过程如图 5.42 所示。

2. He-Ne 激光器的模式分析

（1）通过远场光斑观察横模光斑图形。

① 接通 He-Ne 激光器电源，待被测激光器工作稳定后再正式开始实验。

② 由于实验空间的限制，为了观测远场光斑，可在光路上加一平面反射镜将光路延长（参照 5.4.2 节图 5.47 布置光路），将光斑投射到远处的白屏上，以便更清晰地观察图形，注

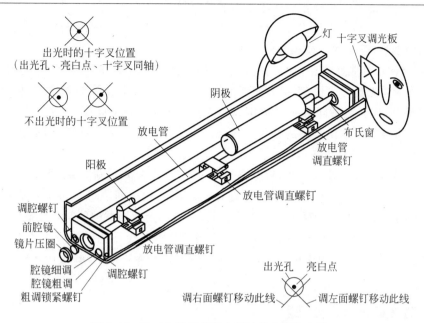

图 5.42　He-Ne 激光器的内部结构和调节方法

意区分横模的级次。

③ 改变工作电流,再次观察远场光斑的变化情况。

(2) 调整扫描干涉仪,通过示波器观察激光模谱。

① 首先加入光阑,使激光束从光阑小孔垂直通过,调整扫描干涉仪共焦腔上下、左右位置,使光束正入射孔中心,再细调共焦腔夹持架上的两个俯仰旋钮,使从干涉仪入射孔内腔镜反射出的最亮的光点(光斑)回到光阑小孔的中心附近,这时表明入射光束和扫描干涉仪共焦腔的光轴基本重合。

② 将光电探测放大器的接收孔对准从共焦腔后出射的光点(如果看到有明显两个光点出射,需要进一步调整共焦腔的位置,使两个光点合一)。

③ 按图 5.43 将各设备连接好,分别打开锯齿波发生器、示波器的开关,观察示波器上展现的频谱图,进一步细调干涉仪的两个方位螺钉,使谱线尽量强,噪声最小。

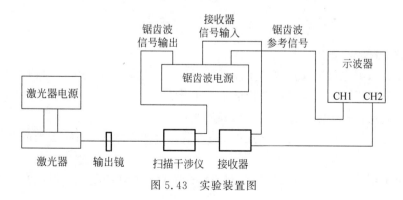

图 5.43　实验装置图

④ 适当调节锯齿波电源前面板上的幅值和频率按钮,使锯齿波有一定的幅值和频率。

⑤ 改变锯齿波输出电压的峰值,观察示波器上干涉序的数目有何变化,确定示波器上

应展示的干涉序个数。在锯齿波一个下降沿(或一个上升沿)范围内观察,根据干涉序个数和频谱的周期性,确定哪些模属于同一干涉序 k。

⑥ 调节幅值和频率旋钮,使示波器上出现的波形类似于图 5.41 的激光模谱。

(3) 测量激光器的腔长,算出激光器的纵模频率差和 1 阶横模的频率差,根据干涉仪的曲率半径算出干涉仪的自由光谱范围,确定它所对应的频率间隔(即哪两条谱线间距为 $\Delta \nu_{S,R}$);测出与 $\Delta \nu_{S,R}$ 相对应的标尺长度 Δx_F,计算出两者比值,就得到示波器横坐标“ x 轴增益”,即每格对应的频率间隔值。

(4) 在同一干涉序 k 内观测,根据纵模定义对照频谱特征,确定纵模的个数,测量 Δx、Δx_1、δx;根据之前算出的“ x 轴增益”(即每格对应的频率间隔值),推测出纵模频率间隔 $\Delta x_{q=1}$;并与利用式(5.60)算出的理论值比较,检查和辨认测量的值是否正确。

(5) 根据横模的频谱特征,确定在同一纵模序内有几个不同的横模。测出不同的横模频率间隔 $\Delta \nu_{\Delta m + \Delta n}$,并与理论值比较,检查辨认测量值是否正确。同时,代入式(5.64),解出 $\Delta m + \Delta n$ 的值。

【实验数据记录及处理】

1. 记录通过远场光斑观察横模光斑的图形。
2. 记录通过示波器观察到的激光模谱。
3. 在某一干涉序 k 内确定纵模的个数,算出纵模频率间隔 $\Delta x_{q=1}$,与理论值比较。
4. 在同一纵模序内横模的个数,算出横模频率间隔 $\Delta \nu_{\Delta m + \Delta n}$。
5. 数据记录表格自拟。

【注意事项】

1. 实验中尽量减少振动和干扰,才能在示波器上得到稳定的干涉信号。
2. 使用共焦扫描干涉仪进行偏压调节操作时动作应缓慢,使电压缓慢加载到压电陶瓷上。
3. 信号输出切勿短路,否则会损坏电路。
4. 该仪器出现问题与厂家联系,不得自行拆卸。

【思考题】

1. 简述谐振腔的作用。
2. 根据什么确定扫描仪扫出的干涉序的个数? 测量时先确定干涉序的数目有何好处?
3. 辨认属于不同纵模和不同横模的依据是什么?
4. 能否利用扫描干涉仪测量激光谱线的线宽?
5. 试估算腔长 $L = 250$ nm 的 He-Ne 激光器发射的 632.8 nm 的激光最大可能有的纵模数。
6. 如果不用共焦扫描干涉仪,还可利用什么实验方法观测激光的模式?

5.4.2 激光光束发散角的测量

激光具有良好的方向性,也就是说,光能量在空间的分布高度集中在光的传播方向上,但它也有一定的发散度。在激光的横截面上,光强是满足高斯函数分布的,故称作高斯光束。

【实验目的】

1. 了解激光光束特性,掌握高斯光束的空间分布特点。
2. 学会对高斯光束进行测量与变换。

【实验仪器】

He-Ne 激光器及电源,透镜,光功率计,小孔光阑,光学导轨和滑块若干。

【实验原理】

由激光器产生的激光光束既不是平面光波,也不是均匀的球面光波。虽然其在特定位置可看似一个球面波,但它的振幅和等相位面都在变化。从一方面讲,光在稳定的激光谐振腔中进行无限次的反射后,激光器所发出的激光将以高斯光束的形式在空间传输。而且,反射(衍射)次数越多,其光束传输形状越接近高斯光束。从另一方面讲,形状越接近高斯光束的激光束,在传播、耦合及光束变换的过程中,其形状越不易改变,当激光光束为高斯光束时,不论怎样变换,其形状依然是高斯光束。

1. 基模高斯光束的基本特点

在激光器产生的各种模式的激光中,最基本、应用最多的是基模高斯光束。在以光束传播方向 z 轴为对称轴的柱面坐标系中,在缓变振幅近似下求解亥姆霍兹方程,可得基模高斯光束的一般表达式为

$$E(r,z) = \left[E_0 \frac{\omega_0}{\omega(z)} \exp\left(-\frac{r^2}{\omega_2^2(z)}\right) \right] \exp\left\{-i\left[\frac{kr^2}{2R(z)} - \psi(z)\right]\right\} \tag{5.69}$$

式中,E_0 为振幅常数;ω_0 定义为场振幅减小到最大值的 $1/e$ 时与光轴的距离,称为腰斑,它是高斯光束光斑半径的最小值;$\omega(z)$、$R(z)$、$q(z)$、$\varphi(z)$ 分别表示了高斯光束的光斑半径、等相面曲率半径、复曲率半径(或称 q 参数)、相位因子,是描述高斯光束的四个重要参数,其具体表达式分别为:

$$\begin{cases} \omega^2(z) = \omega_0^2\left(1 + \dfrac{z^2}{z_0^2}\right) \\[2mm] R(z) = z\left(1 + \dfrac{z_0^2}{z^2}\right) \\[2mm] \dfrac{1}{q(z)} = \dfrac{1}{z + iz0} = \dfrac{1}{R(z)} - \dfrac{i\lambda}{\pi\omega^2(z)n} \\[2mm] \psi(z) = \tan^{-1}\left(\dfrac{z}{z_0}\right) \end{cases} \tag{5.70}$$

其中,$z_0 = \dfrac{\pi\omega_0^2 n}{\lambda}$,称为瑞利长度或共焦参数;$n$ 为介质折射率。

对式(5.69)进行分析,可知高斯光束有如下特点:

（1）高斯光束在 z 不变的面内，场振幅以高斯函数 $\exp\left(-\dfrac{r^2}{\omega^2(z)}\right)$ 的形式从中心向外平滑地减小，因而光斑半径 $\omega(z)$ 随坐标 z 按双曲线规律 $\dfrac{\omega^2(z)}{\omega_0^2}-\dfrac{z^2}{z_0^2}=1$ 而向外扩展，在 $z=0$ 时 $\omega(z)$ 有最小值 ω_0，这个位置被称为高斯光束的束腰位置。

（2）令式（5.69）中的相位部分等于常数，并略去 $\psi(z)$ 项，可以得到高斯光束的等相面方程为

$$\frac{r^2}{2R(z)}+z=常数 \tag{5.71}$$

因而，近轴条件下高斯光束的等相位面是以 $R(z)$ 为半径的球面，且球面的球心位置随着光束的传播不断变化，由式（5.71）可得：

① 当 $z=0$ 时，$R(z)\to\infty$，表明束腰处的等相位面为平面。

② 当 $z\to\infty$ 时，$R(z)\to z$，表明离束腰很远处的等相位面是球面，曲率中心在束腰处。

③ 当光束从束腰传播到 $z=\pm z_0$ 处时，光束半径 $\omega(z)=\sqrt{2}\,\omega_0$，即光斑面积增大为最小值的两倍。通常取 $z=\pm z_0$ 范围为高斯光束的准直范围，即在这段长度范围内高斯光束近似认为是平行的，称这个范围为瑞利范围，从束腰到该处的长度称为高斯光束的瑞利长度，通常记作 f。所以，高斯光束的束腰半径越小，瑞利长度越长，就意味着高斯光束的准直范围越大，准直性越好。反之亦然。

（3）从高斯光束的等相位面半径以及光束半径的分布规律可以知道，在瑞利长度之外，高斯光束迅速发散，定义在远场时（$z\to\infty$）高斯光束振幅减小到最大值 $1/e$ 处与 z 轴夹角为高斯光束的远场发散角 θ（半角）：

$$\theta=\lim_{z\to\infty}\frac{\omega(z)}{z}=\frac{\lambda}{\pi\omega_0}=\sqrt{\frac{\lambda}{\pi z_0}} \tag{5.72}$$

高斯光束的特点如图 5.44 所示。

2. 高斯光束的复参数表示和高斯光束通过光学系统的 *ABCD* 变换

在式（5.70）中，$q(z)$ 即为高斯光束的复参数（或称 q 参数），$\dfrac{1}{q(z)}=\dfrac{1}{z+iz_0}=\dfrac{1}{R(z)}-\dfrac{i\lambda}{\pi\omega^2(z)n}$，表示光束的复曲率半径。

按照光线矩阵规则，变换矩阵表示输出面 2 上和输入面 1 上光线参数之间的关系，即

$$q_2=\frac{Aq_1+B}{Cq_1+D} \tag{5.73}$$

例如，如图 5.45 所示的一高斯光束经透镜变换后其参数可通过变换矩阵进行计算。根据光线矩阵规律，均匀空气介质平板的光线矩阵为 $\begin{bmatrix}1&d\\0&1\end{bmatrix}$，透镜的光线矩阵为 $\begin{bmatrix}1&0\\-\dfrac{1}{f}&1\end{bmatrix}$，在 $z=0$ 处，为高斯光束的束腰，q 参数 $q(0)=q_0=i\dfrac{\pi\omega_0^2 n}{\lambda}$；经均匀空气介质平板到达 A 面，经光

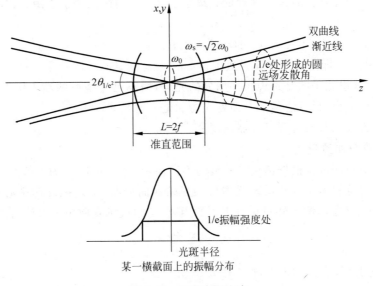

图 5.44　基模高斯光束

线矩阵变换后可得 $q(A)=q_0+l$；再经透镜到达 B 面，经光线矩阵变换可得 $\dfrac{1}{q(B)}=\dfrac{1}{q(A)}-\dfrac{1}{f}$；再经空气平板到达 C 面，可得 C 处的 $q(C)=q(B)+l'$，即可求出 C 处的光斑大小 ω_C。这就是高斯光束的变换过程。若已知透镜的焦距，可计算出高斯光束经透镜后的聚焦位置。

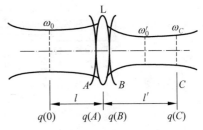

图 5.45　基于薄透镜的高斯光束变换
光学系统

式 (5.73) 表示了在类透镜介质中传播的高斯光束的传输变换规则。可以证明，高斯光束在其他光学元件上透射或反射都遵循这一规则，该规则称为高斯光束 q 参数变换法则，简称"$ABCD$"法则。

因而，在已知光学系统变换矩阵参数的情况下，采用高斯光束的复参数表示法可以简洁快速地求得变换后的高斯光束的特性参数。

3. 激光光束远场发散角的测量

根据对发散角的理解方法不同，其测量方法有很多，在此我们列举几个典型的发散角测量方法，同学们可以收集整理更多的测量方法。

（1）透镜变换法

设理想薄透镜（所谓理想薄透镜，是指在光路中引入的薄透镜不影响光束的强度分布，不截断光束，紧靠透镜两边的光斑大小和光强分布完全一样）的焦距为 f，束腰半径为 ω_0 的高斯光束在透镜焦平面上的光斑半径 $\omega_F=\dfrac{\lambda}{\pi\omega_0}f$，则高斯光束的远场发散角 θ 为

$$\theta=\frac{\lambda}{\pi\omega_0}=\frac{\omega_F}{f} \tag{5.74}$$

因此只要测出光束在透镜后焦平面处的光斑半径 ω_F，其与聚焦透镜焦距之比即为高斯光束远场发散角 θ。

对于基模高斯光束，半径为 ω_0 的环围内含有总功率的 86.5%（即 $1-1/e^2$）。相应的实际光束光斑半径 ω_F 即为其焦平面光斑中含 86.5% 总能量的环围的角半径。

需要注意，这里测量的是透镜焦平面处的光斑，而不是透镜后的新束腰尺度，新束腰位置并不与焦平面重合，只有透镜焦平面处光斑才是入射光的远场。

这种测量方法相对而言要求仪器精度高。

（2）光强度分布测量法

激光光束束腰的位置根据谐振腔腔型的不同而定，通常可以认为束腰在光束输出窗口附近。在远场时我们用光电测量装置测得光强的横向分布，确定强度为中心强度 $1/e^2$（约为 0.135）处的直径 2ω，测得测量点到束腰的距离 L，则远场发散角可以认为是

$$2\theta = \frac{2\omega}{L} \tag{5.75}$$

光强度分布法测远场发散角的原理如图 5.46 所示。

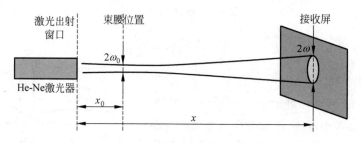

图 5.46　光强度分布法测远场发散角的原理

在此种方法的测量中，如果是小发散角的激光光束，需要一个长的测量距离，通常可以采用平面镜多次反射的方法增加测量距离，但因为平面镜面形引起激光光束形貌改变将增加光强横向分布测量的误差。

（3）双孔法

将两个大小一致的圆孔（光阑）相隔一定距离放在激光光路中，要求光阑与激光束腰处的直径相当，保证通过的光束能量为全部能量的 86% 左右。由第一个光阑发出的光被第二个光阑遮挡了一部分，在第二个光阑圆孔的外围形成亮斑。如果实验条件简陋，可以直接测量这个亮斑的直径；如果有激光功率测量仪，可以分别测量两个圆孔出射的光强度，由光衍射的爱里斑换算出激光光束发散角。

由于该方法简单易行，采用此种方法测量激光光束发散角的人较多。

【实验内容与步骤】

1. 高斯光束的基本特性测量

（1）将 He-Ne 激光器开启，调整其高低和俯仰，使其输出光束与导轨平行。调整可通过前后移动一个带小孔的支杆实现。

（2）启动计算机，运行 BeamView 激光光束参数测量软件。

（3）He-Ne 激光器输出的光束测定及模式分析。

使激光束垂直入射到 CCD 靶面上，在软件上看到形成的光斑图案，在 CCD 前的 CCD 光阑中加入适当的衰减片。可利用激光光束参数测量软件分析激光束的模式，判定其输出的光束为基模高斯光束还是高阶横模（作为 5.4.1 节模式分析实验内容的一部分）。

（4）由图像确定 He-Ne 激光器的输出是基模光斑。前后移动 CCD 跟踪器，利用激光光束参数测量软件观测不同位置的光斑大小，光斑最小位置处即是激光束的束腰位置。

2. 测高斯光束的远场发散角

（1）通过软件测量

① 确定和调整激光束的出射方向。

② 使激光束在光源前方 L_1 处垂直入射 CCD 靶面，并通过软件测量出相应位置光斑直径 d_1。

③ 在前方 L_2 处用同样方法测出光斑直径 d_2。

④ 由于发散角度较小，可进行近似计算。根据近似式 $2\theta = (d_2 - d_1)/(L_2 - L_1)$，便可以算出全发散角 2θ。

（2）自建光路测量远场发散角

若不使用专门的仪器和软件，也可自建光路进行测量。若实验台空间有限导致光路太短，难以测出光斑大小差值，可用反射镜延长光路，如图 5.47 所示，通过光强大小确定光斑大小，再量出光路的长度，便可计算全发散角 2θ。

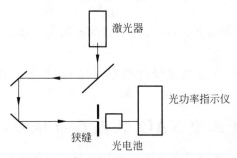

图 5.47 光强法测远场发散角的曲折光路

3. 外腔 He-Ne 激光器偏振态验证

由于在外腔 He-Ne 激光器的谐振腔内由于放置了布儒斯特窗，限制了输出光的偏振态，因此，只要在输出前方放置一个偏振片，就可通过旋转偏振片来分析外腔 He-Ne 激光器激光的偏振方向。

（1）调整半外腔 He-Ne 激光器稳定出光。

（2）将偏振片垂直放入光路，再放置激光功率指示计。

（3）旋转偏振片，观察功率指示计的示数变化，验证激光输出光的偏振态。

4. 高斯光束的变换与测量

（1）在光斑束腰位置后 L_1 处放置一个透镜，观察经透镜后激光光束的变化情况，并测量经透镜后的新的束腰位置及光斑大小,给出 $ABCD$ 变换矩阵。

(2) 换上其他焦距的透镜或柱面镜,利用激光光束参数测量软件观测经过其他焦距的透镜或柱面镜变换后光场的变化情况,并给出对应的 $ABCD$ 变换矩阵。

(3) 测出透镜焦距处的光斑大小 ω_F,根据式(5.74)计算发散角,并与前面的测量值进行比较。

【实验数据记录及处理】

1. 记录通过软件或自建光路测量的发散角 2θ,表格自拟。
2. 记录出射激光光束的偏振方向,表格自拟。
3. 记录通过光束变换光斑大小、束腰位置,计算发散角,表格自拟。

【注意事项】

1. 测量光斑大小时尽量减少振动和干扰,以得到稳定的光斑。
2. 因为激光光斑变化比较小,故在判断束腰位置时要认真仔细。

【思考题】

1. 在自建光路远场测光斑时,使用反射镜延长光路会同时产生一定的散射,如何尽量减少这些散射?
2. 经过焦距为 f 的透镜或柱面镜后,光场的变化情况如何?给出对应的 $ABCD$ 变换矩阵。
3. 除了实验中使用的测量方法,再设计一种测量激光光束发散角的测量方法,论述该方法的可行性。
4. 如果根据两个圆孔出射的光强度测量发散角,推导出激光光束发散角的实验公式。

5.4.3 电光调 Q 脉冲 YAG 激光器与倍频实验

脉冲激光器一般是前一级利用半导体激光器或 He-Ne 激光器抽运固体激光工作介质,利用调节 Q 值使腔内损耗增大,使大量反转粒子数聚集而不发射,然后给一个脉冲时间让反转粒子数快速辐射,形成高能脉冲输出。通过本实验,可全面了解脉冲激光器的基本结构、工作原理、光电探测机制、非线性光学原理。

【实验目的】

1. 熟悉 Nd:YAG 激光器的结构。
2. 了解和掌握利用晶体的线性电光效应实现激光调 Q 的原理。
3. 了解和掌握激光倍频、和频技术的产生原理和方法。
4. 分析影响倍频转换效率的主要原因。
5. 认识相位匹配在非线性光学过程中的重要作用。

【实验原理】

1. 激光调 Q 技术

激光调 Q 技术就是使激光谐振腔的 Q 值发生变化,使激光工作物质的受激辐射压缩在极短的时间内发射的一种技术。具体来说,就是在光泵开始激励的初期,使腔内的损耗增大,Q 值降低,这时激光阈值很高,激光振荡不能形成,因而上能级的反转粒子数大量积累。当反转粒子数积累达到最大值时,突然使谐振腔的损耗变小,Q 值突增,使激光振荡迅速建立,像雪崩一样快速建立极强的振荡,于是在极短的时间内输出一个极强的激光脉冲。调 Q 激光脉冲峰值功率一般都高于兆瓦级,而脉冲宽度只有 $10^{-8} \sim 10^{-9}$ s,因而通常将这种脉冲称为激光巨脉冲。激光谐振腔内的损耗有多种,用不同的方法来控制腔内不同的损耗,就形成了不同的调 Q 技术,例如控制反射损耗的有转镜调 Q 技术、电光调 Q 技术,控制吸收损耗的有染料调 Q 技术,控制衍射损耗的有声光调 Q 技术,等等。目前常用的调 Q 方法有电光调 Q 技术、声光调 Q 技术和被动式可饱和吸收调 Q 技术。

图 5.48 为电光调 Q 技术的示意图,它主要利用晶体的线性电光效应起到 Q 开关作用,它的优点是开关速度快、控制精度高。

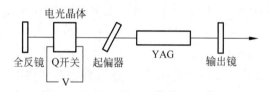

图 5.48　电光调 Q 技术的示意图

也可以利用 Cr^{4+} : YAG 晶体的可饱和吸收性能实现被动调 Q,如图 5.49 所示,它的优点是结构简单、使用方便、无电磁干扰,可获得峰值功率大、脉宽小的巨脉冲。

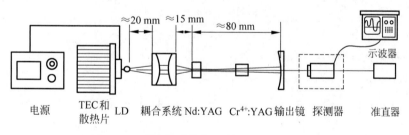

图 5.49　可饱和吸收体 Cr^{4+} : YAG 被动调 Q

Cr^{4+} : YAG 被动调 Q 的工作原理是:利用 Cr^{4+} : YAG 的光透过率随光强的变化来调 Q。激光振荡的初始阶段,光强小,Cr^{4+} : YAG 的透过率低,反转粒子数增加,当谐振腔增益等于谐振腔损耗时,粒子数达到最大值;随着泵浦的进一步作用,腔内光子数不断增加,Cr^{4+} : YAG 的透过率逐渐变大,并最终达到饱和,激光振荡形成,激光输出;此后,由于辐射后反转粒子的减少,光子数密度也降低,Cr^{4+} : YAG 的透过率也开始下降,激光不输出,当光子数密度降到初始值时,Cr^{4+} : YAG 的透过率也恢复到初始值,调 Q 一个脉冲结束。

2. 激光的倍频与和频

倍频技术就是将频率为 ω 的强激光束入射到某非线性晶体中,经强光与晶体的相互作用产生频率为 2ω 的激光束的二次谐波技术。倍频技术是目前由较低频率的激光转换为较高频率激光的最成熟和最常用的频率转换技术,也是最早被利用的非线性光学效应。

(1) 介质的极化

当频率为 ω 的光入射介质后,引起介质中原子的极化,产生极化强度矢量,它和入射场的关系式为

$$P = \chi^{(1)}E + \chi^{(2)}E^2 + \chi^{(3)}E^3 + \cdots \tag{5.76}$$

其中,$\chi^{(1)},\chi^{(2)},\chi^{(3)},\cdots$ 分别称为线性极化率、二阶非线性极化率、三阶非线性极化率……,并且 $\chi^{(1)}\gg\chi^{(2)}\gg\chi^{(3)}$,在一般情况下,每增加一次极化,$\chi$ 会减小 $7\sim8$ 个数量级。由于入射光是变化的,其振幅为 $E = E_0 \sin\omega t$,所以极化强度也是变化的。根据电磁场理论,变化的极化场可作为辐射源产生电磁波——新的光波。在入射光的电场比较小时(比原子内的场强还小),$\chi^{(2)},\chi^{(3)}$ 等极小,$\boldsymbol{P}$ 与 $\boldsymbol{E}$ 成线性关系 $\boldsymbol{P} = \chi^{(1)}\boldsymbol{E}$。新的光波与入射光具有相同的频率,这就是通常的线性光学现象。但当入射光的电场较强时,不仅会产生线性现象,而且非线性现象也不同程度地表现出来。新的光波中不仅含有入射的基波频率,还有二次谐波、三次谐波等频率的产生,形成能量转移,频率交换。激光是高强度光,它的出现使得非线性光学得到迅速发展。

(2) 二阶非线性光学效应

虽然许多介质都可以产生非线性光学效应,但具有中心结构的某些晶体和各项同性介质(如气体),由于式(5.76)中的偶次项为零,只含有奇次项(最低为三级),因此要观测二阶非线性效应只能在具有非中心对称的一些晶体中进行,如 KDP、$\mathrm{LiNO_3}$ 晶体等。下面从波的耦合,分析二阶非线性效应产生原理。

设有下列两波同时作用于介质:

$$E_1 = A_1\cos(\omega_1 t + k_1 z) \tag{5.77}$$

$$E_2 = A_2\cos(\omega_2 t + k_2 z) \tag{5.78}$$

介质产生的极化强度应为两列波的叠加,则

$$P = \chi^{(2)}[A_1\cos(\omega_1 t + k_1 z) + A_2\cos(\omega_2 t + k_2 z)]^2$$
$$= [A_1^2\cos^2(\omega_1 t + k_1 z) + A_2^2\cos^2(\omega_2 t + k_2 z) + 2A_1 A_2\cos(\omega_1 t + k_1 z)\cos(\omega_2 t + k_2 z)]$$
$$\tag{5.79}$$

经推导得出,二阶非线性极化波应包含有下面几种不同的频率成分:

$$P_{2\omega_1} = \frac{\chi^{(2)}}{2}A_1^2\cos[2(\omega_1 t + k_1 z)] \tag{5.80}$$

$$P_{2\omega_2} = \frac{\chi^{(2)}}{2}A_2^2\cos[2(\omega_2 t + k_2 z)] \tag{5.81}$$

$$P_{\omega_1+\omega_2} = \chi^{(2)}A_1 A_2\cos[(\omega_1 + \omega_2)t + (k_1 + k_2)z] \tag{5.82}$$

$$P_{\omega_1-\omega_2} = \chi^{(2)}A_1 A_2\cos[(\omega_1 - \omega_2)t + (k_1 - k_2)z] \tag{5.83}$$

$$P_{直流} = \frac{\chi^{(2)}}{2}(A_1^2 + A_2^2) \tag{5.84}$$

从式(5.80)~式(5.84)可以看出,二阶效应中含有基频波的倍频分量($2\omega_1$)、($2\omega_2$),和频分量($\omega_1 + \omega_2$),差频分量($\omega_1 - \omega_2$)和直流分量。因此二阶效应可用以实现倍频、和频、差频及参量振荡等过程。

当只有一种频率为 ω 的光入射介质时,那么二阶非线性效应就只有除基频外的一种频率(2ω)的光波产生,称为二倍频或二次谐波。二倍频是最基本、应用最广泛的一种技术。第一个非线性效应实验,就发生第一台红宝石激光器问世后不久。当时,人们利用红宝石激光器发出的 $0.694\,3\,\mu m$ 激光在石英晶体中观察到了紫外倍频激光。后来又有人利用此技术将晶体发出的 $1.06\,\mu m$ 红外激光转换成 $0.53\,\mu m$ 的绿光,从而满足了水下通信和探测等工作对波段的要求。

当 $\omega_1 \neq \omega_2$ 时,产生频率为 $\omega_3 = \omega_1 + \omega_2$ 的光波过程称为和频,如入射的光波频率分别为 ω 和 2ω,和频后得到频率为 $3\omega = \omega + 2\omega$ 的光波(数值上等于三倍频,但并非三倍频非线性效应,而是和频效应,属于频率上转换)。

(3) 相位匹配及实现方法

极化强度与入射光强和非线性极化系数有关,但并非只要入射光强足够强,使用非线性极化系数尽量大的晶体,就可以获得较好的倍频效果。要获得较好的倍频效果,还需要满足一个重要条件——相位匹配。

实验证明,只有具有特定偏振方向的线偏振光,以某一特定角度入射晶体时,才能获得良好的倍频效果,而以其他角度入射时,则倍频效果很差,甚至完全不出倍频光。根据倍频转换效率定义

$$\eta = I_{2\omega} / I_\omega \tag{5.85}$$

经理论推导

$$\eta \propto \frac{\sin^2(L \cdot \Delta k/2)}{(L \cdot \Delta k/2)^2} \cdot d \cdot L^2 \cdot I_\omega \tag{5.86}$$

式中,$\Delta k = k_{2\omega} - 2k_\omega$,$k_{2\omega} = \dfrac{2\pi n_{2\omega}}{\lambda_{2\omega}}$ 为倍频光的波矢,$k_{2\omega} = \dfrac{2\pi n_\omega}{\lambda_\omega}$ 为基频光的波矢,所以 $\Delta k = \dfrac{4\pi}{\lambda_\omega}(n_{2\omega} - n_\omega)$。

根据式(5.86)作出 η 与 $L \cdot \Delta k/2$ 的关系曲线,如图 5.50 所示。要获得最大的转换效率,就要使 $L \cdot \Delta k/2 = 0$,由于 L 是倍频晶体的通光长度,不能等于 0,因此 $\Delta k = 0$,即

$$n_{2\omega} = n_\omega \tag{5.87}$$

其中,n_ω 和 $n_{2\omega}$ 分别为晶体对基频光和倍频光的折射率。只有当基频光和倍频光的折射率相等时,倍频光最强,倍频效率最高。$\Delta k = 0$ 称为相位匹配条件。

要实现相位匹配条件,可利用各向异性晶体的双折射效应。对于具有正常色散的材料,e 光和 o 光的折射率都是随频率升高而单调增大的,因而当倍频和基频光同属于 e 光或 o 光时,相位匹配条件是无法满足的。但当这两种光分别属于不同的偏振态时,利用双折射现象,就可能在某一特定的方向上实现 $n_\omega^o = n_{2\omega}^e(\theta_m)$,即当光波沿着与光轴成 θ_m 角方向传播时,$\Delta k = 0$,即满足相位匹配条件。θ_m 称为相位匹配角,可由下式计算得出

$$\sin^2\theta_m = \frac{(n_0^{\omega})^{-2} - (n_0^{2\omega})^{-2}}{(n_e^{2\omega})^{-2} - (n_0^{2\omega})^{-2}} \qquad (5.88)$$

在实际的倍频装置中,都希望获得最高的倍频转换效率,这就要在相位匹配的条件下工作。常用的方法主要有两种:

① 寻找相位匹配角,就是要使 $n_{2\omega} = n_{\omega}$。利用折射率球即可寻找到基频的 o 光折射率与倍频的 e 光折射率相等的相位匹配角 θ_m,如图 5.51 所示,θ_m 是 $n_{\omega}^o = n_{2\omega}^e$ 时光传播方向与晶体光轴之间的夹角,即相位匹配角。

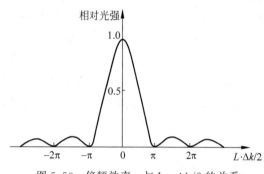

图 5.50　倍频效率 η 与 $L \cdot \Delta k/2$ 的关系

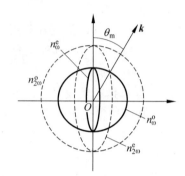

图 5.51　折射率椭球

常用晶体的 θ_m 也可通过查表 5.10 得到。

表 5.10　几种材料的相位匹配角

晶体	$\lambda/\mu m$	n_o	n_e	θ_m
铌酸锂	1.06	2.231	2.152	87°
	0.53	2.320	2.230	
碘酸锂	1.06	1.860	1.719	29°30′
	0.53	1.901	1.750	
KD*P	1.06	1.495	1.455	30°57′
	0.53	1.507	1.467	

对于负单轴晶体,由于 n_e 总小于 n_o,并且 o 光折射率 n_o 与光波法线方向 θ 无关,e 光折射率与 θ 有关。因而选用基频 o 光和倍频 e 光,就可以找到一个特定的 θ_m 角,在这个角度 θ_m 上,正好有 $n_{\omega}^o = n_{2\omega}^e(\theta_m)$。也就是说,光的基波沿 θ_m 方向传播时,如果产生的倍频光也沿同一方向传播,当它是 e 光时,相位匹配条件就可以满足,这种匹配方式称之为 oo-e 匹配方式。

对于正单轴晶体,它的 $n_o < n_e$,它与负单轴晶体正好相反,它的匹配技术必须采用基波为 e 光,倍频光为 o 光的 ee-o 匹配方式。否则,有关的两个折射率曲面就不能相交。

② 温度匹配。这种匹配主要通过控制晶体的温度,使相位匹配角 $\theta_m = 90°$。相位匹配时的温度 T_m 称为相位匹配温度。当晶体温度改变时,它的折射率就会发生变化。有些晶体,例如 $LiNbO_3$、KDP、ADP 等,它们的折射率 n_e 对温度变化的改变量比 n_o 对温度变化的改变量大得多,因而有可能改变晶体温度使 $\theta_m = 90°$。

（4）倍频光的脉冲宽度和线宽

由于倍频光与入射基频光强的平方成比例，因此倍频光脉冲宽度 t 和相对线宽 ν 都比基频光变窄，如图 5.52 所示。

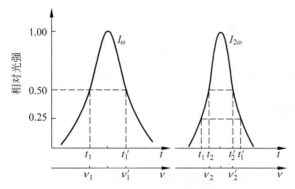

图 5.52　基频光与倍频光的脉冲宽度及相对线宽比较

假设在 $t = t_0$ 时，基频光和倍频光的光强具有相同的极大值，基频光在 t_1 和 t_1' 时，功率为峰值的 $1/2$，脉冲宽度 $\Delta t_1 = t_1' - t_1$，而在相同的时间间隔内，倍频光的功率却为峰值的 $1/4$，倍频光的班值宽度 $t_2' - t_2 < t_1' - t_1$，即 $\Delta t_2 < \Delta t_1$，脉冲宽度变窄。同样，可得倍频后的谱线宽度也会变窄。

【实验装置】

倍频实验装置通常由三个基本部分组成，即基频光源、非线性倍频晶体以及相位匹配与激励耦合元件三部分组成。基频光源可采用半导体、氦氖灯等各种类型的激光器；倍频晶体应根据倍频的工作频率和实际需要来选取，倍频晶体要选用不具有对称中心的晶体，此外还要求用作倍频晶体有较大的非线性极化系数 $\chi^{(2)}$，透明性要好，能实现相位匹配条件等，如铌酸锂晶体；相位匹配与激励耦合元件，要根据所采用的倍频晶体的特性及具体实验条件而确定。

按倍频晶体放置位置的不同，倍频装置分为腔外倍频（如图 5.53 所示）和腔内倍频两种类型。

全反镜　　激光棒　　输出镜　　起偏器　　倍频晶体

图 5.53　腔外倍频

本实验采用电光调 Q 激光器输出波长为 1 064 nm 的激光，KTP 或铌酸锂晶体作为倍频晶体，采用腔外倍频方式获得波长为 532 nm 的绿光。测定 KTP 晶体相位匹配角的实验装置如图 5.54 所示。

He-Ne 激光器是用来调试 YAG 激光器及测试匹配角。滤光片可以滤掉波长为 1 064 nm 的基频光只透过波长为 532 nm 的倍频绿光。倍频晶体及角度调节组件采用插入式结构。紧固螺丝可以将组件固定在插入光路和移出光路的位置上。倍频组件移出光路时输出的是

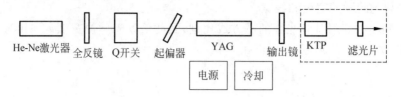

图 5.54　KTP晶体相位匹配角实验装置图

波长为1064nm的激光；晶体插入光路时可调节匹配角，从而获得二次谐波的最佳匹配角。

【实验内容与步骤】

1. 连续 Nd:YAG 激光器输出

（1）开启准直激光（He-Ne 激光器或其他激光器），调节其二维调节架，先让光束从 Nd:YAG 棒的几何中心通过，并使其反射光点反射到准直光源的小孔光阑上。再依次放置半反镜和全反镜并进行调节，当光都能反射到小孔光阑上时，表示两腔镜基本上平行，并与 Nd:YAG 棒的几何轴线垂直，盖上小孔光阑（防止漏光损坏准直光源）。

（2）开启仪器电源，打开循环水致冷开关，运行约 10 min 后，确定循环冷却水温稳定在 20℃。

（3）开启激光泵浦源（激光二极管），逆时针将电流调节旋到底，确认输出电流最小。先按下"启动"开关，再顺时针缓慢调节电流旋钮，逐渐加大激光二极管的泵浦电流（注意最大值的限制），应有波长为 1064 nm 的激光输出，微调两腔镜使输出功率最大，用光功率计测量激光的输出能量。

（4）待谐振腔调至最佳状况时，先将泵浦电流调至最大，再逐渐减小泵浦电流，依次记录泵浦电流和所对应的输出功率值，画出 $I\text{-}P$ 关系曲线，并确定其阈值。

2. 连续 Nd:YAG 激光器倍频输出

（1）参照图 5.54 将倍频晶体及角度调节组件插入光路，输出的激光即为绿光（532 nm）。

（2）调节螺旋测微杆，使倍频晶体反射的红色激光按原光路返回，记下测微杆读数；再将晶体反射的红色激光调出光路，缓慢调节晶体角度，同时用光功率计测试脉冲绿色激光光强，找出输出绿色激光最强时所对应的角度，即为相位匹配角。

3. 电光调 Q 脉冲 Nd:YAG 激光输出

（1）在电光晶体 KDP 上加 3 960 V 高压，并在连续 Nd 3:YAG 激光器的腔内放置电光 Q 开关，构成了一个电光调 Q 激光器，其输出波长为 1 064 nm 的脉冲激光序列。

（2）脉冲频率是由电光晶体驱动源的调制效率决定的，可进行频率选择。输出脉冲激光后可进行泵浦电流与激光输出的关系测量，和脉冲宽度、脉冲序列的测量。

（3）将倍频晶体及角度调节组件调出光路，用 He-Ne 激光调试 YAG 激光器，使输出波长为 1 064 nm 激光，根据打在曝光相纸上的斑点，检验固体激光器谐振腔是否已调好。

4. 关机

将激光二极管的泵浦电流减小至零(注意调节速度不要太快);停止激光二极管的泵浦电流供电后,将电光晶体 KDP 的高压退压至零;待激光器冷却后,关闭仪器电源。

【实验数据记录及处理】

1. 将所测得数据记录于表 5.11,并绘制输出光功率 P 与泵浦电流 I 的关系曲线 P-I,确定阈值。

表 5.11　泵浦电流与输出光功率的关系数据记录表

泵浦电流 I/A				
光功率 P/W				

2. 倍频输出特性及相位匹配角的关系。
3. 求出脉冲频率、宽度和输出能量的关系。

【注意事项】

1. 不能用肉眼直接对准激光束直射光或反射光观察,否则会损伤眼睛。
2. 激光器应存放在干燥、干净的环境中。
3. 如果发现有灰尘落于光学元件的表面,应先用吸耳球吹落;无法吹落的话,可用蘸有少量乙醇和乙醚的清洁混合液的脱脂棉球或镜头纸轻轻抹擦光学表面。在抹擦时,必须注意同一块棉球或镜头纸用的次数不能多,应及时更换,抹擦应朝同一方向,不能来回反复。
4. 激光器在工作时,虽然设置有水流保护,但还应注意水流情况,以免断水烧坏激光模块和 Q 开关。

【思考题】

1. 激光调 Q 的主要原理是什么?
2. 激光调 Q 主要有哪些技术?
3. 倍频激光输出的强弱与哪些因素有关?
4. 如何在同样的泵浦条件下获得功率更高的脉冲激光?

5.5　光纤传感器综合实验

光纤传感实验仪是由多种形式的光纤传感器组成,是集教学和实验于一体的传感测量系统。它具有结构简单,灵敏度高,稳定性好,切换方便应用范围广等特点。光纤传感器的种类有很多:如布拉格光纤光栅传感器、反射式光纤微位移传感器、光纤 F-P 干涉传感器、锥形光纤传感等,可用于测量多种物理量。

5.5.1　布拉格光纤光栅传感器及温度、应变测量

布拉格光纤光栅是一种折射率在光纤长度方向成周期变化的可反射入射光的光学器

件,环境变化如温度和应力导致光栅的折射率和光栅周期变化,从而用作各种传感器。由于光纤光栅传感器不受电磁干扰、重量轻、体积小、不易腐蚀等优点,应用非常广泛。

【实验目的】

1. 了解布拉格光纤光栅传感器的基本结构和传感的基本原理。
2. 掌握布拉格光纤光栅温度传感和应变传感的测量。
3. 了解布拉格光纤光栅传感器的局限性。

【实验仪器】

SGQ-1 型光纤光栅传感实验仪、计算机。

【实验原理】

1. 光纤光栅及其基本特性

光纤光栅的基本结构如图 5.55 所示。它是利用光纤材料的光折变效应,用紫外激光向光纤纤芯内由侧面写入,形成折射率周期变化的光栅结构,这种光栅称之为布拉格(Bragg)光纤光栅。

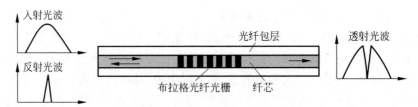

图 5.55　布拉格光纤光栅的基本结构

这种折射率周期变化的布拉格光纤光栅满足下面的相位匹配条件时,入射光波将被反射:

$$\lambda_B = 2n_{\text{eff}}\Lambda \tag{5.89}$$

式中,λ_B 为布拉格波长(即光栅的反射波长),Λ 为光栅周期,n_{eff} 为光纤材料的有效折射率。如果光纤光栅的长度为 L,由耦合波方程可以计算出反射率 R 为

$$R = \left|\frac{A_r(0)}{A_i(0)}\right|^2 = \frac{\kappa^*\kappa \sinh^2 sL}{s^2\cosh^2 sL + (\Delta\beta/2)^2 \sinh^2 sL} \tag{5.90}$$

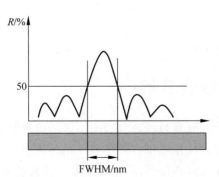

图 5.56　布拉格光纤光栅的反射谱

图 5.56 显示了一个布拉格光纤光栅的反射谱,其峰值反射率 R_m 为

$$R_m = \tanh^2\left[\frac{\pi\Delta nL}{2n_{\text{eff}}\Lambda}\right] \tag{5.91}$$

反射的半值宽度(FWHM),即反射谱的线宽值为

$$\Delta\lambda = \lambda_B \sqrt{\left(\frac{\Lambda}{L}\right)^2 + \left(\frac{\Delta n}{n_{\text{eff}}}\right)^2} \tag{5.92}$$

2. 光纤光栅传感的基本原理

当光栅周围的应变 ε 或者温度 T 发生变化时,将导致光栅周期 Λ 或纤芯折射率 n_{eff} 发生变化,从而产生布拉格波长位移 $\Delta\lambda$。在式(5.89)中,n_{eff}、Λ 是温度 T 和轴向应变 ε 的函数,因此布拉格波长的相对变化量可以写成:

$$\Delta\lambda/\lambda_B = (\alpha + \xi)\Delta T + (1 - \text{Pe})\varepsilon \tag{5.93}$$

其中,α、ξ 分别是光纤的热膨胀系数和热光系数;Pe 是有效光弹系数,大约为 0.22。通过监测布拉格波长偏移情况,即可获得光栅周围的应变或者温度的变化情况。应变 ε 可以是很多物理量(如压力、形变、位移、电流、电压、振动、速度、加速度、流量等)的函数,因此应用光纤光栅可以制造出各种不同用途的传感探头。

(1) 光纤光栅温度传感原理

在光纤光栅温度传感器中,为了提高光纤光栅的温度灵敏度,光纤光栅被封装在温度增敏材料基座上,外部有不锈钢管保护,并装有加热装置。光纤光栅温度传感的表达式为

$$T = T_0 + \frac{\Delta\lambda}{k_T} \tag{5.94}$$

式中,k_T 定义为该温度传感器的温度灵敏度,其表达式为

$$k_T = \frac{\Delta\lambda}{\Delta T} = [(\alpha + \xi) + (1 - \text{Pe})(\alpha_j - \alpha)]\lambda_B \tag{5.95}$$

式中,α 为石英材料(光纤光栅)光纤热膨胀系数;ξ 为石英材料(光纤光栅)光纤热光系数;Pe 为石英材料(光纤光栅)光纤有效光弹系数,$\eta = 1 - \text{Pe}$;α_j 为基座热膨胀系。利用式(5.95)计算得到 k_T,再测出波长变化量 $\Delta\lambda$,便可计算出温度的变化 ΔT。

(2) 光纤光栅应变传感原理

光纤光栅应变传感原理如图 5.57 所示,光纤光栅粘接在悬臂梁距固定端根部 x 位置处,螺旋测微器用来调节挠度。

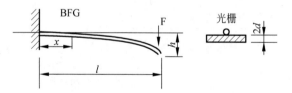

图 5.57　光纤光栅应变传感头

由材料力学知识可知,光纤光栅的应变为

$$\varepsilon = \frac{3(l - x)dh}{V_{梁}} \tag{5.96}$$

其中 l、h、d 分别表示梁的长度、挠度和中性面至表面的距离;$\eta = 1 - \text{Pe}$,Pe 是光纤有效光弹系数。挠度变化 Δh 时,应变的变化量 $\Delta\varepsilon$ 及峰值波长的变化量为

$$\Delta\lambda = (1 - \text{Pe})\lambda_B \Delta\varepsilon \tag{5.97}$$

于是,定义光纤光栅悬臂梁波长调谐灵敏度 β_ε(单位:nm/mm)为

$$\frac{\Delta\lambda}{\Delta h} = \beta_\varepsilon = \frac{(1 - \mathrm{Pe})\Delta\varepsilon\lambda_\mathrm{B}}{\Delta h} \tag{5.98}$$

同样,定义应变调谐灵敏度为

$$\frac{\Delta\varepsilon}{\Delta h} = \frac{\beta_\varepsilon}{(1 - \mathrm{Pe})\lambda_\mathrm{B}} \tag{5.99}$$

在各挠度下,光纤光栅应变传感的表达式为

$$\varepsilon = \varepsilon_0 + \frac{\Delta\lambda}{(1 - \mathrm{Pe})\lambda_\mathrm{B}} \tag{5.100}$$

利用给出的光纤光栅应变传感器波长-挠度灵敏度系数 β_ε,可计算出应变传感器的各点实际应变为

$$\varepsilon = \varepsilon_0 + \frac{\beta_\varepsilon}{(1 - \mathrm{Pe})\lambda_\mathrm{B}}\Delta h \tag{5.101}$$

【实验装置简介】

光纤光栅传感系统框图如图 5.58 所示,它的工作过程及原理是:首先由具有宽带特性的探测光源经光纤耦合器一个输出端、信号传输光纤到光纤光栅传感头,再由传感光栅反射,形成传感光栅的窄带反射光谱,最后由传输光纤传输到波长分析器;波长分析器的功能类似光谱仪的分光功能,用来探测传感光栅光谱分布及其光谱变化,光电检测是将光栅光谱分布及其光谱变化转变成电信号的变化并进行数据处理,从而显示为传感结果输出,数据处理和结果显示可以由计算机完成。

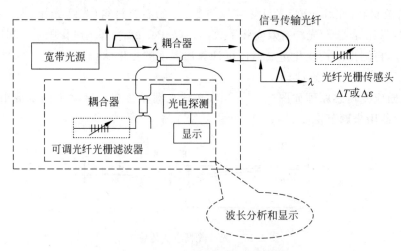

图 5.58　光纤光栅传感系统框图

波长分析器是一种悬臂梁可调的光纤光栅滤波器,其原理图与图 5.58 中的光纤光栅应变传感头相同,由螺旋测微器改变悬臂梁形变的挠度,进而改变滤波器光纤光栅的反射光谱。光电探测是一种宽带接收系统,光电探测到的光强值是传感光纤光栅光强分布曲线与滤波器光纤光栅光强分布曲线的卷积,当其滤波器光纤光栅波长峰值与传感光纤光栅波长峰值相同时,光电信号达到极大值,极大值的波长位置即是传感光纤光栅的波长位置。

【实验内容与步骤】

1. 进行实验前的准备，熟悉光纤光栅传感实验仪结构、各功能模块及接口

光纤光栅传感实验仪包括光纤光栅传感的测试单元和信号输出单元，它们的基本结构分别如图 5.59(a)和(b)所示。

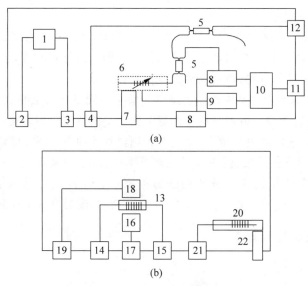

(a)

(b)

图 5.59　光纤光栅传感实验仪的结构

(a) 测试单元；(b) 信号输出单元

1-ASE 宽带光源；2-1 550 nm 信号光源输入接口；3-宽带光源输出接口；4-宽带光源输入接口；5-光纤耦合器；6-波长悬臂梁调谐器；7、22-螺旋测微器；8-光强信号数字电压表；9-波长传感器信号接收放大电子线路；10-A/D 转换及数据处理电子线路；11-RS232 数据输出接口；12-传感信号输入接口；13-光纤光栅温度传感器；14、15-温度传感信号输出接口；16-加热装置；17-加热调节器；18-温度检测装置；19-温度数字显示器；20-光纤光栅应变传感器；21-应变传感信号输出端

2. 温度传感实验

(1) 将测试单元中宽带光源 1 的输出接口 3 与宽带光源输入端 4 用跳线连接，将 RS232 接口与计算机连接，将信号输出单元中的光纤光栅温度传感信号输出端 14 或 15 与光纤光栅传感信号输入接口 12 连接，温度调节旋钮旋至最小，开启电源，温度显示为室温温度。

(2) 利用计算机传感测试软件测量记录数据：启动计算机与传感测试软件，熟悉计算机软件界面操作，实验时计算机会自动记录并显示传感光栅光谱分布曲线，手动确定参考波长位置和每个温度下光栅的波长位置，将自动显示波长差和温度差。

(3) 手动测量记录数据：先粗调以确定有光强信号输出的起始位置，再以一定的小进给量，缓慢转动波长调谐螺旋测微器 7 到需要的刻度位置即挠度(单方向转动，以消除螺距差，下同)，记录刻度值和光强信号数字电压表 8 显示的电压值，直至光纤光栅谱线全部显示出，得到一组室温下光纤光栅光谱分布曲线数据；转动传感单元上的温度调节电位器，开始

加热,5~6 min 后温度显示数字稳定,重复上述步骤开始这一温度下的光纤光栅光谱分布曲线数据测试,直至完成温度最高时的数据测试。绘制测量温度值 t 与传感器处的实际温度值 T 关系曲线,计算 t 的测量误差,并分析原因。

3. 应变传感实验

(1)将信号输出单元中的应变传感信号输出端 21 与测试单元中的信号输入接口 12 连接,不开启输出单元的电源。

(2)利用计算机传感测试软件测量记录数据:启动计算机传感测试软件,熟悉计算机软件界面操作,实验时计算机会自动记录显示传感光栅光谱分布曲线,手动确定参考波长位置和另一应变下光栅波长位置,将自动显示波长差和应变差。

(3)手动测量记录数据:基本与温度传感实验手动测量记录数据的步骤相同。先以一定的小进给量,缓慢转动波长调谐螺旋测微器 7 到需要的刻度位置即挠度,记录刻度值和光强信号数字电压表 8 显示的电压值,直至光纤光栅谱线全部显示出,得到一组"零刻度传感应变"光纤光栅光谱分布曲线数据;转动传感调谐螺旋测微器一圈(0.5 mm),重复上述步骤开始这一应变值下的光纤光栅光谱分布曲线数据测试;再转动传感调谐螺旋测微器一圈(0.5 mm),开始下一应变值的数据测试,直至完成应变刻度最高 8 mm 的数据测试。

【实验数据记录与处理】

1. 温度传感实验

(1)将所测得的数据记录在表 5.12,并在计算机上应用 Excel 或 Origin 绘图软件,利用直线拟合的方法绘出温差 Δt 与极值波长差 $\Delta\lambda$ 的关系曲线,计算温度感测的灵敏度 k_T

$$\Delta t = \frac{\Delta\lambda t}{k_T} \tag{5.102}$$

表 5.12 温度传感测量数据记录表

$\lambda_0 = \underline{\qquad}$ nm,室温 $t_0 = \underline{\qquad}$ ℃

次数/i	1	2	3	4	5	平均值
温度 T/K						
Δt/℃						
$\Delta\lambda$/nm						
t/℃						

(2)绘制测量温度值 t 与传感器处的实际温度值 T 关系曲线。计算出 t 的测量误差,并分析原因。

注意:每一个温度下都需要利用光强-挠度曲线确定光强最大值对应的波长,也即布拉格反射的中心波长,参看图 5.56。

(3)本实验参数:光纤热膨胀系数 α 为 0.5×10^{-6}/℃,光纤热光系数 ξ 为 8.3×10^{-6}/℃,光纤有效光弹系数 Pe 为 0.22,$k_T = 0.035$ nm/℃。

2. 应变传感实验

（1）将所测得数据记录于表 5.13，并在计算机上应用 Excel 或 Origin 绘图软件，利用直线拟合的方法绘出挠度变化量 Δh 与极值波长差 $\Delta \lambda$ 的关系曲线，计算光纤光栅应变传感器波长-挠度灵敏度系数 β_ε。

表 5.13　应变传感测量数据记录表

$\lambda_0 = $ _____ nm, $h_0 = $ _____ , $\varepsilon_0 = $ _____

次数 i	1	2	3	4	5	平均值
$\Delta h / \mathrm{mm}$						
$\Delta \varepsilon / \mu\mathrm{m}$						
$\Delta \lambda / \mathrm{nm}$						
$\varepsilon / \mu\mathrm{m}$						
$E / \mu\mathrm{m}$						

（2）利用式（5.96）计算各挠度下的测量应变，并根据给出的光纤光栅波长调谐灵敏度 β_ε 计算出应变传感器的各点实际应变：

$$E = E_0 + \frac{\beta_\varepsilon}{(1 - \mathrm{Pe})\lambda} \Delta h \tag{5.103}$$

绘制测量应变 ε 与传感器处的实际应变值 E 关系曲线，分析误差原因。

（3）本实验参数：悬臂梁是 $79 \times 5 \times 1.4~\mathrm{mm}^3$ 钢带，有效光弹系数 Pe 大约为 0.22，螺旋测微器最大行程为 8 mm，光纤光栅粘接在根部的 5 mm 处，光纤光栅波长调谐灵敏度为 $\beta_\varepsilon = 0.38~\mathrm{nm/mm}$，对应的应变调谐灵敏度 $\dfrac{\Delta \varepsilon}{\Delta h}$ 约为 320 $\mu\mathrm{m/mm}$，最大调谐量为 3.8 nm。

【注意事项】

1. 光纤跳线不要强拉硬拽，不要使弯曲半径过小。

2. 光纤跳线接头安装时，要对准插入，轻轻旋紧，防止磨损光学表面，表面不洁时，用透镜纸醮取少量无水乙醇轻轻擦拭表面。

3. 光纤跳线尽量保持在插入原位，不要频繁拔下、插入。

4. 仪器需要 10 min 以上的预热时间。实验前要充分准备，熟悉实验步骤，数据测试时要熟练紧凑，以免温度变化造成误差。

5. 实验结束后，螺旋测微器尽量保持在旋出位置，使悬臂梁处于无应力状态。

6. 测不到信号时，先检查跳线接头是否处于对准插入状态，再检查接头表面是否弄脏，最后检查传感波长位置是否处于可测量范围之内。

【思考题】

1. 布拉格反射的基本原理是什么？

2. 在温度传感中，实测温度和光纤光栅传感器测量的温度有差异，你如何解释？

　　3. 在应变传感中,波长调谐灵敏度 β_ε 和应变调谐灵敏度 $\dfrac{\Delta\varepsilon}{\Delta h}$ 各自如何测量? 它们各代表什么物理含义?

5.5.2　光纤 F-P 干涉传感器及微振动测量

　　F-P 干涉仪在于 19 世纪末问世,但基于光纤的 F-P 干涉仪直到 20 世纪 80 年代才制作成功。随后,光纤 F-P 干涉仪逐渐被应用到温度、应变和复合材料的超声波压力传感中。光纤 F-P 干涉传感器的特点是采用单根光纤、利用多光束干涉原理来监测被测量,避开了迈克耳孙干涉传感器和马赫-曾德干涉传感器所需两根光纤配对并且必须对偏振进行补偿等问题。此外,光纤 F-P 干涉传感器对任何导致其两个反射面距离发生变化的物理量灵敏度极高,而且传感区域很小,在很多应用时可被视为“点”测量;加之其结构简单、体积小、复用能力强、抗干扰、重复性好等优势,在嵌入式测量更是备受青睐,成为实现所谓人工智能结构和材料等相关领域的研究热点,广泛应用于复合材料、大型建筑结构(如桥梁等)、宇航飞行器、飞机等的结构状态监测,以实现所谓的智能结构。

【实验目的】

　　1. 了解光纤 F-P 干涉传感器的基本结构和原理。
　　2. 掌握用光纤 F-P 干涉传感器进行微振动测量的方法。

【实验仪器】

　　宽带光源,光纤耦合器,光纤光栅,光电探测器,反射镜,信号发生器,扬声器,数字示波器,光纤跳线,法兰盘,计算机。

【实验原理】

1. 光纤 F-P 干涉传感器的基本结构和原理

　　光纤 F-P 干涉传感器的基本结构如图 5.60 所示,激光器输出光经耦合器、传输光纤,在光纤端面部分反射回光纤,部分透射出光纤。从端面输出的光被前方镜面反射,在光纤端面和镜面形成的 F-P 腔的共同作用下,来回振荡;同时,在端面处多束光透射返回光纤,多束透射光连同端面反射回光纤的原有光,产生多光束干涉,调制光强,干涉光经耦合器被光电探测器接收。在稳定状态,如在 F-P 腔长不改变的情况下,光电探测器将接收的稳定的光强信号输出;若 F-P 腔长变化,如反射镜移动,将得到变化的强度信号输出,分析探测到的光强信号,可以确定镜面(物体)的运动情况。基于上述特性,光纤 F-P 干涉传感器能够用于物体的位移、振动、速度的测量。

　　F-P 干涉是多光束干涉,根据多光束干涉理论,F-P 干涉传感器输出反射光光强的公式为

$$I_R = \frac{2R - 2R\cos\left(\dfrac{4\pi h}{\lambda}\right)}{1 + R^2 - 2R\cos\left(\dfrac{4\pi h}{\lambda}\right)} I_0 \tag{5.104}$$

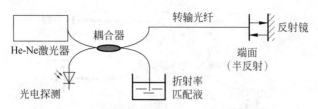

图 5.60　光纤 F-P 干涉传感器的基本结构

其中，I_0 为最初入射光强；R 为光纤端面反射率；h 为 F-P 干涉传感器的腔长；λ 为激光波长。由式(5.104)可知，当 $\dfrac{4\pi h}{\lambda}=(2m-1)\pi$ 时，反射光强 I_R 为极小值；当 $\dfrac{4\pi h}{\lambda}=2m\pi$ 时，反射光强 I_R 为极大值，m 为干涉级次，相邻极大(小)值之间相差 1 个级次。图 5.61 为输出光强(反射光强值 I_R)相对于 F-P 腔长 h 的关系曲线。由图可知，该曲线为近似正弦曲线，周期仅与入射激光波长 λ 有关，而不受入射光强的影响。

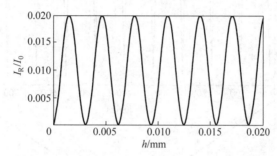

图 5.61　输出光强相对于 F-P 腔长 h 的关系曲线

根据 $\dfrac{4\pi h}{\lambda}=2m\pi$，若 m 变化 1，则相邻光强极大值移动一个级次(条纹)，此时 h 改变 $\dfrac{\lambda}{2}$，因此，在动态测量中，只要统计干涉信号的极大值个数，就可以计算出物体的位移量(h 改变量)，其表达式为

$$d = h = N \cdot \frac{\lambda}{2} \tag{5.105}$$

式中，N 为条纹极大值个数。

2. 光纤 F-P 干涉微振动传感实验系统

光纤 F-P 干涉微振动传感实验系统如图 5.62 所示，宽带光源将波长范围 1 520～1 570 nm 的激光经环形器入射到光纤光栅，光纤光栅具有滤波作用，反射一个布拉格波长的窄带光，形成 1 550 nm 激光经环形器输出；激光经光纤耦合器到达传感臂光纤端面，进而在光纤端面与被测物表面构成的 F-P 腔内振荡，形成多光束干涉，干涉光经传感臂、耦合器后被光电探测器接收，光强信号转换成电压信号并用数字示波器显示出来，和计算机连接，可以实时采集干涉信号，并进行数据处理和分析，得到被测物体的振动曲线。

图 5.63 描述的是被测物体做三角波位移运动的情形，下方曲线为物体在 800 ms 内的位移曲线，上方曲线为物体运动时产生的干涉信号波形。从图中看出，波形极大值个数与半个波长的乘积正好等于物体的位移量。

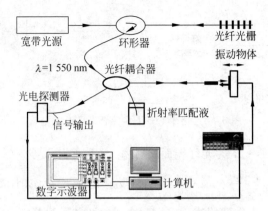

图 5.62　光纤 F-P 干涉微振动传感实验系统

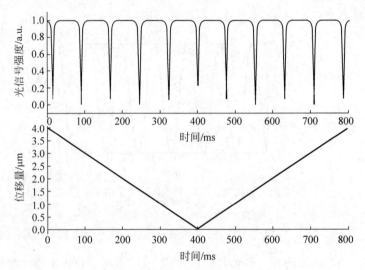

图 5.63　被测物体的运动曲线和干涉信号波形

【实验内容与步骤】

1. 参照图 5.62 搭建实验系统。

2. 实验时，分别打开示波器和宽度光源电源，使它们处于正常工作状态。打开信号发生器电源，使物体选择三角波信号输出，驱动扬声器，使物体振动。

3. 观察示波器接收到的干涉信号，同时调整 F-P 谐振腔，得到适度的反射光和合适的腔长度，此时信号调到最好状态。

4. 连接计算机和数字示波器，使它们能够通信，用数据采集软件采集干涉信号并保存。

【实验数据记录与处理】

1. 记录物体的位移量与波形个数，表格自拟，找出它们的关系。

2. 编写数据处理程序，处理保存的干涉信号数据，给出被测物体的运动曲线。

【注意事项】

1. 光纤跳线不要强拉硬拽,不要使弯曲半径过小,尽量保持在插入原位,不要频繁拔下、插入。

2. 光纤跳线接头安装时,要对准插入,轻轻旋紧,防止磨损光学表面,表面不洁时,用透镜纸蘸取少量无水乙醇轻轻擦拭表面。

3. 测不到信号时,先检查跳线接头是否处于对准插入状态,再检查接头表面是否弄脏,最后检查传感波长位置是否处于可测量范围之内。

【思考题】

1. 实验中物体的位移量与波形极大值的个数的关系是什么?为什么?

2. 分振幅双光束干涉与多光束干涉有什么不同?各有什么优缺点?

3. 如果采用双光束干涉原理进行实验,请试设计一种光纤位移传感装置。

4. 试比较基于 F-P 干涉的光纤传感器与基于迈克耳孙干涉和马赫-曾德干涉的光纤传感的优缺点。

5.6　液晶光阀寻址及图像处理综合实验

基于液晶光阀的光信息综合实验系统是利用液晶对光的调制特性而发展起来的信息光学实验系统,用于光电信息工程专业、物理专业及相关专业的光学基础实验教学。其特点是实验内容新颖、技术先进,有软件辅助实验,操作方便。

本实验系统便于学生从实验现象中更形象地认识信息光学中广泛使用的空间光调制器即液晶光阀的工作原理,加深对全息尤其是计算全息基本概念和基本性质的理解,为今后更深入的学习奠定基础。

5.6.1　基于电寻址液晶光阀的光信息处理实验

液晶是一种介于液体和晶体之间的有机高分子化合物,既有液体的流动性,又有晶体的取向特性,当液晶分子有序排列时会表现出光学各向异性。液晶屏就是利用液晶对光的调制特性而制作的空间光调制器。电寻址的调制器非常便于通过计算机来控制信号的输入和输出,也能用于光学信息处理,如计算全息等。

【实验目的】

1. 加深对液晶电光效应的理解。

2. 掌握利用 LCD 液晶光阀的响应曲线进行图像反转和图像边缘增强的工作原理及方法。

3. 了解全息原理和计算全息的特性并学会进行全息图的光学再现。

4. 掌握光学傅里叶变换的性质及全息性质。

5. 加深对卷积定理的理解和全息成像原理的认识。

【实验仪器】

激光器,空间滤波器,准直镜,偏振片 2 片,液晶光阀,傅里叶透镜,白屏或毛玻璃片,CCD 摄像头,光电池,计算机及专用软件。

【实验原理】

1. 液晶

液晶是一种介于液体与晶体之间既有液体的流动性又有类似晶体结构的有序性的晶液中间态,又称为液态晶体或晶状液体、介晶液体。当液晶分子有序排列时表现出光学各向异性:光矢量沿分子长轴方向时具有较大的非常光折射率 n_e;而垂直分子长轴方向时具有寻常光折射率 n_o(针对 p 型液晶材料)。晶轴方向即为分子长轴方向。

在组成液晶盒的两个玻璃间加一个电压,其中的液晶分子在电场作用下会沿着电场方向排列,即光轴方向沿电场方向偏转。因此电场控制了双折射效应的变化,液晶光阀正是利用此特点而制成的器件。图 5.64 是液晶光阀结构示意图。

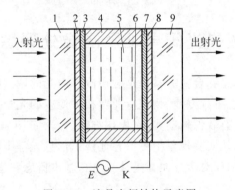

图 5.64　液晶光阀结构示意图

1、9-玻璃基片；2、8-透明电极；3、7-液晶分子取向膜层；4、6-衬垫；5-液晶层；E-低压电源；K-开关

2. 液晶光阀工作原理

图 5.64 所示的液晶光阀(LCTV)是利用液晶混合场效应制成的一种透射式电寻址空间光调制器。它是一个由多层薄膜材料组成的夹层结构。在两片玻璃衬底 1 和 8 的里面是两层氧化物制成的透明电极 2 和 7。低压电源 E 就接在透明电极上。液晶层 5 的两边是液晶分子取向膜层 3 和 6,两取向层的方向互相垂直,起到液晶分子定向和保护液晶层的作用。液晶层 5 的厚度由衬垫 4 和 9 的间隙决定,一般取 $d < 10 \ \mu m$,很多情况下 $d \approx 2 \ \mu m$。

3. 液晶的电光效应曲线

控制液晶像素电光效应的实际电压值,是由液晶光阀驱动以 60 Hz 的频率矩阵式扫描两边的像元电极来决定的。利用 90°扭曲向列型液晶的液晶光阀与起偏器、检偏器一起组成一个空间光调制器(LC-SLM),如图 5.65 所示。起偏器与检偏器的偏振轴和 x 轴的夹角分别表示为 α_1 和 α_2,由琼斯矩阵算法可得输出光束的光强透射率的表达式为

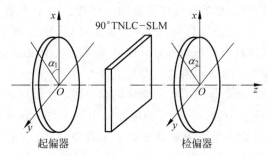

图 5.65　LC-SLM 的结构示意图

$$T=\left[(\pi/2r)\sin(r)\cos(\alpha_1-\alpha_2)+\cos(r)\sin(\alpha_1-\alpha_2)\right]^2+\left[(\beta/2r)\sin(r)\cos(\alpha_1-\alpha_2)\right]^2$$

$$(5.106)$$

其中,$\beta=(\pi d/\lambda)(n_e(\theta)-n_o)$;$r=\sqrt{(\pi/2)^2+\beta^2}$。当 $\alpha_1=0$,$\alpha_2=90°$ 或 $\alpha_1=90°$,$\alpha_2=0$ 时,有 $T=1-(\pi/2r)^2\sin^2(r)$;当 $\alpha_1=\alpha_2=0°$ 时,有 $T=(\pi/2r)^2\sin^2(r)$;当 $\alpha_1=\alpha_2=45°$ 时,有 $T=\sin^2(r)$。

因此改变起偏器和检偏器的偏振轴与 x 轴的夹角 α_1 和 α_2,可得到不同的电光效应曲线。通过改变所加的电压值,得到不同的输出光强,就得到液晶的电光效应曲线,即电压和输出光强的关系曲线。

4. 液晶光阀用于图像反转和图像微分的工作原理

得到的液晶光阀的输出光强与所加电压的关系曲线,即液晶光阀的电光效应曲线如图 5.66 所示。

在图 5.66 中,曲线 1 为起偏器的方向跟液晶层的入射面的取向层方向一致,检偏器与起偏器方向垂直,检偏器 $\theta=90°$ 时的电光效应曲线,可以反映出不同电压下灰度近似线性的变化趋势;改变旋转检偏器 α_2 的大小,在某一特定度数下会出现曲线 2 的情形,可见曲线 2 跟曲线 1 的强度值正好"相反",此时若输入一幅图像,则必然会观察到原来图像的暗处在输出图像中变亮了,而原来图像的亮处在输出图像中相应的部分变暗,即出现反像。因此通过调节检偏器偏振轴

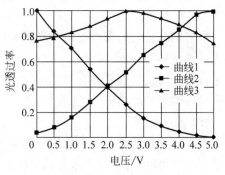

图 5.66　不同夹角 θ 下的典型的电光效应曲线

与 x 轴的夹角,可在观察屏上看到原图像的反转图像,即可以实现图像的灰度翻转。

曲线 3 代表了另一种特殊情形,此时液晶光阀最大透过率发生在某一中间电压值处。若输入一幅图像,则会观察到原来图像的暗处和亮处都变得较暗,而中间灰度级变得极亮。这时,图像的轮廓部分被增强了,这种现象称为边缘增强效应,即对图像进行了微分操作。

5. 计算全息

全息术是利用光的干涉和衍射原理,将物体发射的特定光波以干涉条纹的形式记录下

来,并在一定条件下使其再现,形成原物体逼真的立体像。由于记录了物体的全部信息(振幅和位相),因此称为全息术或全息照相。计算全息图可以记录真实存在或虚拟物体的物光波的全部信息,而且再现像具有物理景深效果能够裸眼观看,因而具有极大的灵活性和独特优势,被认为是终极的理想三维显示方法。相比光学全息,计算全息具有独特的优势,主要特点是:①能记录复杂的,或者世间不存在物体的全息图;②能模拟许多光学现象,在光学信息处理中制作各种空间滤波器;③产生特定波面用于全息干涉计量,同时可应用于激光扫描器和数据存储。本实验就是使用液晶光阀来实现空间滤波,可实现实部编码、虚部编码、位相编码等编码,并用计算全息程序生成全息图。

6. 傅里叶变换性质及全息性质的验证

傅里叶透镜将物面图像进行傅里叶变换,在透镜的像面就能得到该图像的频谱。若物面输入的是全息图,则经傅里叶变换后能在像面看到再现像。

(1) 伸缩定理

伸缩定理表明频域中坐标 u 的收缩,导致空域中坐标 x 按同一比例展宽,同时振幅大小相应地减小。反之,频域中坐标 u 的展宽,则导致空域中坐标 x 按同一比例收缩,同时振幅的大小相应地增加。用公式表示则为

$$F(au) = F\left[\frac{1}{|a|} f\left(\frac{x}{a}\right)\right] \tag{5.107}$$

(2) 旋转定理

如果全息图旋转了 θ_0 度,则其再现像也将旋转 θ_0 度。

(3) 全息图的互补定理

对全息图进行亮度反转,全息图中亮度高的区域变成低亮度,而亮度低的区域变亮。

(4) 全息裁剪

全息图的任何局部都能再现原图的基本形状。物体上任意点散射的光可抵达全息图的每点或每个局部,与参考光相干涉形成基本全息图,也就是全息图的每点或每个局部都记录着来自所有物点的散射光。显然物体全息图每个局部都能再现原来的像。这一性质在实验中可以得到很好的验证。

(5) 卷积定理

卷积定理是指两个函数乘积的傅里叶变换,等于各自傅里叶变换的卷积。反之,两个函数卷积的傅里叶变换,等于各自傅里叶变换的乘积。数学表达式为

$$F[f(x) \cdot g(x)] = F(u) * G(u) \tag{5.108}$$
$$F[f(x) * g(x)] = F(u) \cdot G(u) \tag{5.109}$$

利用简单的演示方法将两个间距不同的正交光栅重叠在一起,表示两个图像相乘,用激光照射,在傅里叶变换透镜的后焦面上可看到它们的频谱的卷积。

【实验装置】

本实验装置主要由高分辨率电寻址透射式液晶光阀、激光变换系统、CCD 显示系统和光强探测系统等构成。该液晶光阀的显示内容直接由计算机控制,可以实时地进行图像处理且方便实验操作。实验系统的具体结构如图 5.67 所示。

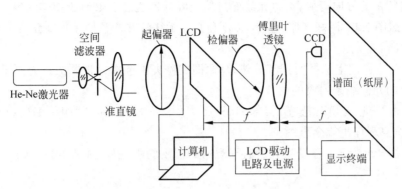

图 5.67　电寻址透射式液晶光阀实验系统的具体结构

He-Ne 激光器(632.8 nm)发出的激光束通过扩束、小孔滤波和准直镜准直后得到平行光。平行光经过液晶光阀发生衍射。透射式液晶光阀的衍射光线经傅里叶透镜变换后在傅里叶透镜的焦面上得到频谱,最后由 CCD 采集图像并输出到相应的显示器上。

在进行液晶的电光效应测试时,终端显示将 CCD 显示系统换成光强探测系统来测定透过液晶光阀的光强。

【实验内容与步骤】

1. 测量液晶的电光效应

激光器提供入射光,LCD 液晶光阀由驱动电路驱动,并与计算机相连,光探测器采用硅光电池以探测透过液晶的光强。

(1) 按照图 5.67 调好光路;起偏器、检偏器互相垂直,运行专用配套软件 CGH.exe。

(2) 保持室内环境光较暗。挡掉进入光探测器的激光,读取光探测器读数,此读数反应的是环境光强,在后面数据处理时均需先减去该数值。

(3) 调好光路后,单击程序界面的"电光效应"菜单,输入不同的电压值,间隔取 0.5 V 或者更小,读取并记录光探测器读数,得到起偏器检偏器互相垂直时的一组数据,画出电光效应曲线。

(4) 全屏显示图片库中的 white.bmp 图,旋转检偏器使得透过光强最小,即实现了图像反转,记下检偏器旋转的角度,按上述步骤测得图像反转时的电光效应曲线。

(5) 全屏显示图片库中 black_gray_white.jpg 图,旋转检偏器使得灰度部分达到最亮,而黑白部分亮度几乎相同,此时即实现了边缘增强,记下检偏器旋转的角度,按上述步骤测得图像微分时的电光效应曲线。

(6) 比较 3 条曲线的异同。

2. 计算全息实验

将透射型电寻址液晶光阀与计算机视频输出连接,接受其调制信号。计算机输出全息图的电信号到液晶光阀上,由驱动电路驱动的 LCD 根据寻址电信号改变其每一个液晶像素的透过率,从而把电信号转换成空间的光强分布。激光器出射的光束经由显微物镜扩束、小孔滤波和准直透镜准直(也可以不准直)后,照射记录着全息条纹的液晶光阀,全息条纹将入射的激光向特定的方向衍射,衍射光线经过傅里叶变换透镜会聚形成物体的像。

(1) 按照图 5.67 调好光路,连接 CCD 和其显示终端并调整使摄像头正常工作;运行软件 CGH. exe。

(2) 在程序界面上选择"打开"按钮,从原图文件夹中选择一张原图。为便于观察,最好选择由简单的几何线条构成的图片。

(3) 单击"全息变换",选择"实部编码(Re)""虚部编码(Im)""相位编码(Ph)"中的一种,用计算全息程序生成全息图。

(4) 选择全屏显示;移动接收屏直至观察到清晰的重现像,或者利用 CCD 接收此时的再现像。

(5) 选择其他编码方式,观察不同编码方式下的全息图和再现像。

(6) 重复步骤(2)~步骤(5),选择其他图片进行实验。

(7) 在程序中打开一幅全息图,选择按钮"Am",可以观察到计算机模拟再现象。

3. 傅里叶变换性质及全息性质的验证

(1) 按照图 5.67 调好光路,连接 CCD 和其显示终端并调整使摄像头正常工作。

(2) 注意旋下 CCD 的镜头部分;运行软件 CGH. exe。

(3) 在程序界面上选择"打开"按钮,从原图文件夹中选择一张原图。任选一种编码方式(除 Am 外)进行傅里叶变换,得到的全息图输入 LCD 显示,调整 CCD 位置观察再现像。

(4) 验证傅里叶缩放定理。在软件界面上单击"几何变换-缩放"菜单,打开缩放图像对话框,在对话框里的"宽度"和"高度"编辑框里输入图像缩放后的数值,如扩大 1 倍或减小一半,每次缩放后调整 CCD 位置观察再现像的变化情况。

(5) 验证旋转定理。计算产生两幅全息图,在一幅全息图中选中一部分复制并粘贴到另一幅全息图中,然后将该部分旋转 90°。用纸板接收,可看到其中一幅再现像旋转了 90°。如果用 CCD 接收,需要适当调整 CCD 的位置。

(6) 观察互补全息图再现。对于任意一张全息图,选择软件上"亮度变换"菜单中的"图像亮度反转"按钮,得到原图的互补图。观察再现像,并与反转前的原图对比,看看发生了什么变化?

(7) 观察全息图裁剪。对于任意一张全息图,按住鼠标左键选取一定范围的框图,然后拖动到任意位置,观察此过程中的再现像变化情况。

(8) 验证卷积定理。全屏显示 white. bmp 图,在傅里叶透镜后焦面上用纸屏接收并观察图像,可以看到液晶器件本身网格结构所产生的点阵,此为液晶屏本身网格结构的频谱,注意观察各点之间的距离。打开图片库中的 grating8. bmp 图,全屏显示,观察此时的点阵情况。

【实验数据记录与处理】

1. 将所测得数据记录于表 5.14,并绘制液晶的电光效应曲线。

表 5.14　不同检偏与起偏器夹角下透过光强与电压的关系

电压/V 起检夹角	0	0.5	1.0	1.5	2.0	2.5	3.0	3.5	4.0	4.5	5.0
90°											
（反像）											
（边缘增强）											

2. 记录计算全息的全息和再现结果。

3. 记录全息图的缩放、旋转、互补再现等现象；全息裁剪的结果；卷积定理的证明。

【思考题】

1. 除了傅里叶变换计算全息图，还有什么其他变换类型的全息图？

2. 本实验中使用的编码方式并非最优的方式，能否设计一种更简便、快捷的编码方式？

3. 再现像的大小跟哪些因素有关？

4. 还有哪些方法可以验证傅里叶变换性质？

5.6.2　基于光寻址液晶光阀的光信息处理实验

通过 5.6.1 节可知，通过改变检偏器的角度可以得到正像、反转像、微分像的电光特性曲线，观察这些现象需要用电寻址的方式控制液晶光阀通过软件来实现。液晶的寻址方式除了有电寻址，还有热寻址、光寻址等方式，本节学习光寻址方式。

【实验目的】

1. 了解光寻址液晶光阀的工作原理和使用方法。

2. 掌握采用光寻址液晶光阀实现非相干光——相干光图像转换和图像反转的工作原理和方法。

3. 掌握应用光寻址液晶光阀进行光学图像实时相减和实时微分的方法，加深对光学图像实时处理的理解。

【实验仪器】

激光器，空间滤波器，准直镜，偏振分光棱镜，1/2 波片，液晶光阀，成像透镜，卤钨灯，透明图片，白屏或毛玻璃片，CCD，光电池，示波器。

【实验原理】

本实验选用水平定向 45°扭曲向列型液晶光阀，分辨率为 30 线对/mm，以卤钨灯作为非相干光源。实验装置主要由激光、偏振分光棱镜、高分辨率透射式液晶光阀、白光光源、透明图片、CCD 显示系统和光强探测系统等构成。实验系统的结构示意图如图 5.68 所示。

He-Ne 激光器(632.8 nm)发出的激光束通过扩束、小孔滤波和准直镜准直后得到平行光，平行光经分光棱镜后作为读出光的输入光进入液晶光阀。白光光源作为写入光从右端经写入图像片照射到液晶光阀上，经反射棱镜反射输出，最后由 CCD 采集图像并输出到相

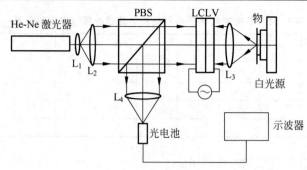

图 5.68　光寻址透射式液晶光阀实验系统的结构示意图

应的显示器上。

在进行液晶的工作曲线测量时,将终端显示处的 CCD 显示系统换成光强探测系统来测定透过液晶光阀的光强。

1. 液晶光阀的光寻址原理

透射式液晶光阀光寻址的原理图和在不同透过率时的工作曲线分别如图 5.69 和图 5.70 所示。

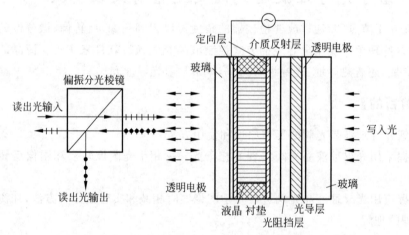

图 5.69　透射式液晶光阀光寻址原理图

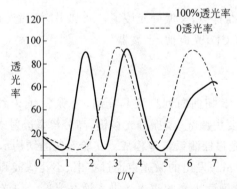

图 5.70　写入光 0 与 100% 透过率时的工作曲线

将待处理的非相干图像从图 5.68 的右侧经成像透镜 L_3 成像在光电导层上,光导层电阻根据图像的强弱产生相应的电阻分布,同时,液晶层中的取向也产生相应的调制。

He-Ne 激光器通过扩束、准直后形成平行激光束(作为读出光束)从左侧入射,通过偏振分束棱镜后进入液晶层,再经光阀的介质反射层反射,其偏振态发生变化,形成与图像对应的液晶取向的相应光束;再逆向通过偏振分光棱镜后,其中 S 光(即读出光)携带有图像信息从下端反射出来,因而在出射方向放置一观察屏,即可在观察屏上看到清晰的与非相干光照射的图像相对应的激光图像,从而实现了非相干-相干光图像的转换。

2. 基于光寻址液晶光阀的工作曲线及图像处理的原理

当固定写入光强 I_0 时,调节液晶光阀的驱动电压 U,测量对应的读出光的输出光强 I,就可得到液晶光阀的输出光强与驱动电压的关系,这种输出光强与驱动电压的关系曲线称为液晶光阀的工作曲线。当写入光对着图片里的全透明部分照射时(即 I_0 为 100% 透光率),所测到的为全明写入光(100% 透光率)的工作曲线;当对着图片完全不透光的部分照射时(即 I_0 为 0 透光,$I_0=0$),得到全暗写入光的工作曲线。将透光率为 0 与透光率为 100% 的工作曲线置于同一个图比较,可清楚地看到出现正反图像的原理:在某电压范围内,透光率为 100% 的输出光比较强,而透光率为 0 的输出光很弱,应输出正像;在另一电压范围内,透光率为 0 的输出光较强而透光率为 100% 的输出光弱,应输出反像。图 5.69 所示为某液晶光阀在某偏振方向下写入光的透光率分别为 0 与 100% 时的工作曲线,两条曲线均存在多个极小值和极大值,有 5 个交点。从图 5.70 中可明显分析出现正反像的范围:驱动电压在 0~1 V 时为反像;在 1~2.4 V 时为正像;在 2.4~3.4 V 时为反转像;在 3.4~4.5 V 时为正像;在 4.5~7.1 V 时为反像;而驱动电压在 7.1 V 以上又为正像,这样变化了 5 次。

在做图像反转实验时,为了使正负图像对比度最好,可以选取透光率为 0 的曲线的极大值(且两条曲线差值较大处)作为图像反转的工作点。同样地,还可实现图像的微分。

3. 光学图像的实时微分、相减原理

通常液晶光阀的读出光强与输入光强不是单值对应的。利用液晶区域的这种非线性输入输出特性,可以实现图像的微分处理,获得图像的实时边缘增强,通过调整液晶光阀的驱动电压、驱动频率和入射偏振方向,能达到最佳的增强效果。

图 5.71 所示为图像相减的光路图,在右光路中放置有 $\lambda/4$ 波片,两幅图像在输出面上叠加时,相互间存在相位差,适当旋转 $\lambda/4$ 波片,两幅图像在输出面叠加的结果,可以得到一

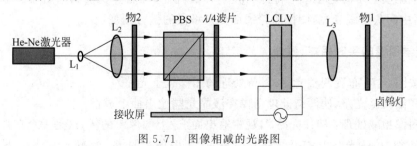

图 5.71　图像相减的光路图

个强度正比于输出图像之差的处理图像。该图像重叠在强度恒定的背景上,于是获得了图像实时相减的结果。

如果物 1 和物 2 是两个完全相同的图像,并且使两路光的放大倍率稍有差别,这时输出面上两幅图像大小不等,当作相减处理时,也能得到图像的轮廓,从而也可以获取光学图像的微分图像。

【实验内容与步骤】

1. 液晶光阀工作曲线及非相干-相干图像转换

(1) 按图 5.72 布置调整好光路。在液晶光阀上加 3～5 V,1 kHz 的交流电压。放置图像透明片,用光屏接收经系统后的读出光图像,观察结果。

(2) 使写入光为 0,光阀所加电压频率 1 kHz,将光阀的驱动电压从 0 增加到 10 V,在观察屏处,用光电探测器测量光强值,获得液晶光阀的工作曲线。

(3) 再将驱动电压分别固定在光强最小和最大时所对应的值上,将光阀的驱动频率从 0.5 kHz 增加到 1.5 kHz,得到不同频率条件下的曲线,并进行比较。

(4) 根据获得的液晶光阀的工作曲线,确定写入光为 0 的工作曲线上的光强极大值对应的液晶光阀上的驱动电压的频率和幅值。

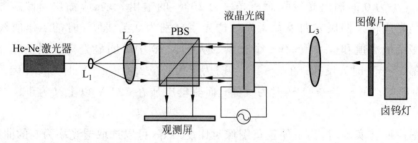

图 5.72 非相干-相干图像转换实验光路图

2. 图像转换,记录正像、反转像、微分像现象

(1) 把光阀上的驱动电压固定在所获得的光强极大值的频率和幅值上,写入一幅图像,则在观察屏上得到该图像的反转像。

(2) 把光阀上的驱动电压固定在所获得的光强极小值的频率和幅值上,则在观察屏上得到该图像的正像。

(3) 把驱动电压固定在某个特殊的频率和幅值上,可能会观察到原图像的暗处和亮处都变暗,而中间灰度级变亮,图像的轮廓部分被增强的微分图像。

3. 光学图像的实时相减、微分

(1) 按图 5.71 布置调整光路,将待处理的图像置于光路。

(2) 仔细调整光路,使两待处理图像在液晶光阀输出面上成像。

(3) 图像相减处理:挡住光路 2,观察输出面 P_3 上图像 1 的像,这是一个在强度恒定的背景上的正像,挡住光路 1,打开光路 2,观察 P_3 上图像 2 的像。旋转 $\lambda/4$ 波片,使图像 2 的像为反转像。打开光路 1，P_3 上的图像重叠部分光强消失，接近于背景亮度。仔细调节照明输入面 P_2 的光源的亮度，使输出面 P_3 上两图像重叠部分消失，及其亮度与背景亮度完全一致，这时便得到了相减图像。

（4）图像微分处理：在输入面 P_2 上改放与图像 1 完全相同的图像，并调节 P_2 和透镜 L_2 的位置，使 P_2 上的图像在输入面 P_3 上所成的像变得小些，小于 P_1 上的图像在 P_3 上所成的像，但两个图像的中心重合。当这两个图像相减时，便得到输入像的轮廓，即微分图像。

【实验数据记录与处理】

1. 将所测得的数据分别记录于表 5.15～表 5.17，分别得到写入光为 0 时液晶光阀的工作曲线并进行比较；同时获得的液晶光阀的工作曲线，确定写入光为 0 的工作曲线上的光强的极大值对应的液晶光阀上的驱动电压的频率和幅值。

表 5.15　光电池光强与光阀驱动电压的关系

频率为 1 kHz

驱动电压/V	0	0.5	1.0	1.5	2.0	2.5	3.0	3.5	4.0	…	10.0
光强											

表 5.16　频率与光强的关系 1

1 kHz 时光强最大的驱动电压为：_____ V

频率/kHz	0.5	0.6	0.7	0.8	0.9	1.0	1.1	1.2	1.3	1.4	1.5
光强											

表 5.17　频率与光强的关系 2

1 kHz 时光强最小的驱动电压为：_____ V

频率/kHz	0.5	0.6	0.7	0.8	0.9	1.0	1.1	1.2	1.3	1.4	1.5
光强											

2. 记录正像、反转像、微分像出现的驱动电压的频率和幅值。

3. 记录光学图像的实时相减、微分现象。

【思考题】

1. 液晶光阀如何实现光调制？对液晶光阀的两个玻璃基片的夹角有何要求？夹角太小时对实验有何影响？

2. 设计一个用两个液晶光阀实现两图实时相减的实验光路，并说明其工作原理。

3. 要得到理想的相减图像，对液晶光阀有什么特殊的要求？

参 考 文 献

[1] 范希智,郜洪云,陈清明,等.光学实验教程[M].北京:清华大学出版社,2016.

[2] 吕且妮,谢洪波.工程光学实验教程[M].2版.北京:机械工业出版社,2018.

[3] 刘胜德,钟丽云,戴峭峰,等.光学实验[M].广州:暨南大学出版社,2017.

[4] 王仕璠.现代光学实验[M].北京:北京邮电大学出版社,2007.

[5] 罗元.信息光学实验教程[M].哈尔滨:哈尔滨工业大学出版社,2010.

[6] 方利广,钟双英,郑军,等.大学物理实验[M].北京:高等教育出版社,2015.

[7] 李允中,董孝义,王清月.现代光学实验[M].天津:南开大学出版社,1991.

[8] 李允中,潘维济.基础光学实验[M].天津:南开大学出版社,1987.

[9] 郁道银,谈恒英.工程光学[M].北京:机械工业出版社,2006.

[10] 姚启钧.光学教程[M].5版.北京:高等教育出版社,2014.

[11] 母国光,战元龄.光学[M].2版.北京:高等教育出版社,2009.

[12] 杨国光.近代光学测试技术[M].北京:机械工业出版社,1986.

[13] 周炳琨,高以智,陈倜嵘.激光原理[M].7版.北京:国防工业出版社,2014.